计算机教育教学及
计算机思维能力的培养研究

李 丹 胡希文 赵小娜 著

东北林业大学出版社
Northeast Forestry University Press
·哈尔滨·

版权专有　侵权必究
举报电话:0451-82113295

图书在版编目(CIP)数据

计算机教育教学及计算机思维能力的培养研究 / 李丹,胡希文,赵小娜著. --哈尔滨：东北林业大学出版社,2024.9.--ISBN 978-7-5674-3708-1

Ⅰ.TP3

中国国家版本馆 CIP 数据核字第 2024S8Y690 号

责任编辑:李嘉欣
封面设计:豫燕川
出版发行:东北林业大学出版社
　　　　（哈尔滨市香坊区哈平六道街 6 号　邮编:150040）
印　　装:唐山才智印刷有限公司
开　　本:787 mm×1092 mm　1/16
印　　张:17.75
字　　数:310 千字
版　　次:2024 年 9 月第 1 版
印　　次:2024 年 9 月第 1 次印刷
书　　号:ISBN 978-7-5674-3708-1
定　　价:50.00 元

如发现印装质量问题,请与出版社联系调换。（电话:0451-82113296　82191620）

前言

　　随着计算机技术与通信技术突飞猛进的发展,人们的思想观念以及对人才的要求也随之发生了改变。计算机网络技术如今已经作为独立的学科,成为学生的必修课程。计算机技术方面的人才已经不仅仅局限于简单的计算机操作上了,而是演变成为需要具备计算机应用能力和创新能力的高素质人才。

　　为了满足学生自身的发展和社会的需要,培养出适合社会发展需要的高素质人才,就必须对当前的计算机教学模式和教学方法进行改革创新。把新技术与新应用融入计算机教学实践活动中,提高学生对于计算机网络技术的认知与应用,全面提高学生的网络信息实践创新能力,是计算机教师应该认真思考与解决的问题。

　　当今计算机技术已经应用到社会的各个方面,给人们的工作、学习和生活带来了巨大的便利,促进了社会的进步与文明的提升。学生毕业后将会走向社会,他们应该具备先进的计算机知识,能够把计算机技术与经济、管理工作结合起来,增强自己创业的意识、思维和能力,创造高效的管理和运营模式,为社会做出贡献。

　　笔者在撰写本书的过程中,参考了许多专家和学者的文献资料,在此致以诚挚的谢意。由于学识有限,书中不妥之处在所难免,还望读者指正。

目录

第一章　大学计算机基础教育概述 … 1
第一节　计算机的发展历程 … 1
第二节　计算机基础知识 … 3
第三节　新的计算机技术 … 9
第四节　计算机基础教育深化改革对策 … 13

第二章　大学计算机教育的理论基础 … 15
第一节　建构主义理论 … 15
第二节　分层教学法 … 19
第三节　协作学习理论 … 22
第四节　学习动机理论 … 25

第三章　计算机教学学生培养方向分析 … 31
第一节　计算机教学培养体系 … 31
第二节　计算机教学的学生培养方向 … 37
第三节　计算机教学的学生培养目标 … 44
第四节　计算机应用型人才培养的新模式 … 49
第五节　构建适应新的教学模式的培养方案 … 51

第四章　计算机教学改革 … 63
第一节　课程体系改革 … 63
第二节　教学体系改革 … 72
第三节　教学管理改革 … 77
第四节　师资队伍建设 … 79

第五章　计算机教学设计 …… 84
第一节　计算机教学的教学主体设计 …… 84
第二节　计算机教学的内部因素设计 …… 91
第三节　计算机教学的外部关系设计 …… 103

第六章　计算机教学环境 …… 112
第一节　计算机教学的多媒体教学环境 …… 112
第二节　计算机教学的网络教学环境 …… 115
第三节　计算机教学的远程教育环境 …… 118

第七章　计算机专业核心课程教学改革 …… 122
第一节　高级语言程序设计课程教学改革实践 …… 122
第二节　软件工程课程教学改革实践 …… 127
第三节　面向对象程序设计课程改革实践 …… 132
第四节　数据结构课程教学改革实践 …… 136
第五节　数据库原理与应用核心课程教学改革实践 …… 137
第六节　基于教学资源库的课程综合设计改革实践 …… 143

第八章　基于计算机思维的计算机教学与学习的模式 …… 145
第一节　计算机思维概述 …… 145
第二节　基于计算机思维的教与学的模式设计 …… 153
第三节　基于计算机思维的教学与学习模型 …… 158
第四节　基于计算机思维能力培养的教与学模式在计算机教学中的应用 …… 163

第九章　以计算机思维能力培养为核心的计算机教学体系构建 …… 175
第一节　以计算机思维能力培养为核心的计算机基础理论教学体系 …… 176
第二节　以计算机思维能力培养为核心的计算机基础实践教学体系 …… 183
第三节　理论教学与实践教学统筹协调 …… 190

第十章　微课教学模式下的计算机教育教学 …… 198
第一节　微课资源开发 …… 198

第二节　微课在翻转课堂与混合学习中的应用 …………………… 205
　　第三节　微课教学模式的开发和应用 …………………………… 212
　　第四节　微课教学资源的整合 ……………………………………… 224
　　第五节　微课教学的理念设计及实践 …………………………… 227

第十一章　慕课教学模式下的计算机教育教学 ………………… 235
　　第一节　慕课的产生及发展 ……………………………………… 235
　　第二节　慕课的教学形式 ………………………………………… 242
　　第三节　慕课在大数据中的应用 ………………………………… 250
　　第四节　慕课在大学计算机教学中的应用 ……………………… 255

第十二章　SPOC 混合模式下的计算机教育教学 ……………… 265
　　第一节　SPOC 大学混合式教学新模式 ………………………… 265
　　第二节　SPOC 混合学习模式设计研究 ………………………… 267
　　第三节　SPOC 混合教学模式在大学计算机教学中的应用 …… 268
　　第四节　SPOC 混合式教学模式实施问题解决策略 …………… 270

参考文献 ……………………………………………………………… 273

第一章　大学计算机基础教育概述

大学非计算机专业计算机课程(即大学计算机基础教育),已经发展了三十多年,成为中国高等教育教学的重要组成部分。它以培养学生应用计算机技术解决实际问题的能力为目标,面向占全国大学生95%以上的非计算机专业学生,使之成为在各自的专业领域熟练掌握计算机应用的复合型人才,这对实现中国信息化战略目标和提升全国人民信息素养起着举足轻重的作用。

第一节　计算机的发展历程

计算机发展日新月异,从1946年第一台电子计算机诞生至今只有70多年的时间,却经历了电子管、晶体管、集成电路、大规模集成电路、超大规模集成电路五代的变化,其影响遍及人类社会活动的各个领域。

一、第一代电子管计算机

第一代计算机为电子管计算机,一般指1946年至1957年。以美国宾夕法尼亚大学莫尔学院电机工程系和阿伯丁弹道研究实验室1946年研制成的世界上第一台全自动通用型电子计算机 ENIAC(Electronic Numerical Integrator And Computer)作为始祖。该机重约30吨,长达30米,占地170平方米,共用18000个电子管,700只电阻和10000只电容器,每秒运算5000次,耗电150千瓦。建造该机目的在于计算炮弹及火箭、导弹武器的弹道轨迹。这个时期的电子计算机以电子管为主要元件,整机围绕中央处理器(CPU)设计,采用磁芯、磁鼓或延迟线作存储器,软件方面主要使用机器语言和汇编语言,应用范围主要是科学计算,其缺点是造价高、体积大、耗电多,故障率高。

二、第二代晶体管计算机

第二代计算机为晶体管计算机,一般指1958年至1963年。1947年美国贝尔实验室研制出晶体管。1958年美国麻省理工学院研制出晶体管计算机,揭开了第二代计算机的序幕。这个时期的计算机以晶体管为主要元件(晶体管的尺寸只有电子管尺寸的百分之一,其寿命和性能却提高了一百倍),整机围绕存储器设计,采用磁芯作存储器。此时,计算机的速度已提高到每秒几十万次,内存容量也提高不少,机器造价变低、体积及重量变小、耗能变少。软件方面开始出现 FORTRAN 等高级程序设计语言,出现了多道程序的操作系统。应用范围已从军事转向民用,诸如工业、交通、商业和金融等方面。另外,计算机的实时控制在卫星、宇宙飞船、火箭的制导上发挥了关键的作用。这时的计算机已经在工业自动控制和事务管理中发挥其效能。

三、第三代集成电路计算机

第三代计算机为集成电路计算机,一般指 1964 年至 1970 年。1952 年 5 月英国雷达研究所提出了"集成电路"的设想,1956 年英国的福勒和赖斯发明了扩散工艺,1957 年英国普列斯公司与马尔维尔雷达研究所合作,在 6.3mm×6.3mm×3.15mm 的硅片上制成了触发器。1958 年美国得克萨斯州仪器公司又研制出振荡器。在数字、模拟集成电路均已出现的背景下,1964 年美国国际商用机器公司(IBM 公司)推出了 IBM—360 型计算机,这标志着计算机跨入了第三代。这个时期的电子计算机以集成电路为主要元件(集成电路的尺寸只有晶体管尺寸的百分之一),出现了大型主机的终端概念。这时的计算机速度已达到每秒亿次。软件方面出现了实时操作系统和分时操作系统,出现了文件系统。第三代计算机在运用上已和通信网络相结合,构成联机系统,并已实现远距离通信,多用户使用一台计算机。

四、第四代大规模集成电路计算机

第四代计算机为大规模集成电路计算机,一般指 1971 年至 1980 年初。1967 年大规模集成电路问世,1970 年美国 Intel 公司实现了把逻辑电路集成在一块硅片上的设想,在 1.524×2.032cm 的面积上摆下了 2250 个晶体管,1971 年单片式的中央处理器(CPU),制成 1971 年 Intel 公司首次推出了微处理机 MCS—4,这标志着第四代计算机的开始。1974 年 8 位微处理机问世,1981 年 Intel 公司推出了 32 位机,此时,计算机的发展开始向巨型化和微型化两极发展。这个时期的电子计算机不仅逻辑电路采用了大规模集成电路,内存也采用了集成电路。由于集成度更高,出现了微型机概念,软件更加丰富,操作系统进一步强化和发展,出现了数据库系统。应用领域为飞机和航天器的设计、气象预报、核反应的安全分析、遗传工程、密码破译等,并开始走向家庭,从事家务收支结算、游戏、学习等。

五、第五代智能计算机

20 世纪 80 年代以来，许多国家开始研制第五代智能计算机，这一代计算机把信息存储、采集、处理、通信和人工智能密切结合在一起，能理解自然语言、声音、文字和图像，并具有形式推理、联想、学习和解释能力。它的系统结构将突破传统的冯·诺依曼计算机结构，实现高度的并行处理。

第二节　计算机基础知识

一、计算机的数制与编码

(一)数制

1. 数制的定义

用一组固定的数字或字母和一套统一的规则来表示数目的方法叫作数制。计算机中常用的数制有十进制、二进制、八进制、十六进制。

2. 数制的三要素

数位、基数、位权。

(1)数位

数位是指数码在一个数中所处的位置。

(2)基数

在某种进位计数制中，每个数位上能使用的数码个数称为这种进位制的基数。例如：十进制的基数是 10，分别有 0、1、2、3、4、5、6、7、8、9 十种数码；十六进制的基数是 16，分别是 0、1、2、3、4、5、6、7、8、9、A、B、C、D、E、F 十六种数码。

(3)位权

在某种进位计数制中，每个数位上数码所代表的数值的大小等于在这个数位上的数码乘上一个固定的值，这个固定的值就是这种进位计数该数位上的位权。任何一种进制的每位上的位权是它们规定的：从小数点开始往左的位权分别是该种进制的基数的 0 次幂、1 次幂、2 次幂……从小数点开始往右的位权分别是该种进制的基数的 1 次幂、2 次幂……

3. 数制的表示方法(两种方法)

(1)将数用圆括号括起来，并将其数制的基数写在右下角标。例如：$(1011)_2$、

(275)8、(256)10、(C3F9)16 等。

(2)在数字后加上一个英文字母表示该数所用的数制。十进制用 D、二进制用 B、八进制用 O、十六进制用 H，其中十进制可以省略不写。例如：45D、1010B、174O、A8FH 等。

4. 数制转换

(1)二进制数、八进制数、十六进制数到十进制数的转换。

方法：把每一位上的数码乘上该数位的位权，然后求和。

(2)十进制数到二进制数、八进制数、十六进制数的转换。

方法：这种进制的数转换成其他进制时，需要区分整数和小数。整数部分使用"除 N 取余法"，小数部分使用"乘 N 取整法"(其中 N 是该进制数的基数)。

(3)二进制数到八进制数、十六进制数的转换。

方法：以小数点为分界，向左或向右用每 3(4)位二进制数表示为一位八(十六)进制数。

(4)八进制数、十六进制数到二进制数的转换。

方法：以小数点为分界，向左或向右把每一位八(十六)进制数表示为 3(4)位进制数。(表 1-1、表 1-2)

表 1-1 二进制数与八进制数对应表

二进制	000	001	010	011	100	101	110	111
八进制	0	1	2	3	4	5	6	7

表 1-2 二进制数与十六进制数对应表

二进制	0000	0001	0010	0011	0100	0101	0110	0111
十六进制	0	1	2	3	4	5	6	7
二进制	1000	1001	1010	1011	1100	1101	1110	1111
十六进制	8	9	A	B	C	D	E	F

(二)字符编码

大千世界包含着各式各样的信息，而计算机只认识"0"和"1"两个数字。要使计算机能处理这些信息，首先必须将各类信息转换成用"0"与"1"表示的代码，这一过程称作编码。经编码以后产生的"0""1"代码，便称之为该对应信息的数据。计算机处理的数据除了数值数据以外，更多的要算字母、数字、符号、逻辑值、图像、图形、语言、声音等非数值信息。

1. 西文字符编码

(1)ASCII 码：美国国家标准信息交换码(American national Standard Code for

Information Interchange)是目前国际上使用最广泛的字符编码。ASCII 码采用 7 位二进制编码。7 位编码的 ASCII 码字符集包含了 128(2^7)个字符。

在字符 ASCII 编码中,数值从小到大的顺序:数字最小＜大写字母＜小写字母。

(2)EBCDIC 码:扩充的二十进制交换码(Extended Binary Coded Decimal Interchange Code)。EBCDIC 码采用 8 位二进制码,共有 256 个编码状态。

2. 汉字编码

汉字是世界上使用人口最多的文字,是联合国工作语言之一。解决计算机的汉字处理技术,对推广中国计算机应用及加强国际交流有着十分重要的现实意义。

在汉字信息处理系统中,存在输入码、交换码、内部码、字形码四种编码。

(1)输入码:输入汉字的输入码有数字编码、拼音码、字形码和音形码。其中,目前应用最广泛的是拼音码和字形码。

(2)交换码:用于汉字外码和内码的交换。

(3)内部码:计算机内的基本表示形式,是计算机对汉字进行识别、储存、处理和传输所用的编码。内部码是双字节编码,两字节的最高位都为"1"。

(4)字形码:表示汉字字形信息的编码,用来实现计算机对汉字的输出。

3. 数据存储基本单位

(1)位

位:指二进制数的一位,即 0、1,单位是 bit,简写为 b。位是计算机中数据的最小单位,也是计算机存储数据的最小单位。

(2)字节

字节:8 个二进制位组成一个字节,字节的单位是 Byte,简写为 B。字节是计算机中数据存储的基本单位。

1Byte=8bit　1KB=1024Byte(字节)=8＊1024bit

1MB=1024KB　1GB=1024MB　1TB=1024GB

(3)字长

字长:指计算机处理数据时,一次所能够存取、运算、传递的二进制数据的长度,其单位是 Word,简写为 W。

(4)字

字:一串数码当作一个整体来处理、计算,称为字。它常为字节的若干倍。

二、计算机系统的组成

计算机系统包括硬件系统和软件系统。硬件是指物理设备,软件是指程序以及开发、使用和维护程序所需的各种文档。

(一)硬件系统

计算机的硬件系统由运算器(ALU)、控制器(CU)、存储器(Memory)、输入设备和输出设备等基本部分组成。

1. 中央处理器

中央处理器简称 CPU(Central Processing Unit),主要由控制器和运算器组成,通常集成在一块芯片上,是计算机系统的核心设备。微型计算机的中央处理器又称为微处理器。

(1)控制器:对输入的指令进行分析,并统一控制计算机的各个部件完成一定任务的部件。

(2)运算器:又称算术逻辑单元。运算器的主要任务是执行各种算术运算和逻辑运算。

CPU 的时钟频率决定运算速度,字长决定计算精度。

CPU 的参数:①主频;②外频;③倍频系数;④位和字长;⑤缓存;⑥封装形式;⑦多核心。

2. 内存储器

用于存放执行中的程序和处理中的数据。包括随机存储器和只读存储器。

(1)随机存储器:简称 RAM,它既可以读也可以写,但断电后存储的内容立即消失。它存储的是执行中的程序和处理中的结果。RAM 可分为动态(Dynamic RAM 用于内存条)和静态(Static RAM 用于高速缓冲存储器 Cashe)两大类。

(2)只读存储器:简称 ROM,它只能读出原有内容,不能由用户再写入新的内容。一般用于存放计算机的基本输入/输出程序和系统重要信息。所有这些信息都是生产厂商一次写入的。

(3)高速缓冲存储器(Cache):实现高速 CPU 与低速内存的数据缓冲,减少 CPU 的等待时间。

3. BIOS 和 CMOS

(1)BIOS:它保存着最重要的基本输入/输出的程序、系统设置信息、开机后自检程序和系统自启动程序。其主要功能是为计算机提供最低层、最直接的硬件设置和控制。它是一块可读写的 ROM 芯片。

(2)CMOS:它用来保存系统在 BIOS 中设定的硬件配置和操作人员对某些参数的设定。如计算机基本启动信息(日期、时间、启动设置)。它是一块 RAM 芯片。

4. 外存储器

外存储器存储的是需要长期保存的原始程序、数据和运算结果,断电后信息不丢失。例如:常见的磁盘、移动磁盘、U 盘、存储卡、光盘、磁带等。

特点:存储容量大、速度慢、价格低、断电信息不丢失。

5. 输入/输出设备

(1)输入设备:用来接收用户输入的原始数据和程序(或将外部信息如文字、数字、声音、图像、程序等转换为数据输到计算机中进行处理)。常用的输入设备有键盘、鼠标、扫描仪、光笔等。

(2)输出设备:用于将存放在内存中的由计算机处理的结果以人们所能接受的形式输出。常用的输出设备有显示器、打印机、绘图仪等。

(二)软件系统

1. 系统软件

系统软件是计算机必须具备的,用以实现计算机系统的管理、控制、运行、维护,并且完成应用程序的装入、编译等任务的程序,如操作系统、编译程序、数据库管理程序等。操作系统(Operating System)是为使计算机能方便、高效、高速地运行而配置的一种系统软件。操作系统可以被看作是用户与计算机的接口(Interface),用户通过操作系统来使用计算机。常见的操作系统有 Windows、UNIX 和 Linux 系统。

操作系统的主要功能如下:

(1)CPU 管理:当多个程序同时运行时,解决处理器(CPU)时间的分配问题。

(2)作业运行控制:作业指完成某个独立任务的程序及其所需的数据。作业管理的任务主要是为用户提供一个使用计算机的界面,使其方便地运行自己的作业,并对所有进入系统的作业进行调度和控制,尽可能高效地利用整个系统的资源。

(3)文件管理:主要负责整个文件系统的运行,包括文件的存储、检索、共享和保护,为用户操作文件提供接口。

(4)存储器管理:为每个应用程序提供存储空间的分配和应用程序之间的协调,保证每个应用程序在各自的地址空间里运行。

(5)输入输出控制:协调、控制计算机和外部设备之间的输入、输出的数据。

此外,操作系统还提供如中断(Interrupt)管理、安全控制、网络通信等各种系统管理工作。

2. 应用软件

应用软件是为了解决计算机应用中的各种实际问题而编制的程序。它包括商品

· 7 ·

化的通用软件和实用软件,也包括用户自己编制的各种程序。

随着软件产业的飞速发展,应用软件不断推陈出新,数量繁多,较著名的有 Microsoft Word 文字处理系统、Microsoft Excel 电子表格处理系统、AutoCAD 计算机辅助绘图系统、Norton 系列的工具软件等。

原则上说,计算机硬件系统的功能和软件系统的功能在逻辑上是等效的,也就是说,由软件实现的操作,在原理上也可以由硬件来实现。如计算机中的乘、除及浮点数运算可以用软件来实现,也可以用硬件乘法器、除法器及浮点处理器来实现。当然,硬件比软件实现速度要快得多。

三、计算机病毒简介及其预防

(一)计算机病毒的定义、特征

1. 定义

计算机病毒是指在计算机程序中插入的破坏计算机功能或者毁坏数据,影响计算机使用,并能自我复制的一组计算机指令或者程序代码。

2. 特征

特征:程序性、传染性、潜伏性、可触发性、破坏性、隐蔽性等。

(二)计算机病毒的结构、分类

1. 计算机病毒的结构

(1)传染模块。

(2)表现或破坏模块。

(3)触发或引导模块。

2. 计算机病毒的分类

(1)按入侵方式分类

①原码型病毒;②嵌入型病毒;③外壳型病毒;④操作系统病毒。

(2)按计算机病毒的寄生部位或传染对象分类

①引导扇区型病毒;②文件型病毒;③混合型病毒。

(三)计算机病毒的危害、预防

1. 计算机病毒的危害

(1)病毒激发对计算机数据信息的直接破坏作用。

(2)占用磁盘空间和对信息的破坏。

(3)抢占系统资源。

(4)影响计算机运行速度等。

2.计算机病毒的预防

计算机病毒预防是指在病毒尚未入侵或刚刚入侵时就拦截、阻击病毒的入侵或立即报警,主要有三种方法。

方法一:使用防病毒软件,如卡巴斯基、瑞星、金山毒霸、诺顿等。

方法二:资料定期备份,以免重要数据文件遭受病毒危害后无法恢复。

方法三:慎用网上下载的软件。Internet是病毒传播的一大途径,对网上下载的软件最好检测后再使用,也不要随便阅览陌生人发送的电子邮件。

预防病毒的措施如下:

(1)专机专用。

(2)使用正版软件。

(3)慎用外来软件和移动存储器,用前查杀。

(4)安装防火墙和杀毒软件。

(5)及时对系统打补丁。

(6)定期对数据备份。

(7)不上来历不明的网站。

(8)使用复杂的密码。

第三节　新的计算机技术

一、物联网

物联网是新一代信息技术的重要组成部分,也是"信息化"时代的重要发展阶段。其英文名称是 Internet of Things。顾名思义,物联网就是物物相连的互联网。它有两层意思:其一,物联网的核心和基础仍然是互联网,是在互联网的基础上延伸和扩展的网络;其二,其用户端延伸和扩展到了任何物品与物品之间进行的信息交换和通信,也就是物物相息。物联网通过智能感知、识别技术与普适计算等通信感知技术,广泛应用于网络的融合中,因此被称为继计算机、互联网之后世界信息产业发展的第三次浪潮。物联网是互联网的应用拓展,与其说物联网是网络,不如说物联网是业务和应用。应用创新是物联网发展的核心,以用户体验为核心的创新是物联网发展的灵魂。

二、云计算

云计算是基于互联网相关服务的增加、使用和交付模式,通常涉及通过互联网来提供动态易扩展且经常是虚拟化的资源。云是网络、互联网的一种比喻说法。过去在网络结构图中往往用云来表示电信网,后来也用来表示互联网和底层基础设施的抽象。云计算甚至可以让你体验每秒10万亿次的运算能力,拥有这么强大的运算能力可以模拟核爆炸、预测天气变化和市场发展趋势。用户通过计算机、笔记本、手机等方式接入数据中心,按自己的需求进行运算。

对云计算的定义有多种说法。对于到底什么是云计算,至少可以找到100种解释。现阶段广为接受的是美国国家标准与技术研究院(NIST)的定义:云计算是一种按使用量付费的模式,这种模式提供可用的、便捷的、按需的网络访问,进入可配置的计算资源共享池(资源包括网络、服务器、存储、应用软件、服务),这些资源能够被快速提供,只需投入很少的管理工作,或与服务供应商进行很少的交互。[①]

三、大数据

对于"大数据",研究机构高德纳给出了这样的定义:"大数据"是需要新处理模式才能具有更强的决策力、洞察发现力和流程优化能力来适应海量、高增长率和多样化的信息资产。麦肯锡全球研究所给出的定义是:一种规模大到在获取、存储、管理、分析方面大大超出了传统数据库软件工具能力范围的数据集合,具有海量的数据规模、快速的数据流转、多样的数据类型和价值密度低四大特征。

大数据技术的战略意义不在于掌握庞大的数据信息,而在于对这些含有意义的数据进行专业化处理。换言之,如果把大数据比作一种产业,那么这种产业实现盈利的关键,在于提高对数据的"加工能力",通过"加工"实现数据的"增值"。

从技术上看,大数据与云计算的关系就像一枚硬币的正反面一样密不可分。大数据必然无法用单台的计算机进行处理,必须采用分布式架构。它的特色在于对海量数据进行分布式数据挖掘。但它必须依托云计算的分布式处理、分布式数据库和云存储、虚拟化技术。随着云时代的来临,大数据也吸引了越来越多的关注。分析师团队认为,大数据通常用来形容一个公司创造的大量非结构化数据和半结构化数据,这些数据在下载到关系型数据库用于分析时会花费过多时间和金钱。大数据分析常

---

① 别海鹏.计算机科学与技术的现代化运用思考[J]数码世界,2021(04):244—245.

和云计算联系到一起,因为实时的大型数据集分析需要像 Map Reduce 一样的框架来向数十、数百甚至数千的计算机分配工作。

大数据需要特殊的技术,以有效地处理大量的容忍经过时间内的数据。适用于大数据的技术,包括大规模并行处理(MPP)数据库、数据挖掘、分布式文件系统、分布式数据库、云计算平台、互联网和可扩展的存储系统。

四、人工智能

人工智能的定义可以分为两部分,即"人工"和"智能"。"人工"比较好理解,争议性也不大。有时我们会考虑什么是人力所能及制造的,或者人自身的智能程度有没有高到可以创造人工智能的地步,等等。但总的来说,"人工系统"就是通常意义下的人工系统。

这涉及其他诸如意识、自我、思维(包括无意识的思维)等问题。人唯一了解的智能是人本身的智能,这是普遍认同的观点。但是我们对自身智能的理解都非常有限,对构成人的智能的必要元素也了解有限,所以就很难定义什么是"人工"制造的"智能"了。对人工智能的研究往往涉及对人的智能本身的研究。其他关于动物或其他人造系统的智能也普遍被认为是人工智能相关的研究课题。

人工智能在计算机领域得到了愈加广泛的重视,并在机器人、经济政治决策、控制系统、仿真系统中得到应用。尼尔逊教授对人工智能下了这样一个定义:"人工智能是关于知识的学科——怎样表示知识以及怎样获得知识并使用知识的科学。"而美国麻省理工学院的温斯顿教授则认为:"人工智能就是研究如何使计算机去做过去只有人才能做的智能工作。"这些说法反映了人工智能学科的基本思想和基本内容,即人工智能是研究人类智能活动的规律,构造具有一定智能的人工系统,研究如何让计算机去完成以往需要人的智力才能胜任的工作,也就是研究如何应用计算机的软硬件来模拟人类某些智能行为的基本理论、方法和技术。

人工智能是计算机学科的一个分支,20 世纪 70 年代以来被称为世界三大尖端技术之一(空间技术、能源技术、人工智能),也被认为是 21 世纪三大尖端技术(基因工程、纳米科学、人工智能)之一。这是因为,近 30 年来它获得了迅速的发展,在很多学科领域都获得了广泛应用,并取得了丰硕的成果。人工智能已逐步成为一个独立的分支,无论在理论和实践上都已自成系统。

人工智能是研究使计算机来模拟人的某些思维过程和智能行为(如学习、推理、思考、规划等)的学科,主要包括计算机实现智能的原理、制造类似于人脑智能的计算机,使计算机能实现更高层次的应用。人工智能将涉及计算机科学、心理学、哲学和语言学等学科,可以说几乎是自然科学和社会科学的所有学科,其范围已远远超出了计算机科学的范畴。人工智能与思维科学的关系是实践和理论的关系,人工智能处于思维科学的技术应用层次,是它的一个应用分支。从思维观点看,人工智能不仅限于逻辑思维,还要考虑形象思维、灵感思维,只有这样才能促进人工智能的突破性发展。数学常被认为是多种学科的基础科学,数学也进入语言、思维领域,人工智能学科也必须借用数学工具。数学不仅仅在标准逻辑、模糊数学等范围发挥作用,数学进入人工智能学科,它们也将互相促进并更快地发展。

五、区块链

狭义来讲,区块链是一种按照时间顺序将数据区块以顺序相连的方式组合成的一种链式数据结构,并以密码学方式保证的不可篡改和不可伪造的分布式账本。广义来讲,区块链技术是利用块链式数据结构来验证与存储数据、利用分布式节点共识算法来生成和更新数据、利用密码学的方式保证数据传输和访问的安全、利用由自动化脚本代码组成的智能合约来编程和操作数据的一种全新的分布式基础架构与计算方式。

一般来说,区块链系统由数据层、网络层、共识层、激励层、合约层和应用层组成。其中,数据层封装了底层数据区块以及相关的数据加密和时间戳等基础数据和基本算法;网络层则包括分布式组网机制、数据传播机制和数据验证机制等;共识层主要封装网络节点的各类共识算法;激励层将经济因素集成到区块链技术体系中来,主要包括经济激励的发行机制和分配机制等;合约层主要封装各类脚本、算法和智能合约,是区块链可编程特性的基础;应用层则封装了区块链的各种应用场景和案例。该模型中,基于时间戳的链式区块结构、分布式节点的共识机制、基于共识算力的经济激励和灵活可编程的智能合约是区块链技术最具代表性的创新点。

六、移动互联网

移动互联网就是将移动通信和互联网二者结合起来,成为一体。它是指将互联网的技术、平台、商业模式和应用与移动通信技术结合并实践的活动的总称。5G时代的开启以及移动终端设备的凸显必将为移动互联网的发展注入巨大的能量,移动互联网产业必将带来前所未有的飞跃。

从层次上看,移动互联网可分为终端/设备层、接入/网络层和应用/业务层,其最显著的特征是多样性。应用或业务的种类是多种多样的,对应的通信模式和服务质量要求也各不相同;接入层支持多种无线接入模式,但在网络层以 IP 协议为主;终端也是种类繁多,注重个性化和智能化,一个终端上通常会同时运行多种应用。

世界无线研究论坛(WWRF)认为,移动互联网是自适应的、个性化的、能够感知周围环境的服务,它给出了移动互联网参考模型。各种应用通过开放的应用程序接口(API)获得用户交互支持或移动中间件支持,移动中间件层由多个通用服务元素构成,包括建模服务、存在服务、移动数据管理、配置管理、服务发现、事件通知和环境监测等。互联网协议簇主要有 IP 服务协议、传输协议、机制协议、联网协议、控制与管理协议等,同时还负责网络层到链路层的适配功能。操作系统完成上层协议与下层硬件资源之间的交互。硬件/固件则指组成终端和设备的器件单元。

第四节　计算机基础教育深化改革对策

一、构建新的计算机基础教育的课程体系

高等教育涉及的学科门类较广,由于每一门类的差别很大,因此,对不同学科的计算机基础教学我们不能简单地按同一方案同一大纲进行;鉴于大学不同的办学层次及专业对计算机课程的不同需求,统一的计算机基础教学课程设置已不适应新形势发展的需要;各大学对于不同类型的人才培养目标,也需要不同的计算机课程与之相适应。计算机基础教学需要按照不同的教育层次、不同的培养类型、不同的学科门类设置不同的课程体系。为了更好地指导大学各类专业计算机基础课程的设置,教育部高等学校非计算机专业计算机基础课程教学指导委员会提出了计算机基础课程主要教学内容的四个领域和三个层次,即计算机系统与平台、计算机程序设计基础、数据分析与信息处理、信息系统开发四个领域,四个领域均涉及相关的基本概念、技术与方法,以及对非计算机专业学生来说更为重要的基本应用技能三个层次。

二、加强高素质的师资队伍建设

为了适应社会对大学毕业生的更高要求和信息技术飞速发展的新形势,计算机基础教学工作对教师的计算机专业知识与应用水平也提出了更高的要求,高素质的师资队伍建设将是今后计算机基础课程建设与改革的关键。为了使从事计算机基础教学的教师真正适应教学要求,应注意几个方面:一是要提高师资队伍的层次,即高

学历青年教师;二是要提高在岗教师的专业素质,尽可能地组织和鼓励在岗教师积极参与科研项目和应用系统开发课题,尽可能地为在岗教师的业务进修、外出考察和学习提供机会,使他们不断地更新自己的知识,拓宽知识面;三是要注意计算机基础教育教师、计算机专业教育教师和各应用专业教师相结合,即鼓励计算机专业教师研究非计算机专业的特点,从事非计算机专业的计算机基础教学,同时鼓励从事计算机基础教学工作的教师与各应用专业教师结合,以便更好地了解各专业的需求,为各专业的计算机基础教学服务。

三、加强教学环境建设,改革教学方法和教学手段

在计算机基础教学中,从原来的"黑板+粉笔"到目前的"网络化教学平台",体现了教学手段和方法的不断变革。网络化教学平台是在校园网支持下构建的现代化教学环境,从广义上讲,它为学生提供了一个理想的数字化学习环境,支持研究型学习、案例式学习、发现式学习、资源型学习、协作型学习等多种学习模式,有利于学生创新能力培养和个性化发展。计算机基础教学应该在这方面进行有益的探索。

第二章　大学计算机教育的理论基础

随着教育教学改革的进一步深化,"以人为本"的教育理念越来越受到广大教育工作者的重视。如何真正了解学生,使每一位学生都能获得学习成功的体验,是全体教育工作者不断追求和探索的目标。

第一节　建构主义理论

一、建构主义理论的含义

建构主义这一概念是在 1966 年由瑞士的心理学家皮亚杰首次提出的,它是认知心理学的一个重要分支。因此,学习理论与传统的行为主义教育方式有着明显的不同之处,它主张教学活动应以学生为中心。在教学过程中,教师主要充当组织者、指导者、帮助者和促进者的角色,而学生则利用各种学习环境元素,如情境、合作和对话,来主动探索、发现和构建所学知识的意义。

在教学体系的整体构架里,教师、学生、教学内容和媒体共同形成了教学系统的四个核心元素。当我们采纳基于建构主义的教学设计策略时,我们特别强调学生在学习中的核心地位。他们不只是被动地接受外界的激励和知识传递,他们更是信息处理的焦点和知识意义的主动构建者;教师不只是课堂教学的策划者和指导者,同时也是学生在构建意义时的协助者和推进者;媒体的作用已经超越了仅仅作为教师知识传递的辅助工具,更多地成了一个能够激励学生进行独立学习和团队协作学习的认知和情感推动工具;现如今,教材已经不只是学生的唯一学习资源,甚至有可能不再是他们主要的学习焦点。通过独立的学习方式,学生有机会从其他渠道积累丰富的知识。这为教师设置了更高的标准,他们需要刷新自己的教育理念,掌握最新的教学设计方法,并依赖于丰富的教育资源。在建构主义关于"教"与"学"的观点里,更多地强调的是"学习的途径",而不仅仅是知识的累积,这与信息化时代的素质教育准则高度一致。

二、建构主义学习理论的兴起及其基本思想

(一)建构主义学习理论兴起的时代背景

建构主义的学习理论经历了一个相当长的发展和孕育时期。从20世纪80年代开始,西方涌现出了一系列对建构主义学习理论产生深远影响的流派,这不仅揭示了学术思想的历史连续性,还反映了时代精神对建构主义学习理论的强烈需求。[1]

从20世纪的后半段开始,科技的迅猛发展为社会生活的多个领域带来了深刻和广泛的变革和影响。随着社会从工业向知识的转变,在这个以知识创新和创造为核心的信息化时代,尤其是在计算机网络技术的推动下,社会对具有创新能力和个性化特质的人才的需求变得越来越迫切。考虑到创新被看作是推进人类文明进步的核心因素,创新的精神和实践能力已经变成了经济和社会发展的关键组成部分。因此,世界各国都在努力构建"国家创新体系",希望学校能够培养出既具有独特个性又拥有创新能力的新一代才俊。在这个时代的精神鼓舞和驱动下,教育理念的演变和教学方法的革新,都要求我们摒弃过去那种仅仅是积累、传递知识、记忆、巩固知识、模仿和加强技能的模仿式教学方式。相反,我们应该给予学生更多的自由,让他们能够充分发挥自己的个性潜力、自主创新和主动构建知识的教学模式。建构主义在知识观、学习观和教学观方面,不仅与当下社会的精神需求高度契合,同时也是与这些需求高度匹配的。

随着计算机多媒体技术和Internet的广泛应用,为建构主义学习理论的实际应用创造了必要的物质环境。建构主义的学习环境通常由四个主要组成部分构成,分别是"情境""协商""会话"以及"意义的构建"。不可否认,多媒体技术和Internet的独特性质和功能为这四大核心要素的完美展现提供了最佳条件。因此,将建构主义理论融入实际的教学过程变得越来越成熟,基于此理论进行的教学研究和教育改革实验也逐渐增多。多媒体网络技术为学习者创造了一个界面清晰、形象生动的交互式学习环境。这种结合图文的多感官体验,可以整合各种信息资源和学科知识,一方面为学习者提供身临其境的真实体验,另一方面也为跨时空的合作学习提供了极佳的条件。在这个数字化的网络环境里,无论是教师还是学生,都能够通过计算机网络平台来实现信息的多方向交流;来自各个不同地域的教师和学生都有机会在互联网上进行互动和交流,共同探讨他们感兴趣的学习话题,这也是建构主义学习理论所追

---

[1] 曾蒸.计算机应用基础[M].重庆:重庆大学出版社,2017.

求的理想学习环境。正因为这样的背景,现代信息技术对建构主义学习理论展现出了浓厚的兴趣,与此同时,现代信息技术也在一定程度上推动了建构主义学习理论的持续进步。

(二)建构主义学习理论的基本思想

建构主义学习理论的核心目标是从"新认识论"的视角深入探讨"客观主义认识论"。该理论主张,学习是通过信息处理过程来为客体提供解释,而这些客体则是基于其个人经验来构建知识体系的。从建构主义的角度看,我们不能简单地假定学习者都是基于"相同的出发点和背景,并通过集体的努力来达成相同的目标"。学习者虽然拥有丰富的知识和经验背景,但更为关键的是,他们在能力和观点上都存在显著的差异。因此,我们不能简单地假设每个人都是一样的,而应该根据他们的背景来寻找新知识的来源。知识不仅仅是一个固定不变的观点,它更多的是对意义的塑造。考虑到每个人都是基于其独特的认知模式来塑造对事物的看法,这导致了事物呈现出个性化和情境化的特质。学习的过程中,每个学习者都会从自己独特的角度思考,形成对某一事物的独到见解,而在这个过程里,教师的职责主要是提供必要的支持和帮助。

在这个核心假设的基础上,建构主义形成了其独特的学习观念:学习是一个由学习者通过感觉来吸收和构建意义的过程,这个过程并不是被动地吸收外部知识,而是与学习者接触的外部环境相互影响的结果;学习过程可以被划分为两个主要环节:构建意义和搭建意义体系。构建意义的关键过程是人类的智慧活动,这一过程是在人的大脑中进行的。通过观察人们的物理行为来分享知识和经验,在整个学习旅程中可能会发挥至关重要的角色,尤其是对孩子们来说。但是,这还远远不够。为了构建真正的意义,我们必须投入与物理活动一样多的智慧活动。学习被认为是一种社交活动,个体的学习过程与他人,如教师、同龄人、家庭成员或偶然认识的人等,有着紧密的联系,与其他个体的对话和交流已经成为完整学习体系的一个重要组成部分。学习是在特定环境下进行的,我们不能脱离真实的生活场景,在思维中去抽象那些抽象的、孤立的事实和理论,我们所学习的是已知事物之间的联系和人类建立的信仰。仅当我们采用这种方法时,我们的学习行为才能变得更加清晰,同时,把学习看作是一种社交活动的观点才能被视为一种不可避免的推断。简而言之,学习与我们的日常生活是密不可分的,每个人在学习过程中都依赖于之前所掌握的知识作为基础。如果一个人没有先前构建的知识结构,那他是无法吸收新知识的。我们的知识储备越深厚,我们能够掌握的知识也就越丰富。因此,身为教育工作者,我们有责任与学习者的当前状态建立紧密的联系,并为他们提供一个基于先前知识的学习途径;学习的主要目的是塑造一个人的内在价值,而不是简单地复制他人的看法来追求"正确"的解答。

简单来说,学习是一个持续的过程,在这个过程中,认知者会在已有的知识和经验的基础上,在特定的社会文化环境中,积极地处理新出现的信息,并据此构建知识的表达方式。

(三)建构主义关于教学的基本思想

建构主义不只是提出了一种较为完整的教育观念,它还融入了众多的教学策略,这无疑给传统的教育理论带来了重大的考验。建构主义在教育领域的中心观点主要围绕以下四个核心内容。

首先,将学生置于教学活动的中心地位是非常重要的。从建构主义的角度看,学生应当被看作是信息处理的核心,他们是积极地构建意义的人,而不仅仅是被动地接受外部刺激或被灌输知识的对象。学生通常被认为是与实际理论紧密相连的"思考者",而他们的学习过程实际上是一种内部控制行为。因此,教学目标应具备高度的灵活性,教师不应强行对学习者施加压力,而应通过与学习者的协商来做出决策,或者允许学习者在学习过程中进行自我调整。从建构主义的角度看,教师不应只被看作是"知识的提供者"或"知识的传递者",他们更应被视为学生在知识构建过程中的协助者、推进者、策划者和"引导者"。身为教育者,他们在整个教育系统与其受众之间起到了不可或缺的"中介"作用。

其次,我们强调在真实的教育背景下进行教学活动。建构主义倡导创建一个与学习紧密相连的实际世界环境,这样的环境应该具有多方面的特性,以便学习者能够在这样的环境中解决实际问题,并为他们提供社交互动的机会。

再次,强调团队协作的学习方法。从建构主义的角度看,学习者采用他们独有的方法来形成对事物的理解,这种方式让不同的人有机会观察到事物的多种面貌。然而,学习者之间的密切合作也使得问题的解读变得更加深入和全面。在教学活动中,我们应该积极推动教师与学生之间的互动、讨论和学习,同时也要促进学生与教师之间的沟通和达成共识,这对于解决学生面临的复杂问题将是非常有助益的。

最后,着重于提供充足的资源援助。建构主义倡导营造一个高质量的教学环境,以便为学生在构建知识含义方面提供多元化的信息支持。

受到上述教学理念的影响,建构主义提出了许多教学策略和模式,其中最具影响力的包括以下四种模式。

第一,我们采用了一种随机可达的方法来构建教学计划。学习者具备通过多样化的途径和手段来掌握相同教学内容的能力,这将有助于他们更全面地理解和认识相同的事物或问题。

第二,我们选择了支架式的教学策略进行设计。从建构主义对概念框架的观点来看,这一理论选择了建筑领域中经常使用的"脚手架"作为概念框架的形象比喻,并在学习过程中将"脚手架"这一概念融入其中。学生有机会在这个支架上,从最初的教师指导,逐步过渡到自我调节和逐步提升,不断进行更高层次的认知活动,最终完成对所学知识意义的构建。

第三,被称为情境式的抛锚式教学策略。这一教育方法强调,当学习者想要对他们所学的知识有更深层次的意义时,他们应当深入实际的世界去感受和体验,而不是仅仅依赖他人对这种体验的描述和阐释。因此,在教学活动中,我们必须确保所有的学习都是在一个与真实生活场景高度相似的环境中进行的,这样做的主要目的是解决学生在日常生活中遇到的各种挑战和问题。在挑选学习材料的过程中,应首先关注那些具备真实性的任务。把这类真实发生的事件或问题形象地比喻为"抛锚",因为一旦这些事件或问题得到了明确的确认,整体的教学内容和流程也将随之固定,就像轮船被锚定了一样。基于真实案例或问题的抛锚式教学方式,有时也被称为"基于实例的教学"或"以问题为核心的教学"。

第四,采用自上而下的方式来设计教学方法。建构主义者批评了传统的自下而上的教学设计方法,他们认为这种方法是导致教学过程过于简化的主要原因。他们提倡实施一种自顶向下的教学设计方法,即首先展示一个全面的任务,并为学生提供更有效地解决问题的工具,激励他们去尝试解决问题。

第二节 分层教学法

一、分层教学法的概念和优势

(一)分层教学法的概念

孔子,这位杰出的中国古代教育家,很早之前就已经提出并实践了因材施教的教育理念。因材施教的核心思想是依据学生各自的特殊性质和个性差异来挑选最适合他们的教学手段,以确保每一个学生都能获得最优质的个人成长和发展机会。分层的教学方式尊重每个学生的个性,这反映了"因材施教"的教育哲学和"人为核心"的素质教育观念。教师会依据学生目前的知识水平、能力和潜力倾向,科学地将学生分为几组,每组的水平都是相似的,然后分别对待他们,这样,在教师适当的分层策略和互动中,这些群体可以得到最好的发展和提升。

在实际教学过程中,分层的教学策略通常是采用显性或隐性的分层方法。相较于显性的分层教学方式,这里更倾向于使用隐性的分层教学策略。

(二)分层教学法的优势

层次化的教学策略是在最优化的教育观念指导下进行的教育研究和实践活动。在分层的教学模式下,教师的主要教学对象是每一个学生,因此教师需要正视学生之间的差异,并在教学活动中进行有针对性的区分。采用因材施教和分层提升的教学策略,确保每位学生都能有机会提高自己的能力,从而实现班级整体的优化目标。教师通过实施分层的教学组织和教学方法改革,致力于确保所有层次的学生都能实现既定的教学目标。分层的教学策略体现了"因材施教"的教育理念,并被视为一种与当前学生背景相匹配的高效方法。

二、分层教学法的实施

(一)学生分层、分组

在深入了解学生的背景和特点之后,我们决定将他们分为 A、B、C 三个等级。在 A 层,学生们在计算机技能上展现出了卓越的表现,他们的知识吸收能力非常强,对学习充满了激情,并且在学业上也取得了很好的成绩;B 层的学生在计算机技能方面表现得相当出色,但他们的吸收能力仅为中等,整体成绩也属于中等;C 层的学生在计算机技能方面的表现并不出色,他们的学习吸收能力相对较弱,对学习的热情也不高,同时他们对学习持有消极和反感的态度。在进行教学层次的划分过程中,教师通常会进行隐性的层级划分,并独立地完成这一任务。这样做的核心目标是为了更全面地掌握学生的基础知识,并为将来组织学习小组做好充分的准备工作。

(二)组建学习小组

在深入了解学生的背景和特点之后,我们决定将他们分为 A、B、C 三个等级。在 A 层,学生们在计算机技能上展现出了卓越的表现,他们的知识吸收能力非常强,对学习充满了激情,并且在学业上也取得了很好的成绩;B 层的学生在计算机技能方面表现得相当出色,但他们的吸收能力仅为中等,整体成绩也属于中等;C 层的学生在计算机技能方面的表现并不出色,他们的学习吸收能力相对较弱,对学习的热情也不高,同时他们对学习持有消极和反感的态度。在进行教学层次的划分过程中,教师通常会进行隐性的层级划分,并独立地完成这一任务。这样做的核心目标是为了更全面地掌握学生的基础知识,并为将来组织学习小组做好充分的准备工作。

（三）教学分层

我们采纳了层次化的教学方法,并按照"大班引导、小组讨论、个别指导"的整体教学策略进行。鉴于班级中不同层次的学生在计算机技能方面的差异,我们为他们的"最近发展区"制定了与之相匹配的计算机分级教学目标,这不仅满足了统一的教学标准,同时也遵循了因材施教的教学原则。分层的教学策略凸显了学生间的差异性,极大地点燃了每一个学生的学习激情,确保所有级别的学生都能取得适当的进步。

在高等教育机构的计算机基础课程中,实际的上机操作得到了广泛的关注和重视。为了满足教学的目标,教师会为不同级别的学生制定专门的习题。在设计题目时,我们为学生提供了必须完成和可选择的题目,以确保所有级别的学生都能成功地完成这些题目,从而满足教学大纲的要求。位于C层的学生们抱有一个隐含的目标,那就是完成所有必须完成的题目;位于B层的学生们抱有一个隐含的目标,那就是完成他们必须完成的任务,并努力尝试选择性地完成题目;位于A层的学生们抱有一个隐含的目标,那就是完成所有必须完成的题目和做出选择的题目。学生所进行的练习展现出极高的适应性,确保不同类型的学生在"吃得饱"和"吃得饱"之间找到平衡,使得各个层次的学生都能体验到练习成功带来的快乐。

我们应当充分且高效地采用小组学习的方法。在每个学习小组中,隐性学生被分为三个不同的层次,而这三个层次的学生在计算机技术和学习能力方面存在着显著的差异。在教育过程中,差异被视为一项珍贵的资产。在教室环境中,教师有能力最大限度地运用这类资源,并通过小组协作的学习模式,有效地缩小学生之间的学习差距,达到资源共享和相互支持的目的,进而充分挖掘学生的个性化优势。举例来说,C层的学生在完成了他们的必做题后,A层的学生在他们的指导和帮助下,也有机会完成选做题。在A层学生的指导下,C层和B层的学生们实现了显著的进步。在小组讨论和学习的过程中,我们关注的不仅仅是知识本身,我们还希望通过团队间的合作和相互支持,促进学生在情感、态度和价值观上的全面发展。[①]

（四）考核分层

公正的考核评价方法是确保学生能够积极参与教学过程的强大支撑。在进行评

---

① 陈静,李赫宇.大学计算机公共基础习题与上机指导[M].北京:北京理工大学出版社,2017.

估时,我们可以采用与传统考核成绩(即平时成绩×20%+考试成绩×80%)不同的方法,更多地强调小组的核心地位,它由个人、小组和评定三个部分共同构成。考核的结果是:个人的成绩乘以40%,小组的成绩乘以40%,再加上评定的成绩乘以20%。

此外,在学期即将结束时,将会评选出多个奖项,如"最优小组奖""最佳小教师奖""小组成绩进步奖"和"难题解答奖"等,以确保小组的荣誉与每个组员紧密相连,激励学生相互支持,共同完成学习目标,并共同进步。

(五)分层教学过程中配合其他教学方法

分层教学不仅代表了一种独特的教学策略,同时也是一种与众不同的教育思维模式,但它的实际应用并不是孤立的。在进行课堂教学时,教师不只是要熟练掌握单一的教学模式,还需要在实施分层教学的过程中,融合项目教学法,如任务驱动法和交流互动法等多种教学策略,以确保分层教学方法能够得到有效的实施。只有当各式各样的教学方法相互融合和推动,我们才有可能达到最佳的教学效果。

利用计算机的层次化教学策略能够显著地点燃学生对计算机学习的热忱,并提升他们的自信心。采用分层的教学策略确保了所有级别的学生都有机会获取知识和收益,从而更有效地实现他们的学习目标。学生们所承受的心理压力已经有所缓解,同时他们展现出的积极心态也在逐渐增强。最终,那些在学习上遇到困难的学生不只是提高了他们的自信心和对学习的热情,中等水平的学生也有了明显的提高。与此同时,那些在学业上表现出色的学生在学习的宽度和深度上都获得了更大的扩展,这对学生的整体成长是极为有利的。

第三节 协作学习理论

一、协作学习的含义

协作学习是一种与个体学习或竞争性学习完全不同的学习方法,它要求学习者以小组的方式,在共同的目标和特定的激励机制下,进行合作和互助,以实现个人或小组学习效果的最大化。在团队协作的学习旅程中,每个团队成员的学习成果都是基于他人的成就之上的。学习者之间的交互是非常和谐的,他们在共享信息、资源、共同承担责任和荣誉的基础上,共同完成学习任务,实现一致的学习目标。随着社会对教育和教学重要性的逐渐加深,合作式学习方法因其在学习者之间营造和谐学习氛围、促进相互合作和共同成长方面的核心理念,越来越受到社会各界的广泛关注。在 21 世纪的教育结构里,学会的团队合作学习方法已经开始显现其重要性,并被视为四大关键支撑之一。

二、协作学习的基本原则

通过采纳协作学习的方式,学习者的主观能动性和创造性得到了更为高效地激发。这不仅有助于问题进行更深层次的理解和知识的实际应用,同时也有助于高级认知技能的提升、团队协作精神的培养以及建立健康的人际关系。合作学习的关键元素包括合作小组、团队成员、指导教师和合作学习的环境。合作学习的实施通常都是依据以下五个核心准则来进行的。

(一)相互依赖性

为了达成小组共同追求的目标,所有成员都主动地进行了合作。增强的方式可以包括集体奖赏、目标导向、资源的共享和角色的分配。

(二)个体职责

所有成员都应当公平地参与合作,并肩负起各自的职责与任务。为了确保每个成员的职责得到履行,可以定期在团队中评估并分享成员的成果,并通过提问或测试的形式对成员进行评估。

(三)协作组进程

完成学习任务之后,应向小组提供合作状况的反馈,以增强小组的协作学习能力,并保持良好的合作关系。

(四)社交技能

为了确保协作学习的顺利进行,需要掌握基础的交流技巧、高效的沟通方法以及如何避免潜在的冲突。

(五)面对面交互

这一原则为团队成员提供了相互支持和解决难题的途径。成员们通过详细的解释、深入的讨论、信息的共享以及互动式的教学方法来互相推动学习进程。

三、协作学习的基本方法

经过数十年的演变,协作学习在西方国家已经呈现出多种不同的发展模式。根据相关的数据统计,仅在美国,合作学习的策略和方法已经超过百种,但这还未涵盖每种策略的具体变体。协作学习有许多不同的方法,现在我们将介绍几种广泛应用且实用性很强的方法。

(一)学生团队成就分配

在决定学生团队的表现时,学生被分配到一个由四人组成的学习团队,这个团队考虑了成绩、性别和种族等多种因素。教师首先向学生展示了教学材料,然后指导他们在自己的团队中工作,并确保所有的团队成员都能熟练掌握课程的各个方面。接着,每一个学生都参加了独立的测验,而在此期间,他们之间不能互相提供帮助。

通过比较学生们的考试成绩和他们之前的平均成绩,我们可以根据学生们超越之前成绩的程度来计算每个团队的得分。将这些分数加入团队的评分列表中。一个团队是否获得了奖赏或认证,都是基于预先设定的标准来判定的。这一系列活动包括了教师的展示、团队的实际操作和各种测试,通常需要投入 3～5 节课的时间。在学生团队中,成绩的分配不仅仅是一个普遍的课堂组织策略,它也被视为一种高效的学科教育方法。它是由五大关键部分构建而成:课堂展示、团队的实际操作、评价和测试、个人表现的提高以及团队的激励策略。

(二)团队游戏比赛

团队游戏比赛与学生团队的成绩分配模式有许多相似之处,它不仅展示了教师的能力,还强调了团队之间的合作与协同。然而,与此形成鲜明对比的是,每周的教学竞赛被替代了传统的测验方式,学生们作为团队的代言人,与其他团队中成绩相近的学生展开竞技。团队的游戏竞赛往往与学生团队的成绩分配紧密相连,只需在学生团队的成绩分配框架中增加一个竞赛环节。团队游戏竞赛主要涵盖了课堂展示(与学生团队的成就分配方式相似)、团队的实际操作(与学生团队的成就分配方式类似)以及游戏等多个部分。

这个游戏主要聚焦于与游戏主题紧密相关的各种问题,这些问题都是经过精心策划的,旨在测试学生如何通过课堂演示和团队协作来吸收知识。这个游戏通常是在三个学生中进行的,每一个学生都代表了自己的团队。在众多的游戏里,具有相似数量的问题往往会被放入一个结构一致的表格中,接着,会有一名学生首先挑选一个数字卡,并努力回答与其标记一致的数字问题。这款游戏的规则允许玩家们相互挑战对方的答案。

(三)团队促进教学

无论是团队促进教学还是学生团队成就分配和团队游戏比赛,都是由四名具备不同技能的成员组成的学习团队,并对表现出色的团队给予表彰。然而,在学生团队中,成就的分配和团队游戏比赛都是通过单步式的教学方式进行的,而团队促进教学则是将个体学习与团队合作学习有机地结合在一起。此外,学生团队的成绩分配和团队游戏比赛可以应用于大部分学科和年级,而团队促进教学主要是为3~6年级的学生学习数学而设计的。

当团队共同推进教学活动时,学生们会基于定向测试的得分进入特定的学习阶段,并按照他们的学习进度进行调整和学习。在许多场合中,团队成员会在各自的学习模块中相互学习,并使用答案表来核实他们的工作表现,同时也会相互帮助,以解决学习过程中可能遇到的各种问题。在缺乏其他团队成员支持的情况下,单元测试最终得以圆满完成,并获得了班长的高度评价。教师每周都会对团队成员完成的单元数量进行统计,并根据他们最终通过的测试数量、优秀文章或家庭作业的完成情况,以及他们获得的额外分数是否超过标准成绩,来发放相应的证明或奖励。

除了前面提到的几种策略,协作学习还包括了如小组研究、团队学习和综合教学等多样化的方法,这些建议在教育和教学实践中都得到了广泛的采纳,并已被实际应用证明其效果显著。

第四节 学习动机理论

一、学习动机的含义

人类所做的每一件事都是由某些特定的行为所驱使,而这些特定的动机恰恰是这些行为的核心驱动力,也构成了它们的根源。学生在激发学习动力的行为上并不是一个典型案例。

"学习动机"这一术语描述的是那些能够触发学生的学习热情、维持这种热情,并驱使他们向某一特定目的迈进的内部动力。学习动机在本质上是对学习的渴望,这种渴望揭示了家庭、学校和社会对学生思考方式的作用。不论是在古代还是在现代,不论是东方还是西方,众多著名的教育专家都非常注重激发学生在学习过程中的主动性和热情。孔子曾经说过,如果学习但不思考,那就是徒劳;如果思考但不学习,那就是危险的。这清晰地强调了在整个学习过程中,学习者所起到的中心作用。卢梭,这位法国的启蒙教育思想家,坚信建立一个独立的学习模式比仅仅是知识的积累更为重要。这段话进一步突出了一个观点,即只有当学习者采用他们独特的方式积极并高效地参与学习,学习的品质才能实现真正的提高。

二、行为动机理论综述

(一)行为主义动机观

在20世纪的初期,行为主义开始兴盛。桑代克和小斯金纳是行为主义理论的杰出代表。他们坚信,动机是一种强化的表现形式,而人们的某些行为模式完全是基于先前的学习行为和刺激行为之间形成的紧密联系。这种学习方式可能会因为加强而再度显现。强化方法主要可以分为两大种类:正向强化和反向强化。正强化的现象是因为在反应完成后,产生了让人感到满意的刺激,这进一步导致了该反应的增强;负强化是一种方法,其目的是通过消除反应后产生的负面刺激来增强反应的强度。当学生的学术能力得到提升,如取得出色的学术表现或受到教师与家长的高度评价时,他们的学习积极性会显著增强;如果学生在他们的学习旅程中未得到应有的关注(如未获得满意的分数或赞誉),他们可能会丧失学习的动力;当学生在学业上遭受某种惩罚(如被同学或教师嘲笑)时,他们可能会倾向于回避学业。

但是,近期的大量研究显示,由于外部奖励的作用,很多原本对任务充满热情的学生似乎失去了兴趣。基于他们的研究发现,我们有理由推测:提供外部激励可能会削弱学生对任务的内在动力。虽然行为受到了强化的明显影响,但这并不是决定其走向的唯一因素。因此,在开展教学活动的过程中,教师应当谨慎地运用如表扬和奖赏等各种加强手段。

(二)人本主义动机观

人本主义的理念更多地强调了人们在决策和管理生活中所具备的潜能和能力,而不是通过增强对外部环境刺激的反应来解释他们的行为。亚伯拉罕·马斯洛与卡尔·罗杰斯均为杰出的人本主义思考者。马斯洛提出了一种被普遍认为是"需求层次"的理论,他主张人们的需求可以被细分为七个不同的层面,包括生理需求、对安全的需求、对归属和爱的需求、对尊重的需求、对认知的需求、审美上的需求以及自我实现的需求。前四项被归类为满足基础生活需求的不足;人们普遍认为,最终的三个要素是个人成长所必需的,这些要素涵盖了人们对于美的理解、认知、欣赏以及追求个人成长的各种需求。在大多数情况下,只有当基本需求得到了满意地满足时,个体才会受到鼓励去追求更高层次的需求。当某一特定的需求得到满足后,其所带来的激励效果将会逐渐消失。在描述动机时,他特别突出了需求的核心地位,他坚信每一种行动都是有价值的,并且都有其特定的目标,这些目标都是基于人们的实际需求。每个人都有自己独特的需求,这些需求会随着时间的流逝而变化,这也解释了为什么在相同的环境中,两个不同的人会表现出不同的行为模式,而一个人在不同的时刻也会表现出不同的行为模式。这些需求对人们的行为习惯和方向都产生了影响。马斯洛的哲学主张人的完整性,并提倡从一个宏观的视角来研究人的驱动力。当我们探讨动机的问题时,不只是要关注生理上的需求,更要深入了解人们在更高层面上的需求。

(三)认知主义动机观

相对于行为主义,认知论更多地关注那些表面上可见的行为,而不是那些内心深处难以察觉的认知要素。在认知论中,动机作用的理论模型被定义为S—O—R,也就是刺激—有机体—反应(Stimuli—Organism—Response)模型。在这个模型中,O被视为一个中介变量,涵盖了思考过程、观念的碰撞、预期与意图,以及对外部环境的洞察和理解等方面。由于认知心理学家对中介变量有着不同的解读,这导致了多种动机理论的形成,主要涵盖了成就动机论、归因论和成就目标理论等多个方面。

1. 成就动机论

默里、麦克里兰、阿特金森等心理学者是最早一批致力于探究成就动机的研究人员。默里明确表示,成就的驱动力其实是一种深层次的动力,它激励人们"跨越各种困难、最大限度地展现自己的能力,并迅速地解决某一具体问题",这也是对成就的一种追求方式。麦克里兰和阿特金森继承了默里的看法,并进一步将其扩展为成就动机的理论。

麦克里兰的成就动机理论被普遍认为是"情绪激发理论",这一理论在很大程度上受到了享乐主义思想的深刻影响。他坚信,一个人的人格特质中,成就的推动力是非常坚实的。在一个人的记忆深处,存在着一些与其成就密切相关的愉快经历。当这些愉快的体验能在特定的环境中被触发时,该个体的成就动机也会随之被触发。他特别指出,那些拥有强烈的成就驱动的个体在学业和职业生涯中都展现出了高度的积极性,他们具备自我约束的能力,不会被外界环境所影响,并且他们非常擅长高效地使用时间,那些成就驱动得分较高的人通常会比得分较低的人有更出色的表现。尽管麦克里兰认为成就动机是影响个体行为的关键要素,但他却忽视了个体行为的复杂性以及其他各种因素对其行为的潜在影响。

阿特金森提出了一个关于成就动机的期望和价值的理论,这意味着个体不仅需要有实现目标的可能性,还要确保这些结果是有意义的,只有在这种情况下,个体才会有足够的动力去完成任务。阿特金森持有这样的看法:在追求成功的旅程中,人们通常有两种不同的倾向,其中一种是努力去实现成功;另一种策略是致力于避免失

败。一个人对于成就动机的偏好程度,可以通过数学公式来描述:
$$T_s = M_s \times P_s \times I_s$$

式中 T_s 代表个人追求成就的倾向;M_s 代表追求成功的动机;P_s 代表对成功的可能性的估计($P_s=1$,表示确信会取得成功;$P_s=0.5$,表示估计成功的可能性是50%;$P_s=0$,表示确信必然失败);I_s 表示成功的激励值。

2. 归因论

归因这一概念指的是,人们对自己或他人的行为进行深度分析,以确定其真实性质或推断其背后的驱动因素。归因论的根源可以追溯到美国心理学家海德提出的关于社会感知和人与人之间关系的认知观点,这个理论后来由韦纳和他的团队进一步发展,并在动机研究领域得到了广泛的关注。海德对行为的成因进行了主要的分类,将其分为内部和外部两个主要部分,并采用共变原则来阐释人们的归因逻辑。他着重指出,虽然大多数人相信某一行为可能受到多重因素的影响,但他们更偏向于研究特定结果和特定原因在不同环境下的相互关系。如果在多数情况下,一个因素总是与一个结果相关,而在没有这种归因的情况下,这个结果就不会发生,那么我们可以把这个结果归因于这个原因。

韦纳的归因理论深入研究了人们对于行为成功或失败背后的各种因素的看法,以及这些看法是如何塑造他们的行为动机的。韦纳与他的团队持有这样的观点:学生们往往会把学业上的挫折或成就归咎于个人的才能、付出的努力、任务的复杂性以及运气的影响。他们进一步细化了这些因素,将其划分为三大类:首先是控制源,即与个体的内部或外部因素相比,内部因素涵盖了个体的能力和付出,而外部因素则包括了个体的因素,例如任务的复杂性和教师的偏见等;其次,稳定性是一个关键因素,随着时间的流逝,某些因素可能会发生变化。例如,能力通常会保持稳定,但是情感或短暂的好运可能会变得不那么稳定;第三点,关于可控性,个人控制成功或失败的因素可以被分类为可控因素和不可控因素两大类。

3. 成就目标理论

在20世纪70年代的尾声和80年代的初期,德韦克及其团队开始将成就目标的理念融入成就动机的理论中。在20世纪80年代中段,德韦克基于最新的社会认知框架研究,并结合之前的成就动机研究,提出了一个更为完整的成就目标理论框架。

成就目标理论涵盖了两大核心理念:首先是目标的确定,其次是目标的方向性。这两个方面的主要区别在于:前者的目的是为一个人的行为设定一个清晰的准则;后者主要阐述了个体参与各类活动的核心意图。该理论强调,学生的个人目标导向在他们的活动中起到了积极和直接地推动作用。德韦克在讨论如何设定目标时特别指出,目标的确立涉及两个关键步骤:首先是如何设定目标,比如学生如何基于自己的预期在课堂上实现这些目标,并在考试中取得满分或达标;接下来是关于目标的投入,这描述了一个人为达成目标所做的努力和付出。这样的投入可以通过其具体行为和所实施的措施来进行评估,因为仅仅设定一个简单的目标是不足以激发实际行动的,还需要有一个坚定的意志来实现这些目标。挑选适当的目标难度、具体性和投入度,都将有助于提升行为表现的正面水平。

4.自我效能理论

班杜拉,一位社会认知心理学的权威,提出了"自我效能感"的概念,并阐述了"坚定地相信自己具备组织和执行特定任务的能力"的信念。因此,自我效能感并不是衡量一个人真实能力的唯一标准,它更多的是对个人能力的坚定信念的体现。一个人的自我效能感不只是决定了他或她为完成任务所付出的努力程度,还影响了他或她在面对挫折时能够坚持多久,以及从失败中恢复过来的能力。

那么,学生是通过何种途径来培育和提升他们的自我效能感的呢?班杜拉列出了四个主要的信息来源,并根据它们的影响力进行了分类:首先,通过亲身体验来积累经验,这为学习者的能力提供了直接的反馈,尤其是学生过去的成功或失败经验,这是一个非常基础的方法;其次,替代性的经验为我们提供了有关他人成就的比较性信息。在这样的背景下,成为榜样和进行观察学习变得尤其重要。当学生观察到与他们能力接近的人获得了成功,他们的自我效能感也会相应地得到提升;再一次地,教师通过口头劝导的方式,向学生传递了他们坚信自己有能力完成某事的信息。因此,教师对学生的持续鼓励和劝导可以有效地增强他们的自信;最终,当涉及生理状态时,学习者能够通过他们的内在感受来判断他们对当前任务的投入水平。在此背景下,替代性的体验与观察学习密切相关。[1]

三、培养和激发大学生学习动机的重要意义

学习的动力是影响学习成果的核心要素,如果缺少这种动力,教育的品质可能会受到直接的不利影响。大学生在他们的学习活动中表现出极高的自主性和主动性,这意味着他们需要有强烈的学习动力,作为他们学习的内在驱动力,确保他们的学习过程始终保持适当的强度和深度。建构主义的教育理念突出了学生在建构学习中的

---

[1] 董昶.计算机应用基础[M].北京:北京理工大学出版社,2018.

核心地位。因此,在课堂教学过程中,教师需要充分激发学生的好奇心和求知欲,深入了解学生的学习心理特点,确保学生的学习得到教学实践的认可,实现学习的真正成功,加强学习的驱动力,并最终形成一个相对稳定的人格特质。

在教学活动中,激发学生的内部学习心态和培养他们的学习积极性始终是教育领域的中心任务。这不仅是素质教育实践的要求,更重要的是为了优化学生的学习心态,促进他们的学习心理发展,并进一步提升教学的整体质量。

第三章　计算机教学学生培养方向分析

第一节　计算机教学培养体系

一、计算机教学培养体系概述

计算机教育课程是以培养学生的软件开发能力为主的理论与实践相融通的综合性训练课程。课程以软件项目开发为背景,通过与课程理论内容教学相结合的综合训练,使学生进一步理解和掌握软件开发模型、软件生存周期、软件过程等重要理论在软件项目开发过程中的意义和作用,培养学生按照软件工程的原理、方法、技术、标准和规范进行软件开发的能力,培养学生的合作意识和团队精神,培养学生的技术文档编写能力,从而提高学生软件工程的综合能力。

二、计算机的综合训练内容

由2至4名学生组成一个项目开发小组,选择题目进行软件设计与开发,具体训练内容如下。

熟练掌握常用的软件分析与设计方法,至少使用一种主流开发方法构建系统的分析与设计模型,熟练运用各种CASE工具绘制系统流程图、数据流图、系统结构图和功能模型,理解并掌握软件测试的概念与方法,至少学会使用一种测试方法完成测试用例的设计;分析系统的数据实体,建立系统的实体关系图(E－R图),并设计出相应的数据库表或数据字典;规范地编写软件开发阶段所需的主要文档;学会使用目前流行的软件开发工具,各组独立完成所选项目的开发工作(如VB、Java等开发工具),实现项目要求的主要功能;每组提交一份课程设计报告。

(一)系统集成能力培养

1. 概述

课程以系统工程开发为背景,使学生进一步理解和掌握系统集成项目开发的过程、方法,培养学生按照系统工程的原理、方法、技术、标准和规范进行系统集成项目开发的能力。

2. 相关理论知识

(1)网络基本原理。

(2)网络应用技术。

(3)综合布线系统。

(4)网络安全技术。

(5)故障检测和排除。

(6)系统集成的组网方案。

(7)计算机硬件的基本工作原理和编程技术。

(8)系统工程中的网络设备的工作原理和工作方法。

(9)系统集成工程中的网络设备的配置、管理、维护方法。

(10)应用服务子系统的工作原理和配置方法。

3. 综合训练内容

本综合课程要求学生结合企业实际的系统集成项目完成实际管理,并加强综合集成能力。由2~4名学生组成一个项目开发小组,结合企业的实际情况完成以下内容后,每组提交一份综合课程训练报告。

(1)外联网互联。

(2)综合布线系统。

(3)远程接入网配置。

(4)故障检测与排除。

(5)计算机操作系统管理。

(6)网络设备的配置管理。

(7)计算机硬件管理和监控。

(8)网络工程与企业网设计。

(9)网络原理和网络工程基础知识的培训和现场参观。

(10)规范地编写系统集成各阶段所需的文档(投标书、可行性研究报告系统需求说明书、网络设计说明书、用户手册、网络工程开发总结报告等)。

(二)软件测试能力培养

1. 概述

课程以软件测试项目开发为背景,使学生深刻理解软件测试思想和基本理论,熟悉多种软件的测试方法、相关技术和软件测试过程,能够熟练编写测试计划、测试用例、测试报告,并熟悉几种自动化测试工具,从工程化角度提高和培养学生的软件测试能力。

2. 相关理论知识

(1)软件测试理论

①软件测试理论基础。

②软件测试过程。

③软件测试自动化。

④软件测试过程管理。

⑤软件测试的标准和文档。

⑥软件性能测试和可靠性测试。

(2)其他测试理论

①系统测试。

②测试计划。

③测试方法及流程。

④WED 应用测试。

⑤代码检查和评审。

⑥覆盖率和功能测试。

⑦单元测试和集成测试。

⑧面向对象软件测试。

3. 综合训练内容

由 2 至 4 名学生组成一个项目开发小组,选择题目进行软件测试。具体训练内容如下:

(1)理解并掌握软件测试的概念与方法。

(2)掌握软件功能需求分析、测试环境需求分析、测试资源需求分析等基本分析方法,并撰写相应文档。

(3)根据实际项目需要编写测试计划。

(4)根据项目具体要求完成测试设计,针对不同测试单元完成测试用例编写和测试场景设计。

(5)根据不同软件产品的要求完成测试环境的搭建。

(6)完成软件测试各阶段文档的撰写,主要包括测试计划文档、测试用例规格文档、测试过程规格文档、测试记录报告、测试分析及总结报告等。

(7)利用目前流行的测试工具实现测试的执行和测试记录。

(8)每组提交一份综合课程训练报告。

(三)系统设计能力培养

1. 概述

课程要求学生结合计算机工程方向的知识领域设计和构建计算机系统包括硬件、软件和通信技术,能参与设计小型计算机工程项目,完成实际开发管理与维护。学生在该综合实践课程上要学习计算机、通信系统、含有计算机设备的数字硬件系统设计,并掌握基于这些设备的软件开发。本综合训练课程培养学生如下素质能力。

(1)系统级视点的能力

熟悉计算机系统原理、系统硬件和软件的设计、系统构造和分析过程,要理解系统如何运行,而不是仅仅知道系统能做什么和使用方法等外部特性。

(2)设计能力

学生应历经一个完整的设计过程,包括硬件和软件的内容。这样的经历可以培养学生的设计能力,为日后工作打下良好的基础。

(3)工具使用的能力

学生应能够使用各种基于计算机的工具、实验室工具来分析和设计计算机系统,包括软硬件两方面的内容。

(4)团队沟通能力

学生要养成团结协作,以恰当的形式(书面、口头、图形)来交流工作,并能对组员的工作做出评价。

2. 相关理论知识

(1)计算机体系结构与组织的基本理论。

(2)电路分析、模拟数字电路技术的基本理论。

(3)计算机硬件技术(计算机原理、微机原理与接口、嵌入式系统)的基本理论。

(4)汇编语言程序设计基础知识。

(5)嵌入式操作系统的基本知识。

(6)网络环境及 TCP/IP 协议栈。

(7)网络环境下的数据信息存储。

3. 综合训练内容

本综合实践课程将对计算机工程所涉及的基础理论,应用技术进行综合讲授,使学生结合实际网络环境和现有实验设备掌握计算机硬件技术的设计与实现;可以完成如汇编语言程序设计的计算机底层编程并能按照软件工程学思想进行软件程序开发、数据库设计;能够基于网络环境及TCP/IP协议栈进行信息传输,排查网络故障。

由3或4人组成一个项目开发小组,结合一个实际应用进行设计,具体训练内容如下:

(1)基于常用的综合实验平台完成计算机基本功能的设计,并与个人计算机进行网络通信,实现信息(机器代码)传输。

(2)对计算机硬件进行管理和监控。

(3)熟悉常用的实验模拟器及嵌入式开发环境。

(4)至少完成一个基于嵌入式操作系统的应用,如网络摄像头应用设计等。

(5)对网络摄像头采集的视频信息进行传输、压缩(可选)。

(6)对网络环境进行常规管理,即对网络操作系统的管理与维护。

(7)每组提交一份系统需求说明书、系统设计报告和综合课程训练报告。

(四)项目管理能力培养

1. 概述

课程以实际企业的软件项目开发为背景,使学生体验项目管理的内容与过程,培养学生参与实际工作中项目管理与实施的应对能力。

2. 相关理论知识

(1)项目管理的知识体系及项目管理过程。

(2)合同管理和需求管理的内容、控制需求的方法。

(3)成本估算过程及控制、成本估算方法及误差度。

(4)项目进度估算方法、项目进度计划的编制方法。

(5)质量控制技术、质量计划制订。

(6)软件项目配置管理(配置计划的制订、配置状态统计、配置审计配置管理中的度量)。

(7)项目风险管理(风险管理计划的编制、风险识别)。

(8)项目集成管理(集成管理计划的编制)。

(9)项目的跟踪、控制与项目评审。

(10)项目结束计划的编制。

3. 综合训练内容

选择一个业务逻辑能够为学生理解的中小型系统作为背景,进行项目管理训练。学生可以由2或3人组成项目小组,并任命项目经理,具体训练内容如下:

(1) 根据系统涉及的内容撰写项目标书。

(2) 通过与用户(可以是指导教师或企业技术人员)沟通,完成项目合同书、需求规格说明书的编制;进行确定评审;负责需求变更控制。

(3) 学会从实际项目中分解任务,并符合任务分解的要求。

(4) 在正确分解项目任务的基础上,按照软件工程师的平均成本、平均开发进度,估算项目的规模和成本、编制项目进度计划,利用 Project 绘制甘特图。

(5) 在项目进度计划的基础上,利用测试和评审两种方式编制质量管理计划。

(6) 学会使用 SourceSafe,掌握版本控制技能。

(7) 通过项目集成管理能够将前期的各项计划集成在一个综合计划中。

(8) 能够针对需求管理计划、进度计划、成本计划、质量计划、风险控制计划进行评估,检查计划的执行效果。

(9) 能够针对项目的内容编写项目验收计划和验收报告。

(10) 规范地编写项目管理所需的主要文档:项目标书、项目合同书项目管理总结报告。

三、构建计算机教学体系建设的意义

对多年来国内外高等院校信息技术实践教学改革进行综合分析和借鉴的基础上,针对当前信息技术类应用创新型人才培养存在的弊端和问题提出了以应用创新和创业为导向,以"产学研用"结合为切入点,通过教学资源库建设、专业核心课程教学改革、多维融合的拔尖计算机人才培养平台构建和新型校企合作人才培养机制构建等一系列措施,开展"三个课堂为一体,多维平台联动"的具有区域和学校特色的应用创新型信息技术类专业人才培养体系建设。其建设的意义主要在于以下几点。

第一,对应用创新型信息技术人才培养过程中的主要实践教学环节进行综合改革,系统地优化和构建高效的实践教学体系,建立具有时代特征、区域和学校特色的一整套可操作性的应用创新型计算机人才培养的运行和管理机制,为地方高等院校进一步大力推动实践教学改革提供理念、模式、制度等借鉴。

第二,紧密结合大学信息技术类教育改革发展的趋势,深入分析企事业单位的人才特点,对大学生实践能力、创新创业能力进行系统训练。这对有效提升高水平的应用创新型特色人才具有重要的参考价值,同时对提升地方大学的信息技术类应用创新型特色人才培养质量也具有积极的理论和现实意义。

第三,根据西部落后地区大学特点和珠三角地区的社会经济发展对应用创新型计算机人才的需求,依托地方经济发展的支柱产业,在"产学研用"相结合的基础上,为国家造就大批基础扎实、综合素质高、工程应用能力强、创新创业能力强的应用创新型人才,以服务地方经济社会发展。这对增强大学的社会服务能力,促进地区及国家的经济发展有着极为重要的作用。

第二节 计算机教学的学生培养方向

一、培养新时代计算机学生的特征

(一)适应经济发展要求

新时代科学技术发展、产业结构调整、经济发展转型、劳动组织形态变革等使经济建设和社会发展对人力资源需求呈多样化状态。目前,我国经济社会发展急需大量的应用型本科人才。因此,高等教育必须适应经济社会发展为行业、企业培养各类急需人才。应用型本科教育要透彻了解区域和地方(行业)经济发展现状和趋势,充分把握人才需求新特征,在此基础上,科学定位应用型本科人才的培养目标及规格。

(二)以专业教育为基础

现代应用型本科人才所具备的能力应是与将要从事的应用型工作相关的综合性应用能力,即集理论知识、专项技能、基本素质为一体,解决实际问题的能力。这种能力培养的主要途径是专业教育。以能力培养为核心的专业教育体现在三个层面:第一,坚持"面向应用"建设专业,依据地方经济社会发展提炼产业、行业需求,形成专业结构体系;第二,坚持"以能力培养为核心"设计课程,课程体系、课程内容、课程形式的设计和构架都要以综合性应用能力培养为轴心,且打破理论先于实践的传统课程设计思路;第三,贯彻"做中学"的教学理念,要确立教学过程中学生的主体地位,学生要亲自动手实践,通过在工作场所中的学习来掌握实际工作技能和养成职业素养。

二、构建中国特色的教育人才培养模式

(一)实现就业需求

培养目标是人才培养模式的核心要素,是决定教育类型的重要特征体现,是人才培养活动的起点和归宿,是开放的区域经济与社会发展对新的本科人才的需求,要做到"立足地方、服务地方"。专业设置和培养目标的制定要进行详细的市场调查和论证,既要有针对性,使培养的人才符合需要,也要具有一定的前瞻性和持续性,避免随

着市场变化频繁调整。应用型本科教育与学术性本科教育的根本区别在于培养目标的不同。明确应用型本科教育培养目标是培养应用型人才的首要且关键任务,其内容主要有两方面:一是要明确这类教育要培养什么样的人,即人才培养类型的指向定位;二是要明确这类人才的基本规格和质量。

关于应用型本科教育培养目标的基本规格,仍可以由本科教育改革中所共识的"知识、能力、素质"三要素标准来界定,但其区别在于三要素内涵的不同,体现在应用型学科理论基础更加扎实、经验性知识和工作过程知识不可忽视、职业道德和专业素质的养成更加突出、应用能力和关键能力培养同等重要。

(二)专业课程应用导知、学科支撑、能力本位

1. 以应用为导向

"以应用为导向"就是以需求为导向,以市场为导向,以就业为导向。"应用"是在对其高度概括的基础上,考虑技术、市场的发展,以及学生自身的发展可能产生的新需求,而形成的面向专业的教育教学需求。在应用型本科教育中,"应用"的导向表现在五个方面。

第一,专业设置面向区域和地方(行业)经济社会发展的人才需求,尤其是对一线本科层次的人才需求。

第二,培养目标定位和规格确定满足用人部门需求。

第三,课程设计以应用能力为起点,将应用能力的特征指标转换成教学内容。

第四,设计以培养综合应用能力为目标的综合性课程,使课程体系和课程内容与实际应用较好衔接。

第五,教学过程设计、教学方法和考核方法的选择要以掌握应用能力为标准。

2. 以学科为支撑

"以学科为支撑"是指学科是专业建设的基础,起支撑作用,专业要依托学科进行建设。学科支撑在专业建设与人才培养中体现在以下方面:第一,以应用型学科为基础的课程建设,开发以应用理论为基础的专业课程;第二,以应用型学科为基础的教学资源建设,为理论课程提供应用案例的支撑,为综合性课程提供实践项目或实际任务的支撑,为毕业设计与因材施教提供应用研究课题和环境的支撑;第三,引领专业发展,从学科前沿对应用引领作用的角度,为专业发展提供新的应用方向;第四,为产学合作创设互利的基础与环境,通过解决生产难题、开发创新技术,以应用型学科建设的实力为行业、企业服务。

3. 以应用能力培养为核心

以应用能力培养为核心，构建应用型本科人才培养模式的原则，既是应用型专业建设的理念，也是处理实际问题的原则。面向应用和依托学科是构建应用型本科人才培养模式必须同时遵循的两个重要原则，但在实际中，由于学制范围相对固定，如何协调二者关系，做到既突出面向应用，又强调依托学科，往往成为制定人才培养方案的难点和关键点。按照传统的思路，增加理论学时意味着减少应用学时；反之亦然，结果可能顾此失彼，造成"应用"和"学科"的冲突。"以应用能力培养为核心"主要体现在以下方面。

(1)建设应用能力培养的公共基础和专业基础课程平台

应用型教育的学科是指应用型学科，应建构一组具有应用型教育特色的学科基础课程，它们可能与传统的课程名称相同，但课程内容应遵循应用型学科的逻辑。在此基础上还可以针对不同专业学科门类，进一步建构模块化的应用型学科基础课程体系。

(2)应用能力培养贯穿于专业教学过程

应用能力是指雇主需要的能力、学生生涯发展的能力等，能力培养要遵循"理论是实践的背景"和"做中学"的教育理念，将应用能力培养贯穿于专业教学全过程。

(3)按理论与实践相结合的应用型课程原则设计好专业课程

改革课程设计思想和教学法，整合课程体系，设计课程内容，构建新的课程形式，使理论与实践相结合，实现应用导向和学科依托在课程设计中目标相一致。

(4)全面职业素质教育是重要方面

专业教育是针对社会分工的教育，以实现人的社会价值为取向；通识教育注重培养学生的科学与人文素质，拓展人的思维方式。应用型本科教育具有专业教育性质，应更多考虑生产服务一线的实际要求，突出应用能力的培养。同时，也要注重培养学生的职业道德和人格品质，使学生成为高素质的应用型人才。素质的获取不是传授，也不是培训，而是贯穿于整个人才培养的过程。因此，素质教育主要不能靠课堂教学，而是通过良好的教育环境创设和培养的。

4. 坚持课程建设改革创新

应用型本科教学改革必须坚持课程建设改革与创新。应用型本科教育的课程从性质上大体可以分为三类：理论课程、实践课程、理论实践一体化课程（也称为综合性课程）。

实践课程包括实验、试验、实习、训练、课程设计、毕业设计等多个具体的教学环节。每个环节对学生培养的目的不同,如实验侧重于验证和加强理论知识的掌握,培养学生的研究、设计能力;训练是一种规范的掌握技术的实践教学环节。学术性高等教育更重视实验,实验教学是主要的实践教学内容,而应用型本科教育的实践教学呈多样化状态,尤其要重视训练环节,包括技术训练、工程训练等,以提高学生的实际应用能力。

应用型本科教育的理论课程在名称上与学术性教育的理论课程可能相同或相近,但内容和重点有所不同,需要进行课程改革。在课程性质上,实践训练课程、理论实践一体化课程与高职相近,但课程目标、内容、难度等方面应有较大提升,为适应应用型本科的培养目标,应用型本科教育需要进行课程创新。

5. 培养学生创新能力

学术性教育强调学科教育。分析课程和教学是学术性教育的重要内容,现让学生从系统级上对算法和程序进行再认识。创新能力来自不断发问的能力和坚持不懈的精神。创新能力是在一定知识积累和开发管理经验的基础上,通过实践、启发而得到的,创新最关键的条件是要解放自己,因为一切创造力都根源于人潜在能力的发挥,所以创新能力在获得知识能力、基本学科能力、系统能力之上。一个企业的发展必须有一个充满创新能力且团结协作的团队。

6. 转变教育理念

应用型本科人才培养模式构架中很重要的一点是如何看待学生,即应用型本科教育的学生观。应用型本科教育要摒弃以单纯智力因素为依据判断学生优劣的传统选拔式的观念,树立大众化高等教育阶段"激励人人成才、培育专业精英"的学生观,要把有不同人生目标、不同志趣、不致力于学术性工作的学生,培养成适应不同岗位工作的应用型专门人才,指导应用型本科教育的育人工作。

7. 加强对应用能力的考核

以能力培养为核心的应用型本科教育需从全面考评学生知识、能力和素质出发,进行考核方式方法的改革,改变单一的以笔试为主的考核方式,应注重对学生学习过程的评价,把过程评价作为评定课程成绩的重要部分;同时要采用多种考核方式,如实习报告、调研报告、企业评定、证书置换、口试答辩等综合能力考核方式,配合书面考试,使考试能确实促进教学质量的提高和应用型人才的成长。

三、计算机人才培养体系构建的基本原则

(一)人才的全面发展

人才培养体系的确定既要结合社会的发展需求,又要结合学生的实际情况。伴随着高等教育的发展,应用型本科人才培养体系既要照顾到大众化的生源特点,还要注重人才培养体系的合理性与科学性。时代在发展,理念在更新,教育工作者应注意将最新的科学技术以及社会发展的成果应用到教学中,不断维持培养体系的先进性。

人才培养体系的构建作为一项综合的工程,会涉及很多内容,不仅有教学内容还会涉及课程体系的整合与优化。应用型本科人才培养体系要参考本科人才的培养目标与标准来制定,确保应用型本科人才的全面发展。

人的全面发展是一个长期的过程,需要不断优化应用型本科人才培养体系。人才能力的提升会间接地提升人的综合素质的全面发展。人的全面发展与个性的发展并不冲突,全面发展是个性发展的基础,个性发展是全面发展的具体表现。

(二)学术性与职业性相结合

我国一直以来都比较重视培养人才的理论性与学术性,尤其是培养对象的理论水平与科研能力。本身,学科发展就具有很强的逻辑性,学科知识也有着内在的体系价值。按照学科知识进行现实社会生产肯定会有一定的差异。缺乏一定的职业性与应用性,所培养出来的学生在现实的应用中肯定会出现这样或者是那样的问题。

所以,应用型本科人才的培养体系应该将先进的基础知识与实践能力相结合,适应社会的发展需求。

(三)知识教学与能力培养相结合

知识教学与能力培养相结合是应用型本科与一般意义上的本科的重要区别。应用型本科注重能力的培养,也注重将理论知识教学与能力相结合。新世纪对人才的定位与追求更加全面,学生一定要具备一定的综合素质才可以适应社会的发展需求。否则就没有发展的后劲,就不会在生产实际中"熟能生巧"和"技术创新",就不会分析专业性问题和创造性地解决问题,这是相辅相成的关系。

(四)专业教育与素质培养相结合

具备相应的综合职业能力和全面素质是应用型人才的重要特征。要为学生提供形成技术应用能力所必需的专业知识,同时,学生在实际工作中遇到的问题往往仅靠专业知识无法解决,还需要掌握除专业知识外的科学人文知识和经验,既具有专业知

识又具有综合素质的学生很受企业青睐。

企业需要毕业生具有良好的人品,具有合作精神,拥有脚踏实地、敢于拼搏、吃苦耐劳,敢于奉献,最重要的是具有社会责任感。而学生普遍缺乏责任心是现代学生的特色。因此,加强学生的素质教育在任何时候都不过时,而素质培养是通过潜移默化的方式使学生所学知识和能力内化为自己的心理层面,积淀于身心组织之中。对学生的思想成长具有重要的指导和促进作用,对大学生素质的形成和发展起着主导作用,使学生不仅会做事更要会做人,不仅能成才更要能成人。

四、顺应计算机的发展潮流

随着信息技术的发展,计算机在我们的日常生活中扮演了越来越重要的作用。有专家预测,今后计算机技术将往高性能、网络化与大众化、智能化与人性化、节能环保型等方向发展。随着时代的发展、科技的进步,计算机已经从尖端行业走向普通行业,从单位走向家庭,从成人走向少年,我们的生活已经不能离开它。

随着 21 世纪信息技术的发展,网络已经成为我们触手可及的东西。网络的迅速发展,给我们带来了很多的方便、快捷,使得我们生活发生了很大的改变,以前的步行逛街已被网络购物所替代,以前的电影院、磁带、光盘已被网络视听所替代。计算机的发展进一步加深了互联网行业的统治地位,现在互联网在人们的心中已经根深蒂固,人们的大部分活动都从互联网开始。

现在是一个动动鼠标就可以获取知识的时代。现在很多事情,大家都会通过网络搜索来解决,这表达了互联网对我们的影响,网络搜索可以让我们在很短的时间内就可以上知天文下知地理。在网络上我们可以随时获取我们想要的知识,让人们可以花费更少的时间获取更多的知识。

网络时代的到来,增加了我们获取知识的渠道,很多时候我们再也不需要拿着沉重的书籍穿梭在茫茫人海中,现在我们只要随身携带一台便携式计算机,在我们需要的时候,连接到互联网上,所有的信息就可以在几分钟内获取到,这种获取知识的模式使人们的生活方式得到很大的简化。

网络的发展使得通信功能变得更加流行。而网络的流行,使得通信功能家喻户晓。而在随后出现的软件,各类聊天室等都成为人们互相沟通的方便快捷的工具。最原始的通信方式是在动物的骨骼上刻字来传达信息,之后人们发明了造纸术,这也成为代替前者的工具,它不仅记载简单,而且携带方便,因而成为当时最流行的通信工具，但它的传播速度是很慢的，而且没有很好的安全性。

目前，随着计算机的普及，互联网成为当下的主流通信方式，网络的出现使得通信模式越发简单化、越发方便化、越发及时。人们可以通过网络实现全球的通信，只要有网络存在的地方，就可以随时通信，不仅速度快，而且信息安全。因此，培养人才的方式，更要与时俱进，不能脱离时代发展。

五、加强特色专业教学资源建设与应用

研究和构建以网络为基础、以资源为核心、以应用为目标、以服务为特征的校本特色的专业教育教学精品资源库，为培养特色应用创新型信息类专业人才提供充沛的教学资源，并有效用于教学，以提高学生学习效率和知识消化水平及提高教师的教学效率和质量。

1.研究与设计教育教学精品资源库平台，为教学资源的共享和使用提供支持。

2.构建专业核心课程和特色课程的教学视频库、教案和课件库、题库、教学案例库等。

3.构建信息类相关课程的慕课和微课精品库。

4.构建信息类专业学生的实习资源库，包括专业实习资源库和教育实习资源库。

5.专业教学资源库的教学实践研究与应用推广。

六、营造良好的应用创新型人才培养环境

构建多维融合的特色应用创新型拔尖计算机人才培养平台，营造良好的特色应用创新型人才培养环境。

1.竭尽全力，创设各种有利条件开展学科基础平台建设，为培养特色应用创新型计算机专业人才的培养提供坚实的基础。

2.构建基于科技项目和应用开发项目、以名师为纽带的大学生科技实践与创新工作室，探究应用创新型拔尖人才的培养。

3.建设基于学科优势、以班级形式培养拔尖应用创新型人才的卓越软件工程师实验班。

4.构建以学科竞赛和大学生创新创业项目等课外科技创新活动为依托的平台，探究拔尖应用创新型人才培养。

5.探究多维平台的搭建和融合，以营造更好的学习气氛和科技实践与创新环境

为重点,激发学生的热情、激情和创造力,培养具有区域和学校特色的应用创新型计算机人才。

第三节 计算机教学的学生培养目标

一、适应信息社会的发展要求

对计算机人才的需求是由社会发展大环境决定的,我国的信息化进程对计算机人才的需求产生了重要的影响。信息化发展必然需要大量计算机人才参与到信息化建设队伍中。因此,计算机专业应用型人才的培养目标和人才规范的制定必须与社会的需求和我国信息化进程结合起来。

由于信息化进程的推进及发展,计算机学科已经成为一门基础技术学科,在科技发展中占有重要地位。计算机技术已经成为信息化建设的核心技术和一种广泛应用的技术,在人类的生产和生活中占有重要地位。社会高需求量和学科的高速发展反映了计算机专业人才的社会广泛需求的现实和趋势。通过对我国若干企业和研究单位的调查,信息社会对计算机及其相关领域应用型人才的需求如下。

(一)与社会需求相一致

国家和社会对计算机专业本科生的人才需求,必然与国家信息化的目标进程密切相关。计算机专业毕业生就业出现困难不仅是数量或质量问题,更重要的是满足社会需要的针对性不够明确,导致了结构上的不合理。笔者认为计算机人才培养也应当呈金字塔结构。在这种结构中,研究型的专门人才(在攻读更高学位后)主要从事计算机基础理论、新一代计算机及其软件核心技术与产品等方面的研究工作。对他们的基本要求是创新意识和创新能力。工程型的专门人才主要应从事计算机软硬件产品的工程性开发和实现工作。对他们的主要目的实现是技术原理的熟练应用(包括创造性应用)、在性能等诸因素和代价之间的权衡、职业道德、社会责任感、团队精神等。金字塔结构中应用型(信息化类型)的专门人才主要应从事企业与政府信息系统的建设、管理、运行、维护的技术工作,以及在计算机与软件企业中从事系统集成或售前售后服务的技术工作。对他们的要求是熟悉多种计算机软硬件系统的工作原理,能够从技术上实施信息化系统的构成和配置。

与社会需求的金字塔结构相匹配,才能提高金字塔各个层次学生的就业率,满足社会需求,降低企业的再培养成本。目前计算机从业人员的结构呈橄榄形。由此可见,应用型人才的培养力度还需要加强。对于应用型人才的专门培养正是计算机专业应用型本科教育的培养目标。目前,其市场需求可以分为两大类:政府与一般企业对人才的需求、计算机软硬件企业对人才的需求。计算机本科应用型人才首先应该能够成为普通基层编程人员,通过一段时间的锻炼,他们应该能够成为软件设计工程师软件系统测试工程师、数据库开发工程师、网络工程师、硬件维护工程师、信息安全工程师、网站建设与网页设计工程师,部分人员通过长期的锻炼和实践能够成为系统分析师。

(二)实现对研究型人才和工程型人才的需求

从国家的根本利益来考虑,必然要有一支计算机基础理论与核心技术的创新研究队伍,需要大学计算机专业培养相应的研究型人才,而国内的大部分IT企业(包括跨国公司在华的子公司或分支机构)都把满足国家信息化的需求作为本企业产品的主要发展方向。这些用人单位需要大学计算机专业培养的是工程型人才。

(三)满足复合型计算机人才的需求

在当今的高度信息化社会中,经济社会的发展对计算机专业人才需求量最大的不再是仅会使用计算机的单一型人才,而是复合型计算机人才。对于复合型计算机人才的培养一方面要求毕业生具有很强的专业工程实践能力,另一方面要求其知识结构具有"复合性",即能体现出计算机专业与其他专业领域相关学科的复合。例如,计算机人才通过第二学位的学习或对所应用的专业领域的学习,具备了计算机和所应用的专业领域知识,从而变成复合型应用人才。

(四)满足计算机人才素质教育需求

企业对素质的认识与目前高等学校通行的素质教育在内涵上有较大的差异。以自主学习能力为代表的发展潜力,是用人单位最关注的素质之一。企业要求人才能够学习他人长处,弥补自己的不足,增强个人能力和素质,避免出现"以我为中心、盲目自以为是"的情况。

(五)培养出理论联系实际的综合人才

目前计算机专业的基础理论课程比重并不小,但由于学生不了解其作用,许多教师没有将理论与实际结合的方法与手段传授给学生,致使相当多的在校学生不重视基础理论课程的学习。同时在校学生的实际动手能力亟待大幅度提高,必须培养出能够理论联系实际的人才,才能有效地满足社会的需求。为了适应信息技术的飞速发展,更有效地培养一批符合社会需求的计算机人才,全方位地加强大学计算机师资队伍建设刻不容缓。人才培养目标指向是应用型高等教育和学术型高等教育的关键区别,其基本定位、规格要求和质量标准应该以经济社会发展、市场需求、就业需要为基本出发点。

二、符合应用型人才培养目标

计算机科学与技术专业应用型人才培养目标可表述如下:本专业培养面向社会发展和经济建设事业第一线需要的,德、智、体、美、劳全面发展,知识、能力、素质协调统一,具有解决计算机应用领域实际问题能力的高级应用型专门人才。

本专业培养的学生应具有一定的独立获取知识和综合运用知识的能力,较强的计算机应用能力、软件开发能力、软件工程能力、计算机工程能力,能在计算机应用领域从事软件开发、数据库应用、系统集成、软件测试、软硬件产品技术支持和信息服务等方面的技术工作。

应用型本科侧重于培养技术应用型人才,因此,应用型计算机本科专业下设计算机工程、软件工程和信息技术三个专业方向。

该专业培养的人才应具有计算机科学与技术专业基本知识、基本理论和较强的专业应用能力以及良好的职业素质。

三、适应应用型人才能力需求层次与方向

对计算机专业应用型人才能力培养目标的设定需要以人才能力需求的层次作为基础依据,人才能力需求层次又将决定专业方向模型,且任何能力都可以由能力的分解构成,其设定在很大程度上影响着对人才的培养。应用型本科教育的培养要求是使学生毕业时具有独立工作能力,即学校在进行人才培养前首先要对人才市场需求进行分析,依据市场确定人才所需要具备的能力。应用型本科教育应将能力培养渗透到课程模式的各个环节,以学科知识为基础,以工作过程性知识为重点,以素质教育为取向。教师应了解人才培养规格中对所培养人才的知识结构、能力结构和素质结构的要求,而能力结构是与人才能力需求层次紧密相关的。

在计算机人才的金字塔结构中,最上层的研究型人才注重理论研究,而从事工程型工作的人才注重工程开发与实现,从事应用型工作的人才更注重软件支持与服务、硬件支持与服务、专业服务、网络服务、Web系统技术实现、信息安全保障、信息系统工程监理、信息系统运行维护等技术工作。结合应用型本科的特点,人才能力需求层

次的划分应涉及工程型工作的部分内容和应用型工作的全部内容,其层次分为获取知识的能力、基本学科能力、系统能力和创新能力。

可以看出对毕业生最基本的要求是获取知识的能力,其中自学能力、信息获取能力、表达和沟通能力都不可缺少,这也是成为"人才"的最基本条件。学校在制订教学计划时,更应该注重学生基本学科能力培养的体现,这是不同专业教学计划的重要体现。基本学科能力中的内容已是在较高层面上的归纳,对基本学科能力的培养,并不是几门独立的课程就可以完成的,要由特色明显的一系列课程实现应用型人才所具备的能力和素质培养。之所以将系统能力作为人才能力需求的一个层次划分,是因为系统能力代表着更高一级的能力水平,这是由计算机学科发展决定的,计算机应用现已从单一具体问题求解发展到对一类问题求解,正是这个原因,计算机市场更渴望学生拥有系统能力,这里包括系统眼光、系统观念、不同级别的抽象等能力。这里需要指出,基本学科能力是系统能力的基础,系统能力要求工作人员从全局出发看问题、分析问题和解决问题。系统设计的方法有很多种,常用的有自底向上、自顶向下、分治法、模块法等。以自顶向下的基本思想为例,这是系统设计的重要思想之一,让学生分层次考虑问题、逐步求精鼓励学生由简到繁,实现较复杂的程序设计:结合知识领域内容的教学工作,指导学生在学习实践过程中把握系统的总体结构,努力提升学生的眼光,实现让学生从系统级上对算法和程序进行再认识。

在教育优先发展的国策引导下,我国的高等教育呈现出了跨越式的发展,已迅速步入大众化教育阶段,一批新建应用型本科学校应运而生,也为教育改革提出了新的课题。

应用型本科必须吸纳学术性本科教育和高等职业教育的特点,即在人才培养上,一方面要打好专业理论基础,另一方面又要突出实际工作能力的培养。因此,计算机科学与技术专业应用型本科教育应在《高等学校计算机科学与技术专业发展战略研究报告暨专业规范(试行)》(以下简称《专业规范》)的统一原则指导下,根据学科基础、产业发展和人才需求市场确定计算机科学与技术专业应用型人才培养目标,探索新的人才培养模式,建立符合计算机应用型人才的培养方案,以解决共同面临的教学改革问题。

四、推行以专业规范为基础的教学改革

(一)突出人才培养目标的指向性

根据应用型本科教育人才培养模式的"以应用为导向、以学科为基础、以应用能

力培养为核心、以素质教育为重要方面"的四条建构原则,在专业教学改革中必须强调:计算机科学与技术专业应以培养应用型本科人才为主。

应用型人才是我国经济社会发展需要的一类新的本科人才,其培养目标的设计要具有这类新的本科人才的类型特征,在人才的培养规格、专业能力和工作岗位指向等方面要有别于学术型人才的培养目标。为了突出应用型人才培养目标的指向性,根据教育部《专业规范》的要求,应用型教育本科层次的培养目标应定位于满足经济社会发展需要的、在生产、建设、管理、服务第一线工作的高级应用型专门人才,即"计算机科学与技术"专业应用型人才。培养方案的"培养目标"应明确表述为:培养德、智、体、美全面发展的、面向地方社会发展和经济建设事业第一线的、具有计算机专业基本技能和专业核心应用能力的高级应用型专门人才。

(二)构建人才培养的模式

计算机本科专业下设四个专业方向:计算机科学、计算机工程、软件工程和信息技术。鉴于应用型本科侧重于培养技术应用型人才的特点,考虑计算机科学与技术专业设置计算机工程、软件工程和信息技术三个专业,其人才培养规格为:具有扎实的自然科学基础知识,较好的经济管理基础、人力社会科学基础和外语应用能力;具备计算机科学与技术专业基本知识、基本理论和较强的专业能力(专业能力包含"专业基本技能"和"专业核心应用能力"两方面内涵)以及良好的道德、文化、专业素质。强调在知识、能力和素质诸方面的协调发展。在应用型计算机专业人才的知识结构、能力结构、素质结构的总体描述中:A类课程——学科性理论课程是指系统的理论知识课程,包括依附于理论课程的实践性课程,例如实验、试验、课程设计、实习、课外实践活动等;B类课程——训练性实践课程是指应用型本科教育新增加的一类实践课程,包括单独开设或集中开设的实践课程,旨在掌握专业培养目标要求的专项技术和技能;C类课程——理论实践一体化课程或称为综合性课程,也是应用型本科教育新增加的课程类型,旨在培养综合性工作能力。

(三)遵循科学的课程体系构建原则

应用型本科教育教学改革主要包括理论导向、培养目标、专业结构、课程改革四个方面,其中课程体系改革是应用型本科教学改革的关键。为了有效缩小大学的本科学习和毕业工作之间的差距,《计算机科学与技术》专业本科课程体系应能体现应用型本科教育的特点,从经济社会发展对人才的实际需求出发,了解产业和行业的人才需求,依托学科,面向应用,实现知识、能力、素质的协调发展,着眼于教育教学过程的全局,从人才培养模式的改革创新入手,依据应用型本科人才培养目标,构建"学科—应用"导向的课程体系。应用型本科教育的课程体系应包括四组课程。①学科专业理论知识性课程组;②专业基本技术、技能训练性课程组;③培养专业核心应用能力的课程组;④学会工作的课程组。

这四组课程可以概括为学科性理论课程、训练性实践课程和理论实践一体化课程三个基本类型。构建计算机专业的应用型本科课程体系的基本原则应该是:从工作需求出发,以应用为导向,以能力培养为核心,建设新的学科基础课程平台;组建模块化专业课程;增加实践教学比重,强调从事工作的综合应用能力培养。通过改革理论课程,增加基本技术、技能训练性课程,创新理论实践一体化课程,依据各自学校的实际条件,最终形成有特色的应用型本科专业课程体系结构,计算机专业课程体系应当采用适当的结构图(如柱形图、鱼骨图等)形式来描述,并在各学校的专业人才培养方案中明确给出相应的课程体系结构。比如,北京联合大学构建的"软件工程方向"的"柱形"结构课程体系,合肥学院构建的"模块化"结构课程体系,金陵科技学院构建的计算机科学与技术专业(软件工程)方向的"鱼骨形"课程结构图,浙江大学城市学院构建的"211阶段型"结构课程体系,等等。

进入21世纪以来,推崇创新、追求创新成为人们普遍的意识。在我国,为适应知识经济时代对创新型人才的需求,推进教育创新成为我国深化教育改革进程中面临的一项重要而紧迫的任务。实施创新教育是一项艰巨、复杂的工程,它涉及教育观念、教育体制、育人环境、教学内容、教学模式、教学方法、教学评价体系等诸多方面。

高等教育大众化推动了高等教育的快速发展。为了顺应高等教育大众化发展的需要,培养出符合社会经济发展需要的应用型人才,各学校都在借鉴国内外先进的应用型本科教学模式的基础上,锐意进取,不断改革创新,找到符合本校特色的计算机科学与技术专业应用型本科人才培养方案。

第四节 计算机应用型人才培养的新模式

一、计算机应用型人才培养新模式的背景

通过对高等教育和高等职业教育的研究,借鉴美国著名组织行为学者大卫·麦克利兰的能力模型概念,我们认为,该能力模型同样可用于计算机基础教育领域。基于人才培养的能力模型包括能力概念、要素、结构以及培养途径等方面的内容。首先,能力是人们完成某事的状况以及某人做某事的技术水平,可分为通用能力与专业

能力两类,前者指大多数活动共同需要的能力,后者指完成专业活动所需的能力。随着现代经济社会的发展,能力已经形成了多元结构关系,并且与知识、素质密不可分,实施能力导向的教育必须搞清能力的内涵,即能力要素及要素间的结构关系。

对不同类型的人才培养,应以能力模型中的部分能力为核心,而能力培养又大体可分为三种途径:第一种途径是基于学术或研究能力的培养途径,应以学科知识为基础,以专业智能为核心,逐步提升科学思维能力;第二种途径是基于工程技术、管理服务以及高技能的培养途径,应以计算机相关理论知识和基本技能为基础,以专业行动能力为核心,逐步提升科学行动能力;第三种途径是基于专门技能的培养途径,应以基本技能和相关知识为基础,以基本技能的综合运用为核心,逐步提升工作任务能力。

二、以"计算思维"为核心的计算机基础教育模式

计算机基础教育的第一种模式是以"计算思维"(Computational Thinking,CT)为核心的大学计算机基础教育模式。计算思维是运用计算机科学的基础概念去求解问题、设计系统和理解人类行为。"计算思维"的本质是抽象和自动化。

尽管"计算思维"在人类思维的早期就已经萌芽,但计算机的出现强化了"计算思维"的意义和作用。以"计算思维"为核心的大学计算机基础教育模式适用于研究型大学学生的计算机知识、计算机应用能力和"计算思维"的培养,可以作为研究型大学第一门计算机课程的定位和教学内容设计。以"计算思维"为核心的大学计算机基础教育应主要培养学生掌握计算学科的基础知识以及知识的运用能力,并提升其"计算思维"能力,因此,该模式符合能力模型中的第一种培养途径,即以学科知识为基础,以专业智能为核心,逐步提升科学思维能力,其目的是构建学术型人才培养的计算机基础教育教学体系。

三、以"行动能力"为核心的计算机基础教育模式

计算机基础教育的第二种模式是以"行动能力"为核心的计算机基础教育模式。行动能力是解决没有确定性结果,难以直接用固定指标衡量的问题的能力。行动能力也可分为专业层面的行动能力和通用层面的行动能力,面向专业工作的行动能力称为专业行动能力,通用层面的行动能力称为科学行动能力。行动能力包括信息采集、科学思维、分析决策、计划方案、实施评价等行动过程要求的能力。现代信息技术是支持行动能力的基础,加强行动能力必须与现代信息技术相结合。

进入21世纪以来,我国高等教育和高等职业教育教学改革都十分关注"行动能力"的培养,探索以"行动能力"为导向的人才培养模式。如前所述,"行动能力"可以成为普适性能力,且必须与IT结合才能实施。我们认为,"行动能力"应成为计算机基础教育的又一培养目标,主要面向工程技术、管理服务等专业领域的应用型本科人才和有条件的高等职业教育的高端技能型人才。

以"行动能力"为核心的计算机基础教育模式符合能力模型中的第二种培养途径,在掌握计算机基础知识和基本技能的基础上,以解决相关问题为核心,逐步提升科学行动能力,为培养一类新的"思维科学、善于行动"的高级人才构建计算机基础教育模式。

四、以"综合应用技能"为核心的计算机基础教育模式

计算机基础教育的第三种模式是以"综合应用技能"为核心的计算机基础教育模式。在能力模型中,技能分为动作技能和智力技能,由熟练的肢体动作和体力就可以完成的技能称为动作技能;而需要知识的支持,由大脑加工决定的技能称为智力技能。计算机技能一般需要得到计算机原理、方法等方面的理论和实践知识的支持,属于智力技能范畴。而对于非计算机专业的计算机应用,不仅需要各相关专业方面的知识和能力,而且仅就计算机应用而言,也往往是各种计算机基本技能的综合运用。对于非计算机专业的计算机教育,至少应以培养计算机"综合应用技能"为基本要求。以"综合应用技能"为核心的计算机基础教育模式符合能力模型中的第三种培养途径,即以计算机基本技能和相关知识为基础,以计算机基本技能的综合运用为核心,逐步提升人们在从事各自专业工作中综合运用计算机技术的能力。

以上三种模式可供不同类型的学校依据教育性质和人才培养目标进行选择;每种模式分别由一组课程组成,称为计算机基础课程体系,不同专业可从计算机基础课程体系中进行选择;但"计算机基础"课程应为计算机基础教育必修的第1门课程。

第五节 构建适应新的教学模式的培养方案

一、基于IBL的ILT人才教学培养模式改革与创新

(一)教育理念和指导思想

基于IBL的ILT人才培养方案坚持"产学合作,校企结合"培养本科应用型人才

的方针,通过校企双方协商,按照企业对人才的需求规格制定教学方案,建立实习基地。把企业的管理、运作、工作模式直接引进到实习基地的实习活动中,以企业的项目开发驱动学生的实习活动,使学生在大学学习阶段就可以接触到实际的工作环境和氛围,直接参与到实际的项目开发中去。通过工程项目开发训练培养学生的职业能力、职业素质,提高学生的学习兴趣,消除学习和工作之间的鸿沟,有利于应用型人才的培养。在实施ILT人才培养方案的过程中,坚持以地方经济对人才的需求为导向的原则,并以学生能力培养为重点,设计了7周的长周期软件开发综合训练,提高了学生的计算机专业知识综合运用能力、学习新知识的能力、分析问题与解决问题的能力、职业能力和职业素质等;同时,基于IBL的ILT人才培养方案重视学生专业基础理论知识的学习,将教育部《专业规范》规定的专业基础课程纳入教学计划,并进行符合应用型人才培养的课程与教学改革,构建了学习训练一体化、理论实践相融合的计算机科学与技术专业人才培养方案。

(二)IBL教学法介绍

"基于行业的学习"(IBL)是澳大利亚斯威伯尔尼科技大学在工程类学士学位的教学过程中实行的一种新教学方法。学生完成两年学位课程后,在企业带薪工作、学习24周或48周。在IBL教学过程中,学生具有一定的学术能力,在企业中作为雇员,进行针对职业生涯的实践培训,并由企业导师、学术导师、IBL协调员等对其提供教学服务。企业可以以较低的薪水聘用有技能的、具有工作热情的员工,并培养潜在的未来员工,同时可以提高专业、行业标准,并能广泛地接触大学资源。学生在企业边工作边学习,有报酬,可增强其专业和商务能力,并可熟悉职业环境,在毕业生就业市场上具有竞争力。通常,参加IBL的毕业生比其他未接受IBL训练的学生的起点工资高、责任心强、实际工作能力强且完成学位后常回到实习企业工作。IBL已逐步成为各科技大学的一种主要教育和课程形式。

这种教学方法主要是给学生提供在企业工作的机会,使学生通过工程项目的学习了解、熟悉职场环境,培养掌握相关理论和技术、能够解决实际问题的人才。这种学习有利于学生规划个人的职业生涯和个人发展计划。

(三)IBL的教学设计思路

IBL教育方法不是简单地将教学活动的组织、管理交给企业,而是校企双方协商,把企业直接引进到学校,建立实习基地,以企业的项目开发驱动学生的实习活动,使学生在大学学习阶段就可以直接接触到实际的工作环境和氛围。学校教师与行业项目工程师共同承担课程开发、学生管理、实习培训等基于行业的教学任务,学生通过参加实际工程项目的训练提高了学习兴趣,消除了学习和工作之间的鸿沟。

IBL教学法的主要特点如下:IBL是学位课程的重要组成部分;学生具备相应的学术能力,应修完大学本科的主要课程;学生可以真实体验和熟悉职场环境,同时获得专业和职业能力;学校和行业紧密合作,共同参与教学,共同培养潜在的未来企业员工;促使教师改善教学方法,提高教学技能;充分调动、利用学校和企业的相关资源;增强毕业生的就业竞争力;探索新的教学方法,开创了培养应用型人才的新模式。在IBL教学过程中,学生、学校和企业三方面紧密合作,使学生得到在企业工作的机会,体会和熟悉工作环境,接受针对职业生涯的实践培训。

(四)人才培养方案的构建原则

应用型人才培养模式的研究主要强调以知识为基础,以能力为重点,知识能力素质协调发展的培养目标。在具体要求上,强调培养学生的综合素质和专业核心能力。在专业设置、课程设置、教学内容、教学环节安排等方面都强调应用性。ILT应用型人才培养在以能力培养为本的前提下,也要重视基础课程和专业基础课,给学生毕业后继续教育和个人发展打下良好的基础。ILT人才培养方案的构建原则如下。

1. 人才培养要体现"宽基础、精专业"的指导思想

"宽"是指能覆盖本科的综合素养所要求的通识性知识和学科专业基础,具有能适应社会和职业需要的多方面的能力,而其"厚"度要适度,根据教学对象的情况因材施教,学以致用;"精"是指对所选择的专业要根据就业需要适当缩窄口径,使专业知识学习能精细精通,专业技能要"长",专业课程设置特色鲜明,有利于培养一专多能的应用型、复合型人才,符合信息技术发展需要和职业需求。

2. 培养方案要统筹规范,兼顾灵活

统筹规范要有国内外同类专业设置标准或规范做依据,统一课程设置结构。课程按三层体系搭建:学科性理论课程、训练性实践课程和理论实践一体化课程。灵活是根据生源情况和对人才市场的调研与分析,采用分层教学、分类指导的方式,保证能对不同层(级)的学生进行教学和管理。根据职业需求和技术发展灵活设置专业方向和选修课程,在教师的指导下,学生应能在公共选修、自主教育、专业特色模块等课程中选修,包括跨专业选修和辅修,但改选专业需按学校有关规定和比例执行。

3. 适当压缩理论必修、必选课,加强实践环节教学

应用型本科毕业生的实践教学时间原则上不少于一年半,同时,要加大实践环节的学时数和学分比例。实践教学可采用集中实践与按课程分段实践相结合的方式,建立多种形式的实践基地,确保实践教学在人才培养的整个环节中不断线。另外,可

以设置自主教育选修学分,培养学生自主学习能力。其中,创新创业实践学分应大于5学分。

4. 设立长周期的综合训练课程,消除课堂与工作岗位之间的差异

通过ILT人才培养方案的构建,在基于七周的软件开发综合训练中,将企业直接引进到学校的教学过程中来,通过工程项目训练培养学生的职业能力、职业素质,提高了学生的学习兴趣,消除了学习、实践、工作之间的鸿沟。

5. 实施因材施教的教学方法

在充分论证的基础上,可以设立和组合特殊培养计划,对学生实施资助教育,鼓励学生参加技能培训以获得相应的学分,拓展有专长和潜力的学生的发展空间。例如,增设开放(自主)实验项目,鼓励有兴趣、有能力的学生进入实验室,并根据实验项目完成情况给予相应的学分;鼓励学生参加有关的技能培训以及国家、省(市)、国内外知名企业组织的相应证书考试,并给予学分;推出就业实习、挂职锻炼、兼职和校企合作等新的社会实践项目,并根据实践时间和效果给予相应学分;鼓励班里有专长和成绩突出的学生直接参与教师的科研课题。

二、基于FH的模块化教学模式改革与创新

(一)教育理念和指导思想

借鉴德国应用科技大学先进的办学经验,按照"以IT企业需求为导向,以实际工程为背景,以工程技术为主线,以工程能力培养为中心,以学生成长为目标"的工程教育理念,强调以知识为基础,以能力为重点,知识、能力、素质协调发展,着力增强学生的工程意识和工程素质,锻炼和培养学生的工程实践能力(岗位技能与实务经验)、沟通与合作能力(理解、表达、团队合作)和创新能力(理论应用)。

充分利用合肥学院多年来与多所德国应用科技大学进行全面合作并开展专业共建的优势,在人才培养模式改革、增加认知实习的9学期制、过程考核、模块化教学体系构建、校企合作及模块互换学分互认等方面,通过构建以专业能力为导向的模块化教学体系、围绕工程项目开展实践教学、编制适应模块化教学需要的特色系列教材、深化中德专业教育合作、建立多元化的师资队伍、加强校企产学研合作以及完善质量监控与保障体系等途径,培养企业真正需要的、具有创新意识和国际化视野的高级工

程应用型人才。[①]

FH人才培养模式计算机专业课程结构是以模块化形式来构建的,从传统的知识输入为导向的课程体系构建转变为以知识输出为导向的模块化教学体系构建,从传统的按学科知识体系构建专业课程体系,转变为按专业能力体系构建专业模块体系。在专业方向、课程设置、教学内容、教学方法等方面,都应以知识应用为重点,根据素质教育和专业教育并重的原则,课程体系的设置将以"低年级实行通识教育和学科基础教育培养学生素养,高年级实行有特色的专业教育提升学生的专业能力、实践能力和创新精神"为主要准则,构建理论教学平台、实践教学平台和创新教育平台。

(二)人才培养方案的构建原则

1. 社会需求导向性原则

要以社会和经济需求为导向,充分考虑地方经济的特点,清楚了解本地大多数企业的需求,并对企业需求进行分析归纳与整合,而后确定人才培养的具体规格,构建与之相应的教学体系,使培养的学生在校期间能掌握本地企业所需的知识和技能。

2. 校企结合原则

学校和企业双方共同参与人才培养,在制定人才培养方案时让企业广泛参与,在人才培养过程中与企业展开紧密合作,共同承担学生的校外实践和实训教学工作,并共同对学生的成绩进行考核。同时,通过与企业建立广泛的产学研合作关系,跟踪新技术并带动科研创新,实现师资的双向交流,推动适应应用型本科教育的师资队伍建设。

3. 以学为中心的建构主义原则

改变传统的以教师为中心的"提示型教学"为以学生为中心的"自主型教学",尽可能地以学生的兴趣作为组织教学的起始点,创造机会让学生接触新的题目和问题,鼓励学生在学习的过程中通过发现问题和设计解决问题的方案,获得计算机科学与技术专业应用型本科典型人才培养方案所要求的应用能力和相应的知识。

遵循学生的学习活动是一个"建构—重构—解构"的循环过程的规律,教学活动的重点在于营造一个适宜的环境,把专业知识转化为便于学生建构的可能形式,使学生对所获得的认知结构进行持续性的建构和重构。

4. 理论性和实践性紧密结合原则

现代科学技术一体化的发展趋势,要求教学要与科研、开发和生产相结合,在重

---

① 邵桂伟,牛欣. 模块化教学改革中数学专业计算机模块课程的构建[J]. 科技资讯,2017(03):139—140.

视基础理论教学的同时,要加强实践教学内容和教学环节,将实践教学明确放在计算机人才培养中的重要位置上。学习与借鉴德国应用科技大学的实践教学模式,并将实践教学组织成一个比较完整的实践教学体系,以体现理论性和实践性紧密结合的学科特征。

5. 人才培养保障和评价体系实用性和可操作性原则

人才培养保障体系包括硬件保障、软件保障和师资保障等方面,必须全面规划、统筹考虑。遵循合理性原则:人才培养保障体系标准要依据教和学的客观规律,包括教育规律和心理规律。遵循简明性原则:人才培养保障体系标准要明确、扼要,使师生易于掌握,便于执行。要具体,不能抽象;要明确,不能模糊;要扼要,不能烦琐。

大学人才培养的根本目的就是为经济社会发展输送合格人才,大学人才培养质量的评价标准实际上就是评价学校培养出来的学生是否能达到专业培养目标规定的要求,是否能满足经济社会发展的需要。大学人才培养主要是通过教学活动来实现的,所以对人才培养的评价实际上就是对教学质量的评价,教学质量评价设计原则、指标体系构建、相应的实施方法等都应具有较强的科学性、技术性、实用性和可操作性等。

三、基于 CDIO 工程教育教学模式改革与创新

(一)CDIO 建立的背景

麻省理工学院以美国工程院院士 Ed. Crawley 教授为首的团队和瑞典皇家工学院、瑞典查尔摩斯工业大学以及瑞典林雪平大学等 4 所大学经过 4 年的探索研究后创立了 CDIO 工程教育理念,并成立了 CDIO 国际合作组织。CDIO 是 Conceive(构思)、Design(设计)、Implement(实现)、Operate(运作)这 4 个英文单词的缩写,它是"做中学"和"基于项目教育和学习"理念的集中概括和抽象表达。CDIO 的理念不仅继承和发展了欧美二十多年以来的工程教育大改革的思想,更重要的是提出了系统的能力培养、全面地实施指导(包括培养计划、教学方法、师资、学生考核以及学习环境)以及实施过程和结果检验的 12 条标准,具有可操作性。CDIO 标准是直接参照工业界的需求制定的,如波音公司的素质要求以及 ABET 的标准 EC2000,因而完全满足产业对工程人才质量的要求。迄今已有几十所世界著名大学加入了 CDIO 国际组织,这些学校的机械系和航空航天系已全面采用了 CDIO 工程教育理念和教学大纲,取得了良好效果。按 CDIO 模式培养的学生尤其受到社会与企业的欢迎。

CDIO 名称的灵感来源于产品/系统的生存周期过程,体现了现代工业产品从构

思研发到运行改良乃至终结废弃的全过程。基于当前工程教育中存在的重理论、轻实践的现状，CDIO高等工程教育模式以构思、设计、实施及运作全过程为载体来培养学生的工程能力，该能力不仅包含个人的学术知识，还包含学生的终身学习能力、团队交流能力和大系统掌控能力。

(二)CDIO的特点

当前，CDIO已在国际高等工程教育界达成了共识。这种人才培养模式的理念主要体现在以下四个方面。

1.具有国际先进性

为了应对全球化经济带来的机遇和挑战，CDIO国际组织发动大量的教育专家制订了一整套全面的、以能力培养为目标的实施计划和教学大纲，以国际化的教育理念和框架培养具有国际竞争力的人才。

2.具有实践可操作性

在CDIO的教育理念中，各层次素质的培养是融于总体培养框架之内的，以团队项目为纽带综合地进行培养，不同于以往按单门课程的要求简单地进行整合。CDIO的教学大纲要求学生掌握基础知识技能、系统项目工程能力、适应团队合作以及系统开发环境的能力，这与培养世界工程师的目标是一致的。由于该新模式中部分教学大纲的编制直接与波音公司对工程师素质的要求和ABET的标准EC2000的要求相对应，所以CDIO工程教育模式具有较强的可操作性。

3.具有全面系统性

最能反映这一特点的是CDIO教学大纲，它以能力培养为目标，列出了现代工程师所必备的各个层次的素质要求。这种能力培养涵盖了四大类，分别为理论知识，个人的职业技能和职业道德，人际交流以及项目的构思、设计、实现和运作能力。这四类能力又可具体分为17组能力，再细分为73条技能，力求以科学的培养模式全面系统地提高学生的综合素质。

4.具有普遍适应性

CDIO的具体目标就是为工程教育创造出一个合理的、完整的、通用的、可概括性的教学目标，重点是将个人的、社会的和系统的制造技术与基本原理相结合，使之适合工程学的所有领域。

(三)人才培养方案的构建原则

应用型本科人才培养应强调以知识为基础，以能力为重点，知识、能力、素质协调发展。计算机科学与技术专业属工程类，在教给学生学科知识的同时，还需要在广泛的领域培养学生的综合素质,以及软件的设计、实施和维护能力。该专业人才培养方案的构建原则如下。

1. 全面分析利益相关者的需求,科学合理地制定人才培养目标

包括计算机科学与技术在内的应用型工程教育有四个重要的利益相关者:学生、工业界、大学教师和社会。专业人才培养目标和培养方案的确定依赖于对所有利益相关者需求的全面分析和调查。

IT业界是计算机科学与技术专业教育主要的利益相关者,在全面调查的同时,应强调采取突出重点、深入分析、长期跟踪的方法。

综合分析所有调查信息,并将其作为确定人才培养目标、规格、课程计划等的参考,以加强人才培养目标、规格、课程计划制订的科学性和合理性。

2. 以学生能力培养为主线,建构一体化课程计划

严格按照《专业规范》的要求设置专业学科核心课程,保证理论课教学的系统性和逻辑性,帮助学生构建完整的专业知识体系;同时,课程设置参考严谨的社会、产业、毕业生调查结果,重视培养学生的工程实践和创新能力,促进学生的职业生涯发展。在课程体系上下功夫,认真分析高级应用型人才培养的实际,制订将理论教学、实验教学与工程实践集于一体的课程计划。一体化的课程计划以能力培养为本位,以综合性的工程实践项目为骨干,将学科性理论课程、训练性实践课程、理论实践一体化课程有机整合,完成基本实践、专业实践、研究创新和创业与社会适应四种能力的培养。根据计算机科学与技术专业培养目标,对上述四种能力进一步分解,融入理论课程和实践教学中。现以该专业软件工程方向为例,说明四种能力的分解以及培养途径。

一体化的课程计划将四种能力的培养蕴含在课程计划中实现。

一体化课程计划的实施要求教师有在IT产业环境中的工程实践经验,除具备学科和领域知识外,还应具备工程知识和能力,以便为学生提供相关的案例并作为当代工程师的榜样。该专业具有就业指向性的专业课程的实施分成两个阶段,由具备学科和领域知识的校内专职教师、具备工程知识和能力的企业兼职教师共同完成。今后,该专业承担专业教学任务的所有教师均应达到上述要求。

3. 强化实践教学环节,提高设计性、综合性和创新性实践项目的比例

计算机科学与技术专业新的人才培养方案应设计包括毕业设计在内的多个来源于真实企业环境的综合创新性实践项目,目的是借助校企合作平台提高实践教学质量,进一步促进学生应用能力的培养。这样的实践项目对师资要求很高,一方面聘任

来自行业企业精通生产操作技术、掌握岗位核心能力的专业技术人才参与教学,为学生带来专业前沿发展动态,树立工程师榜样。另一方面,将学生直接送到校外实习基地"身临其境"地实践,使学生能及时、全面地了解领域最新发展状况,在企业先进而真实的实践环境中得到锻炼,适应企业和社会环境,非常有利于培养学生学以致用的能力和创新思维。

4. 改进课程教学和评估方法,加强教学过程的质量控制

课程采用综合评估方式考核。以综合实践项目为例,其考核由平时考勤与表现、设计文档评价、设计成果评价、成果展示和组员、组长互评等构成。建立课程设计和综合实践项目网络管理平台,采用工程化的项目质量过程控制和质量管理方法,加强对综合性、设计性、创新性实践项目的质量控制。实践项目的执行力度以往受到大学过于松散的教学组织形式的影响,有效的实践教学管理才能解决学生无法达到预定目标这一问题,才能保证培养方案的实施,完成学生能力培养的目标。

四、面向需求的 CRD 人才培养教学模式改革与创新

(一)教育理念和指导思想

要培养出适应社会发展需要的高素质应用型创新人才,必须认真研究高等教育的发展规律和学科专业的发展趋势,以现代教育理念为指导,以提高人才培养质量为核心,以社会需求为导向,明确培养目标和要求,完善培养模式,优化课程体系,改革教学方法与手段,强化实践能力培养,激发学生的学习兴趣和主动性,提高教师队伍的水平和能力,构建良好的支撑环境,以实现面向社会需求的本科应用型人才培养目标。

1. 应用型人才的培养目标必须符合社会需求

人才培养应主动适应社会发展和科技进步,满足地方经济建设的需要,并以此为导向确定专业人才培养的目标和要求,明确所培养的人才应掌握的核心知识、应具备的核心能力和应具有的综合素质。

2. 应用型人才的培养模式必须适应人才培养要求

应用型本科层次人才既不是单纯的研究型人才,也不等同于技能型人才。在培养过程中,不能简单地套用研究型或者技能型人才的传统培养模式,而应有自己特有的模式。在培养过程中,应强调实践能力的培养,并以此为主线贯穿人才培养的不同阶段,做到四年不断线。

3.人才培养方案必须满足应用型人才培养目标

应针对人才培养目标与要求,明确培养途径,以"重基础、精专业、强能力"为指导,设计科学合理的课程体系和实践体系,做到课程体系体现应用型、实践体系实现应用型。课程体系可以采用"核心＋方向"的模块化方式,既构建较完整的核心知识体系,又按就业设计不同的专业方向,使所培养的人才具备职业岗位所需要的知识能力结构,上手快、后劲足。实践体系应包括实验、训练、实习等环节,强调从应用出发,在实践中培养和提高学生的实际动手能力。

4.坚持"以人为本",一切为了学生成才

在教学设计和实施中考虑多样性与灵活性,为学生提供选择的余地,使学生可以根据自己的兴趣和水平,选择某个专业方向作为发展方向,并能自主设计学习进程。在教学过程中,应强调以学生为主体,因材施教,充分发挥学生特长。教师应从学生的角度体会"学"之困惑,反思"教"之缺陷,因学思教,由教助学,通过"教"帮助学生学习,体现现代教育以人为本的思想,并由此推动教学方法和手段的改革。

5.重视学科建设和产学合作

教学与科研是相辅相成的,科研能使教师提高业务水平,掌握先进技术,进而有效地促进教学能力的提高。产学合作使人才培养方案和途径贴近社会需求,缩小人才培养和需求之间的差距,促进学生职业竞争力的提高,达到培养应用型人才的目的。

6.建设一支能胜任应用型人才培养的教师队伍

教师是教学活动的主导,应用型人才的培养需要一批具有行业或企业背景的"双师型"教师。在积极引进的同时,应加强对青年教师的培养,特别是教学能力和工程背景的培训与提升,加大选派教师参加技术培训或到企业实践锻炼的力度,还应聘请行业专家到学校兼职,打造一支熟悉社会需求、教学经验丰富、专兼职结合、来源结构多样化的高水平教师队伍。

(二)人才培养方案

1.人才培养方案的特色

作为独立学院举办的计算机专业,在人才培养定位上与母体学校应有明确区别,以呈现错位发展。必须根据社会需求、学科与产业的发展和自身优势,以培养高素质应用型软件开发与信息服务人才为目标,在培养模式、课程体系、教学方法与手段、实践体系等方面积极开展研究与改革。本人才培养方案遵从本课题提出的应用型本科人才培养模式的基本原则,并形成有自身特色的人才培养方案,主要包括如下内容。

(1) 提出强调实践能力的"211"

应用型人才培养专业课程体系结构。该专业课程体系结构以应用型人才培养为目标,以实践创新为主线,以课程体系改革为手段,将本科专业课程体系划分为3个阶段:2年的基础(含专业基础)课程学习,1年的专业方向课程学习,最后用1整年的时间进行毕业实习和毕业设计,使学生有更多的时间参与实际应用,在实践中提高分析问题和解决问题的能力,做到既有较好的理论基础,又在某一专业技术方向具有特长。

(2) 设计面向需求的应用型人才培养方案

计算机专业的特点是实践性强,学科发展迅猛,新知识层出不穷,强调实际动手能力,这就要求专业教育既要加强基础,培养学生自我获取知识的能力,又必须重视实践应用能力的培养。针对就业市场对人才的差异化需求,设计"核心＋方向"的培养方案,根据计算机基本知识理论体系设置专业核心课程,夯实基础,考虑学生未来的发展空间;根据就业灵活设置专业方向,强调实践动手能力和实际应用能力,注重职业技能的培养和锻炼,以增强学生的适应性;根据市场需求设置专业方向,突破了按学科设置专业方向的局限,体现了应用型人才培养与区域经济发展相结合的特点,为学生提供了多样化的选择。

(3) 制定"核心稳定、方向灵活"的课程体系

计算机学科不断发展,社会对计算机人才的需求也随之变化,课程体系面临不断地更新与完善,既要适应市场需求的变化,还应跟踪新技术的发展。按照"基础核心稳定、专业方向灵活"的思路,核心课程的设置应保持相对稳定,注重教学内容的更新和补充,以及教学方法、教学手段和考核方式的改革;专业方向及其课程的设置则要灵活应对市场变化,及时引入专业技术的最新发展,坚持"面向社会,与IT行业发展接轨"的原则,在打好基础的前提下,注重与实际相结合,通过理论教学与实践教学培养学生解决实际问题的能力,使学生既具备必需的理论水平,又具有较强的动手操作能力、解决实际问题的能力和发展潜力。

(4) 构建"学—练—用"相结合的实践教学体系

应用型人才培养的关键环节是实践,在课程设置和教学设计中,必须从应用出发,强调在实践中培养和提高学生的实际动手能力。"学—练—用"相结合的实践教学体系包括实验、训练、学科竞赛和毕业实习/毕业设计等环节。实验侧重"学",打好基础,学好知识;训练侧重"练",实战演练,练好技能;学科竞赛"学—练—用"结合,激发兴趣,激励创新;毕业实习1毕业设计侧重"用",产学结合,实际应用。经过这些实

践训练达到"培养基础、训练技能、激活创新"的目的,培养学生的团队精神、职业技能和发展素质。

2. 人才培养方案构建的原则

坚持人才培养主动适应社会发展和科技进步需要的原则。人才培养目标应符合社会需求。

坚持知识、能力、素质协调发展,综合提高的原则。人才培养模式和培养方案应满足人才培养目标,通过对人才培养规格和培养途径的分析研究,明确应用型人才应掌握的核心知识、应具备的核心能力和应具有的综合素质,以及有效培养途径,强调实践环节的重要性。

坚持学生在教学过程中的主体地位,因材施教,充分发挥学生的特长。坚持教师是教学活动主导的原则。课程设置、专业方向建设要充分考虑到师资队伍的现状、教师梯队建设、教师水平提高和教学资源的综合利用,把与专业相关的学科强势方向作为专业方向建设的支撑点。坚持课程体系的稳定性、前瞻性和开放性相结合的原则。在强调稳定性和规范性的同时,兼顾开放性,为课程体系的进一步完善与教学内容的更新留出余地。

第四章　计算机教学改革

在当前社会背景下,计算机得到了广泛的应用。如果在计算机基础课程的教学过程中,仍然沿用传统的教学模式,那么无疑将会落后于时代的发展速度,对学生的培养和教学产生不利影响。因此,我们应该加大对计算机基础课程结构的研究和建设力度,同时也需要深化计算机教育体系的改革,以提高其教学的品质和成果。

第一节　课程体系改革

一、课程体系建设

课程结构的科学合理性将直接决定人才培养目标能否成功达成。如何根据社会经济的发展和人才市场对各专业人才的真实需求,科学地调整各专业的课程结构和教学内容,以构建一个新的课程体系,一直是我们不断探索和积极实践的核心问题。计算机学院已经确定了其课程体系的中心思想,即强化学生在实际应用技能方面的培训和实践。该专业的课程设计深刻体现了以能力培养为中心的教育哲学,强调了职业素养为核心的全面素质教育,并在整个教育和教学过程中发挥了至关重要的作用。在我们的教学体系中,职业岗位的资格标准得到了充分的体现,并且我们以实际应用为中心和特色来规划教学内容和课程结构;在教授基础理论的过程中,我们把实际应用作为核心目标,遵循"必要且足够"的原则,加强了实践教学的强度,确保所有专业课程的实验时间都超过了该课程总时间的30%;在专业课程的教学过程中,我们特别强调了课程的针对性和实用性,将知识的传递、能力的培养和素质教育整合到教学内容的组织和安排中,并根据专业培养的目标进行了必要的课程整合。

(一)指导思想

1. 遵循基本规律

"面向应用、需求导向、能力主导、分类指导"不仅是职业院校计算机基础教育实践中积累的基本经验,也是一种基本的规律。这套原则不仅为职业院校计算机基础教育的课程设计提供了方向,同时也为课程结构的构建提供了方向性的建议。换言之,我们在设计课程时,也应该坚持"应用导向、需求为核心、能力为中心、分类指导"的基本原则。

2. 体现改革目标

在职业院校计算机基础教育的教学改革过程中,存在四大核心目标,它们分别是:"构建多元化的课程结构,采纳灵活的教学方法""刷新课程内容以适应计算机技术的进步""强调计算机思维能力的培养"和"增强利用计算机技术解决问题的技巧"。这些目标应该在课程设计中得到体现。

3. 以课程改革为基础

职业院校计算机基础教育的课程改革是课程体系改革的核心内容,这表明目前讨论的课程体系改革是基于每一门相关课程改革的基础上进行的。

4. 制定和提出指导性意见

在职业院校计算机基础教育的领域内,不同层次和种类的专家团体,如各级教学指导委员会和各类学术机构,都有能力根据当前职业院校计算机基础教育的发展趋势,来构建和提出合适的课程体系框架。这些建立的专家团队也会分步骤地提供关于课程及其体系改革的建议和方向。各相关学校可以借鉴这些建议和意见,来设计和开发自己学校的职业院校计算机基础教育课程和课程体系。

5. 放手学校自主构建相应课程体系

由学校自主建立的职业院校计算机基础教育课程体系,标志着职业院校计算机基础教育课程体系改革中的一次创新性尝试。学校依据教育管理部门对职业院校计算机基础教育的明确要求、各相关专业学术机构对该课程体系建设的指导性意见或建议、不同类型的教育需求、各专业的具体需求以及学生的实际情况等多个因素,按照学校的整体规划,选择并构建了相应的课程体系,并在获得批准后开始实施。

6. 引进现代教育技术

随着时光流逝,现代教育技术在辅助教育领域的重要性逐渐显现,它已逐渐成为提高教育质量的关键要素之一。在教学和课程设计方面,现代教育技术的应用不仅包括构建教学资源库和开发数字化的课程与教学平台,还涵盖了实施翻转课堂、微型课程和MOOC等多样化的应用策略。现代教育技术在教学过程中的应用不仅局限于技术层面,还涉及教学的多个方面。因此,在将现代教育技术整合进职业院校计算机基础教育的过程中,有必要从一个更广泛的宏观视角出发,进行全方位的高级规划和设计。

7.逐步借鉴国际教育经验

当我们前往国外进行考察和学习其他国家的职业院校计算机基础教育经验时,往往会发现国外并没有所谓的计算机基础教育。这表明,职业院校的计算机基础教育带有鲜明的中国特色,这种独特性在推动中国职业教育的广泛传播和计算机技术的普及方面发挥了不可或缺的角色。但是,研究发现,尽管国外的职业教育机构并没有为职业院校计算机基础教育提供明确的定义,也缺乏详细的教学步骤和组织架构,但它们确实涵盖了职业院校计算机基础教育的所有方面。在学校的引导之下,学生们选择了与计算机技术相关的课程。为了确保所有专业的学生都能广泛掌握并应用计算机技术,学校规定学生必须完成所有必要的学分。这种教学方法在推动我国新型职业院校计算机基础教育改革的过程中,具有极高的参考意义。

(二)构建原则

1.提高课程及其改革的认识

首先,学校必须深化对职业院校计算机基础教育及其改革的认识,明确在非计算机专业中职业院校计算机基础教育的核心角色和定位,继承职业院校计算机基础教育的历史经验,并推进职业院校计算机基础教育的教学改革。

其次,在构建职业院校计算机基础教育课程体系的过程中,学校应该更多地将主导权交给非计算机专业的教师和学生。然而,这要求我们明确非计算机专业在职业院校计算机基础教育体系中的核心地位和角色,并在此基础上,依据现有经验来进行课程体系的进一步改革和完善。

2.确定课程的必修学时、学分与选修学分

为了确立职业院校计算机基础教育的中心角色和作用,我们必须确保有足够的学时、学分要求和教学环境作为支撑。学校有义务明确规定职业院校计算机基础教育课程的必修学时、学分和选修学分,并需要建立一个完善的教学组织结构,以创造一个优质的教学环境。

3.评估职业院校新生计算机基本操作能力

我们需要深刻理解,计算机的基础操作技能作为一个"狭义上的工具",在学生的职业发展和他们的社会生活中起到了至关重要的作用。与此同时,我们也必须明白在计算机应用场景中,基础操作技能的关键作用。针对职业院校新生在计算机基础应用技能方面存在的"不平衡"状况,我们有必要对各个学校的新生在计算机基础操作方面的能力进行全面评估,灵活地规划达标课程。

在职业院校的计算机基础课程中,有一种被称为"狭义工具论"的观点,这实质上是对计算机基础操作能力的贬低。然而,所谓的"狭义工具"实际上并不是指"狭义工具论",而是专为计算机设计的"广义工具"。这表明,不论是计算机硬件、软件,还是系统、平台,甚至是计算的思维和行为,对非计算机专业的学生来说,都起到了"工具"的作用,他们使用计算机的主要目的是解决非计算机专业的问题。在一个宽泛且狭隘的定义里,"狭义工具"被认为是计算机基本操作中的关键技巧。无论是研究人员、工程师、教育者、学生、行政官员还是一般公众,他们都应该具备使用"狭义工具"的技能。因此,本次讨论的核心并不是讨论计算机"狭义工具"的重要性,而是评估职业院校新生在掌握"狭义工具"方面的计算机基础操作技能。经过调查,我们发现职业院校新生在计算机基础应用能力上存在明显的"不平衡"。这意味着"计算机基础"作为以往职业院校计算机基础教育的第一门课程,需要根据《能力标准》和学生的真实需求来进行有弹性的课程设计。

4. 发布职业院校计算机基础教育课程目录

学校可以依据课程设计的层次结构,为其内部提供的职业院校计算机基础教育课程制定具体的要求。职业院校的计算机基础教育教学机构享有提出课程大纲、选择教材以及其他现有教学资源和环境信息的权利。此外,学校内的其他教育机构(如专业)也有权提供他们打算开设的职业院校计算机基础教育课程的详细信息,并基于这些信息来编制学校内部的职业院校计算机基础教育课程目录。这份课程目录是在学校正式批准之后可能会推出的。这些建议中的课程内容应该体现出课程改革的特殊之处,并与学校的实际情况相一致。课程设计主要是由学校内的职业院校计算机基础教育机构的教师负责,但也可能包括非计算机专业的教师,或者是学校可以接受的MOOC课程形式。

5. 构建职业院校计算机基础教育课程体系

在构建职业院校计算机基础教育课程体系的过程中,学校应根据各级教学指导委员会和各种学术组织提供的关于课程框架、课程和课程体系改革建设的具体指导意见或建议,在计算机专家和教师的指导下,主要参考非计算机专业对计算机基础教育课程的建议,来构建学校的计算机基础教育课程体系,并提出具体的实施方案。一旦获得学校的同意,这个计划就会开始执行。

(三)实施方案

1. 以能力为导向,构建"模块化"课程体系

基于对学生在知识、技能和品质上的特定培养标准,我们消除了不同课程之间的差异,从而完整地建立了一个课程结构。采取这种方式的目的是有目的性地将某一

专业的相关教学活动组织成多个不同的模块,并确保每一个模块都设定了明确的能力培养目标。学生在完成特定模块的学习之后,应当具备在相关学科中所需的技能和能力。我们通过模块间的逐级递进和相互支持,成功地实现了本专业的培养目标,并将传统的"以知识为中心"的人才培养模式转变为"以能力为导向"的模式。

2.围绕能力培养目标,设置模块教学内容

基于这个模块的培训目的,我们针对性地规划了教学材料,并把传统的课程结构转化为专门为培训特定技巧而设计的"模块"。在此背景下,我们对传统的课程结构中的教学部分进行了整合,以确保模块化教学内容的独特性。此外,我们应当最大限度地发挥合作企业在工程教育资源方面的优势,与这些企业携手合作,共同进行综合性、实践性、创新性和前沿性课程模块的研发和构建。

经过专业教师深入地研究和讨论,他们成功地将人才培养方案中那些相互关联、有组织、互动并能形成完整教学内容的相关课程整合在一起,从而构建了一个完整的课程体系。这个专业的关键课程被细致地划分为基础课程组、硬件课程组和软件课程组。基础课程内容包括了计算机科学的基础入门、离散数学、编程与问题解决,以及数据结构等多个领域;硬件课程的内容包括了计算机网络、计算机系统的架构、计算机的组成原理以及微机的接口技术;软件课程内容包括了软件工程、操作系统、数据库的基本原理和应用,以及算法的分析和设计。通过整合课程群中的教学内容,我们为课程的未来走向和新课程的设计进行了详细规划,以确保学生在这个课程群里能够得到全面的技能培训。在这批课程里,"程序设计与问题求解""数据结构""面向对象程序设计"和"数据库原理及应用"被确定为四个核心课程的建设焦点。我们专注于通过构建重点课程来促进整个课程体系的进一步完善,并采用点对面策略以提升本专业课程建设的总体品质。[①]

(四)课程建设

作为职业教育的关键路径,课程教学在实现教育目标方面起到了不可或缺的作用。构建课程是一个多方面的任务,涵盖了教师、学生、教学资源、授课方式、教育理念以及整体的教学管理结构。各教育机构的课程设计方案展示了他们如何提高教育质量和教学水平,以及各个学科和专业所具有的独到之处。通过对课程体系的构建和改良,我们有能力解决课程内容的同质性、盲目性、孤立性,以及不全面和不合理的交叉等问题,从而避免过度追求知识的全面性而忽视人才培养的适应性。

---

① 郭夫兵.大学计算机基础项目化教程[M].苏州:苏州大学出版社,2018.

1. 夯实专业基础

为了更好地满足计算机科学与技术专业在基础理论和基础工程应用方面的需求,我们已经构建了一个融合了公共基础课程和专业基础课程的统一体系。这一做法不仅为各个专业领域的学生构建了必要的基础知识体系,同时也为他们未来在这些专业领域内的进一步学习打下了稳固的基础。

2. 明确方向内涵

通过将各个专业方向的课程按照它们之间的内在联系组合成多个模块,并通过选择和组合这些模块,我们可以构建出针对同一专业方向的不同应用重点,从而更好地满足社会的需求,并有效地解决了本专业技术快速发展与人才培养滞后之间的问题。

3. 强化实际应用

为了增强学生在专业领域的综合运用和实际操作技巧,我们减少了对验证性实验的依赖,而引入了更多的设计性实验。因此,在所有的专业限选课中,都增设了具有综合性和设计性的实验课程,并且还新增了如"高级语言程序设计实训""数据结构和算法实训""面向对象程序设计实训"以及"数据库技术实训"等实用性极强的教学内容。鉴于行业的进展方向、雇主的预期和学生的实际工作需求,我们设计了一个与实际应用紧密相连的毕业设计项目。

二、课程教学改革

(一)研究目标

1. 确立计算机思维培养地位

无论是在全球范围还是在国内,计算机思维领域的研究都已经触及了一个非常高的层次。尽管如此,在当前的计算机教育环境中,如何更有效地培育学生的计算机思维技巧,依然是一个亟待深入研究和探索的重要议题。在计算机基础课程教学中,如何精确地理解和定位计算机思维的应用和实施,以及如何根据当前的计算机基础课程教学进行课程内容的改革,以适应社会科技发展的需求,是当前计算机基础课程教学面临的重大挑战。因此,我们需要清晰地了解计算机思维的发展趋势,并构建一个以计算机思维为中心的思维教育学科体系。

2. 探索计算机教学模式与学习模式

经过对计算机基础课程教学方法的深入阐述,我们识别出了一种以计算机思维为核心的教学策略:在教师的引导之下,学生应利用计算机的基础知识或思考模式来掌握知识并解决实际问题；我们期望教育工作者能够利用课程内容、授课方式和教学策略等多种工具，助力学生更深入地掌握计算机的基本原理，提高他们的计算机思维技巧，并确保他们在进入职场后能够迅速适应。

3. 形成系统结构模型

本项研究的目的是深入了解计算机思维为核心的教学策略在语言编程和软件工程领域的实际运用，进而对与该课程有关的教育目标进行深入分析，并为特定课程设计合适的教学执行流程。本项研究专注于基于计算机思维的学习模式的应用，并成功构建了一个名为"一专（计算机思维专题网站）一改（软件工程课程教学中计算机思维能力培养模式探索教改项目）"的系统架构模型，也就是 TR 结构模型。首先，通过专题网站，结构模型深入地解释了这种创新思维的中心思想、独特性质、发展趋势、基础理念，以及与国内外有关的最新研究进展和教学案例；紧接着，在软件工程教学环节中，我们将运用计算机科学的基础理念来构建和解决系统问题，以深化对人类在开发和设计系统过程中行为模式的理解。我们构建了一个新型的计算机基础课程教学模式，该模式以计算机思维专题网站为核心，以能力培养为中心，并以软件工程教学改革的在线学习系统为主要应用载体，为未来的课程教学奠定了坚实的基础。

(二) 改革措施

1. 融合多种教学形式

通过将课堂教学、研讨、项目、实验、练习、第二课堂和自主学习等多种教学方法整合到模块化教学环节中，学期结束时会进行专业核心课程的设计实习环节。这样的教学方法旨在通过一个全面的设计题目来培养和评价学生在专业课程知识应用上的技能，进而实现理论与实践教学的完美结合，并进一步加强对学生在工程技能和职业素养方面的培训。

2. 改进考核方式

计算机科学的课程内容非常丰富，特别是程序设计方面的习题，覆盖了多个不同的学科领域。因此，评估课程的方法已经从主要集中在期末考试上，转向更多地侧重于分阶段的考核。在这个学期里，学生有机会通过多轮小规模的评估，以更加专注和认真地参与每一个学习环节。

3. 促进教学手段多样化

教师在课堂教学中主要使用板书和多媒体课件，并借助相关的教学辅助软件进行实际操作演示，旨在提升教学质量。同时，他们还会配合课后作业和章节的同步上机实验，以加强课后的实践练习。

4. 加强研究教育环节

在进行教育研究时,我们始终遵循一个核心思想,那就是鼓励学生积极地参与到研究中来,以促进他们的快速发展。当我们讨论与学习有关的课程内容时,我们的主要任务是向学生教授研究的各种方法和路径。面对特定的难题,学生应当积极地寻求恰当的答案。对于那些有志于未来进入研究领域的学生,我们应当鼓励他们尽快加入教师的研究团队,这样他们就能更早地受到科研环境的影响、科研方法的指导和科研能力的提升。

三、精品课程建设

目前,IT 专业的精品课程包括"数据库原理及应用""VB 程序设计""数字化教学设计与操作"和"CAI 课件设计与制作"等。面对这些课程以及所有的核心课程,我们根据精品课程建设的准则,融合了精品课程的建设项目和实际教学经验,成功地搭建了一个在线课程教学平台。该教学平台成功地将课堂的理论教学、课堂上的上机实验、大型的课程设计作业以及课外的创新项目等多个方面融合在一起。这不仅对教学内容、方法和工具进行了有效的优化,还在教学效果上取得了显著的进步。因此,它产生了一系列具有明确特点和内容丰富的教学成果,进一步推动了专业课程教学的整体改革和水平提升,从而显著提高了专业教学的整体质量。

四、教学资源平台建设

建立一个开放且可以共享的网络教学资源平台,不仅为开放的网络教学和数字化学习创造了非常有利的环境,同时也为学生的自主学习、团队合作学习以及与其他学校共享教学资源提供了一个高质量的平台。到目前为止,学校已经成功地创建了一个 C 语言的在线上机测试平台,并已经开始投入使用。C 语言、数据结构、数据库等课程的试题库、教学视频库、教学案例库的建设已经基本完成,目前正在进行实习资源库、微课、慕课等资源库的建设工作。

五、教学质量监控

(一)课堂教学监控

对传统的教育质量监督体系进行了进一步的优化和完善。通过实施听课和评课的教学监督机制,我们确保了课堂教学的高品质。通过实时批改学生的作业,我们能够更加深入地了解课堂教学的实际效果,并根据学生的学习情况适时调整教学策略。

通过采纳先进的技术手段,我们有能力加强对课堂教学质量的监控。课堂监控视频的线上和线下功能已经被激活,这使得不同的参与者可以根据自己的权限,对课堂教学进行全方位的观察、监控和讨论。

(二)实践教学过程监控

学校高度重视提升实践教学的质量,这包括课程的实验设计、毕业项目的设计和实际训练、学期的综合课程规划,以及学生项目团队的项目指导等多个方面。在设计课程实验和学期综合课程时,我们对学生提交的实验报告和作品进行了严格的审查,并对其进行了适当的批改和评价。我们强调,每一个毕业设计以及实际的培训活动都必须按时递交各个阶段的审查报告,并对最终完成的项目进行详细的答辩和打分。

六、校企合作构建课程体系

(一)共同探讨新专业的设置

新设立的专业应当把促进就业作为其核心目标,以满足不同地区和区域在经济和社会发展方面的特定需求。在创建新的专业领域时,我们进行了详尽的研究和具有前瞻性的预期。在我们初步确定了专业方向后,我们邀请了来自相关企业、行业部门或雇主的专家进行了深入的论证,目的是提高专业设置的科学性和实用性。

(二)校企合作开发教材

在开发教材的过程中,我们应当以课程设计为基础,邀请行业内的权威专家和学校的资深教师,依据专业课程的独特性质,并结合学生在相关企业的实习和实训环境,来制定更加针对性强的教材。编写教材时,首先可以从讲义入手,然后根据实际的应用场景,逐渐进行调整和修订,最后可以转向使用校本教材或正式出版的教材。

(三)校企合作授课

我们选择了核心教师,让他们深入企业的前沿进行现场培训和学生管理,这样他们可以及时掌握企业的最新经济和技术动态,并预测其未来的发展趋势。这一措施将促使学校更为主动地重新定位其教育目标和课程设计,同时也会对教学内容、教学方法以及管理体制进行全面改革,以确保学校教育和教学活动与企业活动能够更加紧密地结合在一起。此外,学校每年都会邀请一些知名度较高的企业家到学校为学生授课和进行专题演讲,这样可以帮助学生更好地理解企业的需求,感受校园的企业文化,培养他们的企业意识,并为未来的就业做好心理和技能的准备。

(四)校企合作确定教学评价标准

在学校与企业的合作教学评估体系中,不仅要融入企业的因素,还需要学校与企业共同进行考核和评价,这不仅包括校内的评估,还需要融入企业和社会的意见和评价。为了更好地了解企业对本专业学生岗位技能的需求和企业人才评价的方法与标准,我们需要进行深度的企业调研,并结合问卷调查和现场交流等多种方式来制定教学评价内容,从而更有针对性地确定教学评价的标准。

第二节　教学体系改革

一、专业实训建设与改革

计算机专业的应用创新型人才培养要求学生具备较强的编程能力和数据库应用能力,初步具备大中型软件系统的设计和开发能力,具有较强的学习掌握和适应新的软件开发工具的能力,以及较强的组网、网络编程、设计与开发、维护与管理能力。[①]

(一)实验室建设

我们已经创建了众多与计算机相关的研究中心和不同级别的实验室,其中涵盖了模式识别与智能系统实验室、学生科技实践与创新的智能信息处理工作室、智能信息处理实验室,以及科学计算与智能信息处理实验室等多个领域。与其他的兄弟学院合作,我们共同建立了现代物流与电子商务研究所,并与省级和各部门合作建立了重点实验室,以及专注于地表过程和智能模拟的实验室。这些元素共同构建了一个坚实的硬件环境,以支持学生在课程实施、创新活动和创业方面的需求。

(二)构建实践教学体系并制定标准

经过对应用型计算机专业实践教学体系及其实施过程中存在的问题进行深度剖析,我们构建了一个以"基本操作""硬件应用""算法分析与程序设计"和"系统综合开发"为四大核心能力的实践教学体系。此外,我们还深入阐述了这一体系的执行策略和成果,目标是在理论学习的基础上,帮助学生更有目的性地掌握实际操作知识和创新思维,确保他们所掌握的知识与他们未来的职业道路紧密结合,从而提高学生的学习热情。

(三)实践教学师资建设

我们对实践教学中的教师团队建设给予了极高的重视,致力于总结、研究并推广各种教学经验和资源,以实现科学研究与教学活动的和谐融合。通过融合引进与培

---

① 韩素青,尹志军.大学计算机基础实验与上机指导[M].北京:北京邮电大学出版社,2018.

训的策略,我们持续地调整和完善教师团队的构成,目的是全方位地提高教师团队的总体能力和质量。比如说,我们应当主动地吸纳那些急需的行业专才,并加快对当前教育团队的培养与进步。通过加强"双师型"教师团队的建设,并通过派遣教师参与企业实践、技师培训和考核、重大项目的开发合作以及前往国内外知名职业院校进修等多种方式,我们可以有效地提升教师的专业理论知识和技术能力。

(四)开设专业课程设计教学

专业实践课程包括了与单一课程匹配的课程实验和课程设计,以及与课程群匹配的综合设计和系统开发实训等多个方面。对于每一门有实践需求的专业课程,都会配备相应的课程实验,并根据实践需求的不同程度来设计相应的课程,这些课程的设计学分范围是1～2个。每一个课程群的教学活动结束后,都会提供综合设计和系统开发的实训课程,这样做的目的是培养学生在综合开发和创新设计方面的能力。

(五)进行多样化教学模式探索

本项研究对多种教学模式进行了深入探讨,并将适用于实践课程的各种教学理论和方法,例如任务驱动、多元智力理论、分层主题教学模式和"鱼形"教学模式等,综合应用于网页制作、数据库设计、程序设计、算法设计和网站系统开发等多门课程中。借助现代通信工具、互联网技术、学校评教系统,以及课堂和课间的师生互动,我们可以获取教学效果的反馈。根据这些反馈,我们可以及时调整教学方法和课程安排,从而有效地解决学生在理论与实践结合过程中遇到的问题,并在解决问题的过程中逐步提高学生的应用创新能力。

(六)开展学生创新创业项目

我们为学生提供了大约五个学时的专业创新创业启蒙教育,目的是引导他们加强创新和创业意识,培养他们的创新和创业思维方式,确立他们的创新和创业精神,并为他们未来的创业实践活动奠定坚实的基础,增强他们的自信,并鼓励他们勇于面对挑战和自我超越。

我们积极鼓励学生提交来自校级、区级或国家级的创新创业项目的申请,并安排那些在企业工作和科研项目研究方面具有丰富经验和深厚专业知识的教授、博士和硕士导师担任项目的指导教师。他们会在整个项目执行过程中为学生提供指导,旨在加强学生在实际操作和应用上的创新才能。

(七)组织学生参加各类竞赛

我们热心地安排学生参加各种专业技能的比赛,并有专门的教师团队为参与这些比赛的学生提供必要的专业知识和技能培训。通过参与多种竞赛活动,学生的创新思维能力得到了全方位的培养,同时也测试了他们在专业知识、实际问题建模分析,以及数据结构、算法设计和编码方面的实际能力;我们积极推动学生在各个专业、系和学院间构建跨学科的综合性团队。经过比赛前的深入准备,我们有能力培育学生进行深度研究的习惯,强化团队协作的精神,提升他们在实际操作和工程技术方面的能力,进而加强他们的创新思维以及问题分析和解决的技巧。

(八)创建"四位一体"实践模式

在"学生为中心,理论与实践并重"的教学理念引导下,我们构建了包括课程实验、"两个一"工程、学科竞赛和校外实践基地在内的"四位一体"的新型实践教学模式。同时,我们也推出了包括基本操作训练、编程训练、设计训练和综合开发训练在内的"四训练、五能力"课程实验模式,并对实验教学的内容和方法进行了改革。此外,我们还创建了"开发一个软件系统、组建一个网站"的"两个一"工程校内实践模式。

我们热衷于开展各种实验、实习和实训活动,并特别重视特色实践教学方法的构建。我们采用了"实践基地+项目驱动+专业竞赛"的组合方式,共同打造了一个实践平台,目标是培育出具备"职业基础能力+学习能力+研究能力+实践技能+创新精神"的专业人才。

二、实习改革与实践

实习可以被视为学生在学生涯中的最终学习阶段。在这一阶段,学生需要学习如何将学到的专业知识有效地运用到他们的职业生涯中,以验证自己的职业选择,了解目标工作内容、学习工作和企业标准,并找出自己职业生涯中的不足之处。对于学生来说,实习的顺利进行是他们成功找到工作的关键和基石。为了帮助学生更快地适应实习环境,并满足应用创新型人才培养的标准,我们可以围绕实习工作实施一系列的改革和实践措施。

(一)实践基地建设

我们正在积极地与各个行业的企业基地建立合作关系,以扩大实践教学和毕业实习的场所。我们还与企业进行了深入的交流,探讨学生实习的具体内容和方式,以便为学生提供更多的实践和技能培训的时间和空间。我们的目标是培养学生在实践和操作方面的技能,同时也提升他们在管理和实践方面的能力。

鉴于国内IT公司对计算机应用创新人才的多元化需求,以及软件企业在岗位配置和人员配置方面的实际情况,我们对本校计算机专业实践基地的建设和学生专业应用创新能力的现状进行了分析。根据我们的分析，我们提出了一种实践基地建设的思路，即"教研结合，分类培养，胜任一岗，一专多能"，并成功地建立和完善了涵盖软件开发、通信与网络技术、软硬件销售等多个领域的计算机专业实践基地。通过建立实践基地，我们成功地提高了学生在项目管理、需求分析、数据库设计、软件开发、软件测试、网络技术以及硬件安装测试和销售等多个专业领域的应用能力，从而更有效地实现了本专业对应用创新型人才的分类培养目标。

（二）建立多方面共同考核的实习评价机制

为了提高地方高等教育机构在计算机科学与技术专业中培养创新型人才的质量，关键是加强学生的实践技能和创新思维能力。在"以学生为中心，理论与实践并重"的教学理念引领下，我们构建了一种以科研项目为核心，推动和管理学科竞赛的创新实践模式。我们已经构建了包括双师指导、分类培养、"两个一"工程导师制、学校、软件开发公司、通信网络公司、软硬件销售公司和IT企业在内的多个实践基地。此外，我们还建立了一个由学校、竞赛和公司企业实践基地共同参与的学生专业应用能力评估机制。

三、毕业论文改革与实践

（一）工作组织

组建一个负责毕业论文工作的指导小组，该小组由教学副校长、系主任和3～5名核心教师组成，他们负责协调和安排与毕业论文相关的所有工作，包括选题、开题、中期检查和答辩等各个环节。其核心职责包括：制定毕业论文的具体工作计划；负责对选题的监督和对题目的审查工作；对于指导教师以及答辩委员会的候选者进行了仔细的审查；检查工作计划的实施状况，并对毕业论文的工作进行最终的总结。

（二）选题工作

在选择题目的过程中，我们坚守的核心理念是：挑选合适的题目并点燃学生的学习激情；为了实现长期的培养目标，我们需要提前明确研究的主题。论文的选题通常是由学院的教师来确定，而学生则是被动地选择题目，这种固定的模式导致学生在选题时缺乏足够的自主性，从而忽视了他们的兴趣和特长对毕业论文质量的影响。某些题目出现了过多的重复内容，这反映了缺乏创新思维。此外，某些题目的设计过于笼统和抽象，与职业教育的培养目标不一致，这严重妨碍了学生的职业前景。因此，研究论文的主题选择应与实际生产环境紧密结合，以满足专业教育的目标，并展示其在科学、实践和创新方面的独特性质。为了保证题目的高品质，规定每个人都必须回答一题,并且在未来三年内,题目之间不能有重复。在企业或其他单位的实习实践中,学生有机会进行深度的研究,并积极地提出毕业论文的推荐题目。在与导师进行深入的讨论和论证后,他们可以正式确定这些题目。①

(三)指导教师

1.本研究旨在探讨实行导师制度的可能性,以便更好地协助学生全面规划职业院校的学习和生活,进而增强他们的自主学习、实践和科研能力,从而进一步提高学生的综合素质,直至他们顺利完成学业。

2.考虑实行双导师制,意味着毕业论文的指导工作将由所在职业院校和相关企业共同承担,这包括企业导师和学校导师。为了保证指导工作的高品质,基本原则是每位指导教师所指导的学生人数不应超过三名。

3.提供毕业论文的写作指导和交流机会。协同指导的概念是从传统的学生与指导教师之间的多对一关系,演变为基于小组的多对多关系模式,这意味着教师们需要在彼此之间进行合作和共同指导。

(四)过程管理

在传统的教学方式下,学生的毕业论文大多是在学校环境中完成的。

1.为了深入研究和实施新的培训策略,我们可以把毕业论文的实施过程分为两个主要阶段:主体框架的搭建和后续的进一步完善。在第八学期的1~10周内,主体框架的搭建阶段主要是在合作伙伴企业中进行的;第八学期的11~15周被视为后期的完善时期,这主要是在学校环境中完成的。

2.执行策略是分步骤进行的。借助教学和科研这两大平台,我们发起了针对学生的创新实验项目,并为那些表现出众的学生创造了提前进入实验室的条件。对于那些在学术上有卓越表现、持有坚定的专业观点,并对创新和科学研究充满激情的学生,经过一系列的筛选,他们有机会提前进入实训室,并为他们的毕业论文工作做出提前的安排。

3.对各个环节进行细致的管理和监控。为了保证学术论文的高质量,我们在撰写毕业论文的每一个阶段都应制定并不断优化相关的质量管理策略。

(五)答辩与成绩评定

1.传统模式

学生在完成他们的毕业论文后,应该提交答辩申请给他们所在的院系。在经过

---

① 胡成松,苏佳星.计算机应用实务[M].成都:电子科技大学出版社,2017.

院系的仔细审核后，他们有责任提前公布符合答辩资格的学生名单以及答辩的确切时间，并为他们规划一个详尽的时间安排。若学生的毕业论文评审没有通过，或者在学习期间有严重的违纪行为，那么他们将无法获得答辩的资格。答辩的全过程可能包括成果的展示和答辩中的提问环节，这两个环节的时间通常在 10 到 15 分钟之间。答辩组会根据学生提交的学术论文的质量以及他们在答辩过程中的实际表现来评定答辩的得分。

2. 探索评定新模式

（1）与创新性专业竞赛挂钩

我们建议学生将他们的毕业项目与参与有创意的专业比赛相融合。参与这种类型的竞赛不仅有助于学生更为灵活和高效地运用他们所掌握的专业知识，同时也能激发他们对专业问题进行深入研究的兴趣，进而生成富有创新性的知识体系。通过将毕业论文的表现与竞赛成绩紧密结合，我们不仅显著提高了毕业设计的创新性和实用性，还极大地增强了学生的实践操作能力。

（2）与在学术期刊发表挂钩

我们强烈建议学生对他们的毕业论文进行精炼处理，并将其稿件提交给学术期刊。如果一篇学术论文能在学术期刊上发表，这不仅可以充分展示毕业生对专业知识的深刻理解和应用能力，而且由于学术期刊实行严格的审稿制度，它自然会被视为一篇高质量的学术论文。因此，毕业论文工作指导小组从学术伦理、期刊评级等多个维度，对论文进行了"优秀"或"良好"的评价。

（3）与申请软件著作权挂钩

我们鼓励学生对毕业论文设计中的代码部分进行规范化整理，并申请构件著作权。如果申请成功，毕业论文工作指导小组将从代码质量、工作量和潜在应用价值的角度，对论文进行"优"或"良"的评价。

第三节　教学管理改革

一、教学制度

（一）校级教学管理

一个健全的教学体系应该具备一个全方位和有组织的教学管理流程，这包括建立一个质量监控团队，拟定教学管理的规章制度，以及建立一个高效的教学沟通和信息反馈机制等。学校的教务部门负责全面管理学校的教育活动、学生的学籍信息、教务相关事宜,以及实习和实训等常规事务。除此之外,该机构还建立了教学指导委员会、教学督导组等多个部门,这些部门负责对各个院系的教学活动进行全面的监控、审查和专业指导。

学校的教务管理系统不仅需要支持学生在线选课、安排课表和成绩管理等功能,而且在学校信息化建设的帮助下,教学管理工作还可以包括学籍管理、教学任务的下达与批准、课程排定、课程注册、学生选课、教材提交以及课堂教学质量的评估等多个方面。网络化的平台不仅有助于保证学分制改革的顺利进行,还可以提高工作效率,同时也为教师和学生提供了一个有效的交流平台,从而更好地支持教学工作的进行。

学校有义务制定一套完整的制度和标准,涵盖学分制、学籍、学位、选课、学生奖惩、考试、实验、实习以及学生管理等方面,并确保这些建议和标准得到严格地实施。在学生管理方面,对于学生在道德、智力和体育方面的全面评价,学生体育活动的合格准则,以及导师和辅导员的职责范围,还有学生的违纪行为、出勤状况、宿舍管理和自费出国留学等多个方面,都有明确和具体的规定。

(二)系级教学管理

计算机系的核心职责涵盖了制定和实施该系的教育发展和建设计划,组织教育教学改革的研究和实践活动,修订专业培养方案,制定该系的教学管理规章制度,建立教学质量保障体系,对课堂内外各个环节进行教学检查,并对各教研室的教学工作实施进行监督和协调。该系的主要职责是管理教学计划和任课教师,同时也负责日常和期中的教学检查,学生的成绩和学籍的处理,以及教学相关文件的存储等工作。[①]

(三)教研室教学管理

该系下属有多个教研部门,它们主要负责专业的教学管理工作,对教学计划进行修订,确保教学任务的有效分配,管理与专业教学相关的文件,并组织教学研究、教育教学改革、课程建设等活动。此外,它们还负责编写和修订课程教学大纲和实训大纲,协助进行教学检查,并负责对教师进行业务考核和青年教师的培训工作。

二、过程控制与反馈

学校已经建立了一个教学指导委员会,该委员会由学校的党政领导和各个专业系的负责人组成,其主要职责是制定专业的教学标准、教学管理的规章制度以及相关

---

① 姜书浩,王桂荣,苏晓勤.大学计算机实践教程[M].北京:人民邮电出版社,2017.

的政策措施。为了保证教育的高品质,学校与系均已构建了一套全面的教学质量保障机制。为了确保教学的高质量,学校特地聘请了一批经验丰富的教师,组成了一个专门的教学督导组,他们的主要职责是对学校的教学质量进行严格的监控,并对教学效果进行全面的检查。我们对职业教育的质量进行了全面而有效的监控和管理,这包括每个学期的教学检查、毕业设计题目的审核、中期评估、随机答辩、对教学质量和效果的随机抽查,以及学生的评价等多个环节。

(一)教学管理规章制度健全

学校根据国家和教育部的相关法律法规,为教师培训、教学管理、教学质量的检查与评价、学生学籍管理以及学位评定等方面制定了一系列的管理文件。与此同时,面对教学管理中出现的新挑战和新问题,学校也对相关的教学管理文档进行了适时的更新、完善和增补。基于学校的现行规章制度,并结合实际需求和工作要求,计算机系进一步推出了一系列的管理强化措施。这些措施包括《计算机系教学管理工作人员岗位职责》《计算机系专任教师岗位职责》《计算机系实训中心管理人员岗位职责》《计算机系课堂考勤制度》《计算机系应用实习实训工作管理制度》《计算机系毕业设计(论文)工作细则》《计算机系教学奖评选方法》以及《计算机系课程建设负责人制度》等。

(二)严格执行各项规章制度

该学校已经构建了一个多层次的管理架构,从担任院长到负责教学的副校长,再到各种职能部门(例如教务处、学生处等),最终到达各个系部。这种管理模式确保了学校与各个系之间实现了多层次的管理和监控,同时也为教师、系部和学校构建了三级支持体系,从而为严格遵循各类规章制度奠定了坚实的基础。

为了保证各项规章制度能够得到有效的执行,学校采取了全面的课程普查措施,组织了学校领导和督导组的专家进行听课,并在每个学期的第一周(由校领导带队进行检查)、中期(教务处进行检查)以及期末教学工作的年度考核等多个方面采取了措施。

第四节 师资队伍建设

一、职业院校计算机师资队伍结构

计算机学院(计算机系)要有稳定的计算机及软件方面教师队伍,拥有一支比较雄厚的师资队伍。

二、职业院校计算机师资队伍建设工作

(一)学校层面的师资建设

学校有责任制定并不断更新关于人才的选拔、管理以及评估的相关规定和手段。这一系列措施旨在积极地吸引各类人才,特别是高层次的专业人才,并在学校内部进行大规模的人才培养和激励。通过对教师团队结构的优化,我们有能力激发教职员工的工作激情、主观能动性和创新能力,从而全面提升学校教师团队的综合素质。"致力于梧桐树的种植,以吸引金凤凰",学校通过全面推进人才队伍的建设,鼓励学校持续创新和发展。除了通过情感和待遇来留住人才,学校还通过"政策"和"环境"来留住人才。为此,学校启动了包括教学名师、学科领军人物、重点学术骨干和重点学术团队在内的一系列选拔活动,旨在培养高素质的人才队伍,以实现"吸引、留住、有效利用"的目标。除了这些,学校还应致力于解决教职工所关心的福利和待遇的问题。通过提高教职工的福利水平,以及建立有竞争性的激励机制,我们可以充分激发广大教职工的工作热情、主动性和创造力。学校的凝聚力得到了增强,同时也为人才的培养提供了一个优质的环境。这为人才队伍的建设提供了必要的"物资"支持,从而不断提高学校在教学质量、学术水平和办学效益方面的表现。

(二)IT专业教学团队建设

1.营造良好工作环境

我们有责任积极地建立一个由专业教师组成的团队,以确保每一位成员在理解和行动上都能达到一致,始终专注于预定的目标,并始终保持在正确的方向上。通过设定清晰的发展目标,我们有能力加强团队成员对于团队角色和整体氛围的认同,进一步激发他们的工作热情和创新能力。一个卓越的团队不仅为教师创造了一个和谐、民主、团结和凝聚力强的小环境,还为年轻教师创造了一个有利于学术发展的大环境,并建立了学术骨干梯队和课程教学分团队。

假如一个专注于IT的教学团队能建立明确的任务分配和团队合作模式,确保每个成员都能相互关心、互助、无私地付出,并在遇到问题时勇于承担责任,而不是逃避责任,那么这不仅可以相互补充各自的长处,还有助于提升整体的工作效率。

此外,为了更好地激发教师的工作激情和创新能力,教学团队应当实施内部的绩效分配制度,确保工作投入越多,所获得的报酬也就越丰厚。为了增强团队的工作表现,我们决定将绩效薪酬与各个职位的职责、成果和贡献紧密结合,尤其是针对那些关键的职位、资深人才、核心业务团队以及那些已经取得了突出成绩的教育工作者。

2. 注重内涵建设

伴随着信息科学领域的迅猛发展,各式各样的创新理论和技术不断涌现,并迅速成为我们日常生活和相关生产活动的一部分。这项技术的迅速进步为IT领域的教育团队带来了沉重的负担,但同时也为他们注入了持续学习、不断创新和积极进取的强大动力。因此,加强组织内部的建设、积极地开展教学研究与改革,以及不断地创新和尝试新的教学策略和模式,已经成为团队建设的核心理念,确保团队在不断地探索中不断成长,并在创新中不断进步。IT领域的教育团队特别强调,年轻和中年的教师应当对其专业的当前状况和未来发展方向有深入的认识,这样他们才能紧跟行业的最新趋势,不断刷新教学材料,并进一步推进教学方法的革新。他们还积极地鼓励年轻和中年教师去申请各种教育和教学研究项目,例如校级青年科研骨干教师能力提升项目和青年教师基金项目等,以便在课题研究过程中实现他们的快速成长。此外,团队还需要积极地创造一个和谐的教育环境,并建立健全的教学策略,以提高团队之间的团结和凝聚力。通过将项目视为连接点,我们完善了项目贡献的激励机制,并通过各种教育研究和改革项目(例如教育科学规划课题、教育改革基地的精品课程、重点课程、精品专业、重点专业、特色专业、重点实验室、示范中心、教学团队、规划教材、新课程、双语教学、实验研究等)进行团队合作,从而开展各种活动。[①]

3. 不断提高专业教师的教学能力

第一,我们建立了一个相互听课的制度。为了进一步提升年轻教师的教学能力,学院实施了多种策略,包括组织试讲、实地观察、分享资源和分享经验等。学科的领军人物和负责教学的人员都会定期参加课程;在团队里,成员们往往会不规律地相互旁听各种课程;新加入这个团队的教师需要完成一到两轮的理论课程。听课完毕之后,所有参与的教师都将诚实地分享他们在教学活动中所遇到的各种问题,并提供他们的改进方案和建议。在这支团队中,气氛格外融洽,每一个成员都能以真挚的态度面对对方,并对教育方面的建议毫无保留地接受。

第二,我们需要将教学的讨论和集体备课过程制度化。我们始终遵循集体教研的原则,面对课程教学中出现的典型问题,我们组织教师进行深入的教学研究,鼓励他们共同学习、讨论并推动教学改革。除此之外,我们也经常策划评教、团队备课以及教育研讨等多种活动。多年来,经过不懈地努力,我们的团队成员已经培养出了对教学和科研议题进行深入研究和交流的优秀习惯。在此过程中,他们相互借鉴、弥补各自的不足,努力确保每个人都能提出自己的看法,并围绕特定的问题进行深入的讨论,以实现共同学习和共同进步的目标。

---

① 金红旭,孙红霞.计算机应用基础[M].北京:北京理工大学出版社,2018.

4. 坚持推进优师建设

我们始终专注于促进杰出教师的培养和发展,加强对教育和科研经验以及资源的整合、研究和普及,目的是实现科学研究与教学活动的有机融合。通过融合引进与培训的策略,我们持续地调整和完善教师团队的构成,旨在全方位地提高教师团队的综合能力。当我们思考教师团队的稳定性及其未来的成长方向时,必须确保教师在年龄、职称和教育背景上都能保持均衡。我们正在逐步建立一个由中青年教师、拥有研究生或更高学历的教师以及具有高中级职称的教师组成的核心团队。这些教师不仅有能力从事与产学研相关的工作,而且他们的学术能力和未来发展潜力也相当高。接下来是一些具体的核心措施。

首先,我们需要建立并完善吸引人才的策略,大量吸纳顶尖的专业人才。我们已经制定了针对高级人才的培训和吸引方案,同时也制定了具备企业经验的双师型人才的培训和吸引计划。与此同时,我们也建立了一套完善的人才培养、评估和激励机制,特别强调对人才的目标、绩效和过程的考核,确保教师队伍的建设沿着制度化、规范化和科学化的方向前进。得益于这些制度的有力支持,学校不仅加强了人才队伍的建设,还成功吸引了来自国内外的高级人才,为他们创造了一个优质的科研环境,进一步提升了软件工程学科在教学和科研方面的能力。

其次,为了增强中青年教师在教育和研究领域的实力,我们必须深化与外部的沟通与交流。有组织地安排教师外出进修和学习,目的是提高他们的学历水平;选派核心团队成员和年轻的教育工作者前往国内外著名的教育机构和大型企业进行学术交流和访谈;为了更好地适应课程改革的要求,我们组织了教师参加特定的研讨活动;我们积极地推动学科团队与国内外学者进行学术互动,旨在增强和促进教师在教育和研究领域的专业技能。

然后,我们有必要对科研项目的支持体系和科研成果的奖励机制进行进一步的完善,加大资金投入力度,激励专业教师积极申请各类高级研究项目和高级别科技奖励,以此来优化学科建设的平台,并推动学科向更深层次的发展迈进。

最终,我们需要制定相应的策略和措施,激励团队进行"政产学研用"的协同研究,从而提高教师为经济和社会做出贡献的能力。

三、教师发展

我们的核心目标是全面提高教师团队的整体素质。遵循"增加教师数量、优化组织结构、提升教学质量、培养杰出教师"的方针,我们通过培养、引进、稳定和整合等多种方式,构建了一个有效的机制,以促进教师资源的合理配置和优秀人才的崭露头角。我们致力于培养一支具有高尚师德、合理结构、优秀教学成果和高科研水平的教育团队。接下来是详细的操作流程。

1. 通过吸纳高质量的行业专才以促进该专业的持久成长,这也有助于增强教师在科学研究和教学活动中的专业能力。在加强教学团队建设的过程中,特别需要重视那些在学科(专业)拓展和教学科研方面表现出色的优秀人才的引进和聘用。

2. 为了确保学生的道德修养与他们的专业知识能够同步提升,我们有必要加强对师德师风的培育,并努力营造一个高质量的教学环境。

3. 我们有责任强化对教师的专业培训,全面提高教师团队在专业技术和能力方面的水平,同时也应鼓励他们去攻读学位或进行更深层次的学术研究,并加强对科研和教学课题申报的力度。

4. 我们有义务加强对教师的培训,全方位提升教师团队的专业技能和能力,同时也应该鼓励他们攻读学位或外出深造,并加大对科研和教学课题的申报力度。

5. 我们必须高度重视并努力加强对专业领导者和人才培训团队的培养与建设。专业是高等教育机构的关键组成部分,因此,建立一个以专业为中心的教师团队是极其重要的。通过实施"名师工程",我们成功地培养了一批在类似学校中具有显著的专业成就和一定的社会声誉的教育工作者。

6. 执行教师间的互助项目,激励经验丰富的教师与年轻教师建立合作伙伴关系,通过实际行动来提高年轻教师的教育和研究能力。

7. 我们与多家大型企业形成了紧密的合作伙伴关系,派遣年轻教师到企业进行现场学习和实践,参与企业的项目管理、研究和开发,为培养"双师型"的教育团队奠定了坚实的基础。

第五章 计算机教学设计

第一节 计算机教学的教学主体设计

一、学生

采用"设计"这个动词来对待学生似乎不恰当。但是,如果从"学生、教师和任务是课题教学的三要素"这样一种理念来考虑,教师就必须琢磨自己施教的对象,设计学生就是在全面了解他们的基础上,充分发挥学生的个性,调动学生的积极性来实现教学目标。

(一)关注学生的专业发展,提高学习的质量

1. 针对学生的专业方向,满足学生的就业需求

在给一个游戏软件专业的班级上"编辑图形"课时发生了"罢课运动",原因是学生们对这样的教学内容不感兴趣,他们的兴奋点仍然停留在上节课的绘制程序流程图上,什么地方需要画菱形图?什么时候需要循环?这些问题关系到将来的实际工作,至于把简单图形旋转、组合,或排列等问题与流程图关系不大。因此他们提出让老师换一下教学内容,教他们怎样画流程图。下课后,思绪仍然纠缠在学生的要求之中,在教科书中找到一段小程序,参考它认真画起流程图来,由于是在 Word 中画图,Word"绘图"工具的各种功能几乎都派上了用场。解决矛盾的思路逐渐地在头脑中产生了,设计这样一个"编辑图形"的教学任务:先教给学生读懂一段程序,然后让他们利用 Word"绘图"工具的"编辑图形"功能绘制该程序的流程图。这种做法是建立在"适合学生的就业要求"基础之上的,体现了以能力为本位的教学设计思想。

设计思路:在为"程序设计"专业的学生设计"绘图"工具软件中"编辑图形"一节课的教学方案时,遵循了这样一些教育思想:在文化课堂上为专业课奠定基础;在技术训练中得到文化思想的熏陶;在教学中增长自学的能力。编辑图形无非包含绘制简单图形、插入图形、旋转图形、移动图形、缩放图形、组合及拆分图形等,对于程序设计专业的学生来说易如反掌。考虑到由于轻视而产生敷衍了事的学习态度,决定以

专业需要作为切入点，将专业技能与基础知识结合作为激发学生兴趣的手段，提高学生学习的主动性，具体任务是让学生利用"绘图"工具栏上提供的各种工具和图形素材，绘制并编辑"射击"游戏的程序流程图，这里有意设计了10个分支环节，由此需要10个菱形框、10个箭头、10个"N"和10个"Y"相配合，才能构成一个完整的程序流程图。针对这么多相同图形的操作面临的主要问题是需要掌握选定和排列多个图形的巧妙方法，如使用"选定对象"工具，或通过按下Shift键再单击要选定的图形，都可以选定多个图形。但使用的场合不同，得到的体会也不尽相同。另外，先绘制一部分图形，再复制出多个图形，并组合在一起是一种有效的思维方式，但需要许多操作技术来配合，如图形分布、移动、组合与拆分等操作都需要动脑筋才能实现。可见，这样设计的任务既能学习基础知识，又能够训练专业技能，还可以优化思维方法。

实现过程：首先让学生们口述该游戏的操作规则及游戏情节，然后将其用文字写在黑板上，最后，再让学生们按照对游戏的文字描述绘制程序流程图。与此同时，对流程图的绘制规则，以及图中各种要素所代表的含义都做了比较规范和详细的解释，此举必定是超前行为，提前接触并了解到编程必定要经常打交道的"流程图"，为软件设计专业的学生将来学习专业课开了个好头。

在绘制流程图之前，要经过的一个必要环节是对软件进行"翻译"，即把游戏用户对游戏属性和操作规则的理解解释为编程术语，比如哪里是顺序执行、哪里需要循环语句、哪里需要采用分支结构，以及确定一些主要的陈述语句。如何绘制循环结构程序的流程图呢？这个问题本来应该留给程序设计教师在后续的专业课中进一步探讨，但是，有的学生已经对这个问题提出了质疑。由此，索性给完成任务快的学生再布置一个任务，就是用循环结构替换具有10个分支的分支结构，不过，需要教师补充一些有关循环程序设计的相关知识，为程序结构设计教学任务的顺利完成铺垫一些必要的知识。在绘制流程图的过程中，学生们可以学习到许多图形编辑方面的知识和技能，比如，在图形框中插入文字前需要减小文本框的内部边距，目的是缩小该框的整体尺寸，以便使整个流程图更紧凑、更协调；选定多个菱形的多种方法；采用"对齐或分布"操作，使10个菱形均匀排列成梯形；同时改变10个菱形的宽度，以便绘制两个菱形之间的流程线；菱形与箭头组合，以便在对齐操作中能够统一排列；还能够学习到图形的旋转等操作技术。

2.注重自学教育，留给学生更多的发展空间

长期的教学实践使我们体会到这样一个道理：不但要了解学生的知识、技能基础，还要了解学生的性格和兴趣，这样才能获得设计教学任务的重要依据，为确定教

学流程和确定教学方法提供可靠的依据。

基础知识都比较枯燥，Windows 窗口的组成和操作就是相当重要的基础知识，能否带领学生走好这段基础路程，在时间和空间上，都将决定学生应用计算机的水平，如果教师单调地讲，学生枯燥地学，势必使学生产生厌倦的心理。所以，总结出"三不讲"的原则，即没用的不讲、学生会的不讲、学生自己能够摸索出来的不讲。根据这样的原则，模仿拼积木的思路精心编排窗口操作的实验题，通过缩放、开关及移动窗口等一系列操作，把多个小窗口平铺在一个大窗口中。这项工作看起来简单，实现过程却需要细心、精心和耐心来配合，这项智力技能与耐力的较量，使学生对窗口产生了浓厚的兴趣。

如何根据实际情况编制训练题，如何提高学生的自学能力，是教好计算机课的新课题。抱着走不如领着走，领着走不如放开手，遵循这样的原则，对高年级的计算机课进行了相应的探讨与尝试后，得出这样的结论：基础教学领着学生走，操作训练放开教师的手。在进行了一段时间的"领着走"之后，学生的本事大了，对那种"首先、然后"口令式教学模式已经厌倦。只有在恰当的时机让学生独立学习，才能达到既让学生自己走路，又避免学生摔跤的教学效果，放手容易，走好难。除了前期的基础教育之外，在"放手"阶段，要特别注重教师讲课内容的质量。内容要精而准，时间要短而紧，"内容精"指的是演示那些能产生举一反三效果的操作要点；"内容准"指的是讲大多数学生将要产生疑惑的概念；时间短指的是教师讲课时间一定要限制在本节课程时间的 1/3 以内；"时间紧"指的是教学过程中各个环节衔接得紧凑连贯、自然流畅，总之，讲课内容精而准、讲课时间短而紧的授课模式，可以在学生的兴奋点还没有明显消失时就完成课堂的主要教学内容，以便留给学生更充足的自学时间，反复思考、多多动手、理解消化。

教师讲解课程内容要为学生留有余地，不要怕学生做错，在计算机操作过程中，一次反面教训胜过多次正面引导。通常情况下，总有少数学生在知识难点和技能难点之处产生疑惑，徘徊不前甚至"摔倒"，教师应该在恰当的时候纠正错误的理解，演示正确的操作，使学生产生"柳暗花明又一村"的感觉。

教学设计应关注整体课程内容的有机结合，既保持知识的连贯性，又体现操作要领的一致性。为此，在教学设计中，既要考虑学生个性、兴趣和基础的因素，又要保持教学内容的统一性；既要重视教学任务的完成，又要关注学生自学能力的提高，既要认真学习教材中的知识，又要启发学生拓宽知识。在课堂上的教学课时有限，学生学习计算机技术、为信息社会服务道路还很漫长，在课堂教学中必须注重培养学生自学的能力，逐步提高独立开发、自主应用新软件的能力。比如，因为软件的窗口、对话框、菜单等部件的组成结构和操作方法基本相同，可以多教给学生一些共性的操作技能，及时大量地收集、总结基础知识和共性操作方法，将这些内容融合在任务中传授给学生，才能使他们对常用的软件操作自如，遇到新软件，很快就可以掌握其操作要领。

这种能力的日积月累、精益求精，将使他们身怀绝技，在21世纪拥挤的信息高速公路上，拥有较强的竞争能力和拼搏空间。通过上述教学环节的安排，可以加大教学容量，提高课堂效率，使学生具备自学能力和独立开发新软件的能力，这才是终身教育的宗旨。

(二)利用学生的个性差异，让每个学生均衡发展

1.通过分层教学解决学生基础差异带来的矛盾

由于多种原因致使班级中的学生在学习计算机课程时表现出明显的"分层"现象。有的学生操作计算机的技术比较熟练，知识面也比较广泛；有的学生几乎是零起点，需要多方面知识和技能的铺垫。解决矛盾的原则还是因材施教。

设计思路：学生与教师之间存在一些障碍，而学生与学生之间不但容易沟通，而且还"心有灵犀一点通"，这个"灵犀"来源于他们在年龄、兴趣、处境、感情之间的吻合和一致。所以，集中精力培养出几名掌握知识和技能都比较熟练的学生，作为一些基础比较差的学生的小老师，这种做法为解决学生差异、实现分层教学做出了有益的探讨。

实现过程：这个问题的关键是选拔出操作基础扎实、热心为大家服务、辅导方法适当的学生。这个问题说起来容易，实现过程存在一些难度，"服务"比"操作"难，"辅导"比"服务"难。我们采取"课上与课下结合、学习与活动结合、鼓励与督促结合"的措施，逐渐迎合了学生的心理特点。在课堂上，让经常提前完成任务的学生负责帮助自己同桌、同排、同组的学生解决操作难点，给他们提供更多的为大家服务的机会。经过一段时间的实践，有越来越多的学生开始对当"小先生"感兴趣了。

发现苗子以后，首先要培养他们的服务意识，让他们经常参加一些服务性的集体活动，如布置家长会的会场、做运动会的服务员等。接下来是在实践中提高他们的计算机技术，如让他们和老师一起维修机房和办公室的计算机，带领他们参加一些计算机竞赛等，逐渐在实际活动中提高他们的计算机水平。最后，再纠正他们在辅导学困生过程中的一些不正确做法；如演示的速度太快，以至于对方来不及思考和记忆。除了上述做法之外，还要注意在开始阶段，老师一定要带领"小先生"进入"实习"阶段，

这样做有两个目的：一是为了打破僵局，避免"好学生不好意思、差学生不太服气"；二是发现问题，逐步提高"小先生"的"教学"水平。

2.针对学生的性别差异，调动课堂上的积极因素

在日常教学中，很少有人会依据学生的性别来改变教学方案的。但性别的确能够使男生和女生对待某节课的兴趣产生较大的差别，尤其是在上专业课时表现得尤为突出。比如，男生喜欢动手，还不时表现出争强好胜的特点；女生喜欢动脑，干些细致、文静的事情。为了充分调动所有学生的积极性，在教学中可以设计出两种不同的训练题，体现在课堂教学中对性别差异的关注。这种思考在计算机教学中尤其能够得到很圆满的实现。

问题由来：在计算机课堂教学中，男生和女生对计算机的爱好程度不同，爱好的角度也不同。男生喜欢具有刺激性的教学内容，如完成速度竞赛、智力竞赛、脑筋急转弯性质的训练题，他们的主动参与意识要明显强于女生。女生对可以表现个人审美观点、需要细心和耐心操作的训练题感兴趣，她们喜欢先动脑再动手，这点正好与男生相反。利用性别的特点来设计课堂教学不但可以激发学生对知识的渴望，还能够充分发挥学生内在的潜力，使创新能力在学习中得到足够的发挥，对在计算机课堂上进行素质教育具有一定的好处。

在"砌砖墙"的竞赛中，受时间和步数两个竞赛条件的限制，学生要经受操作技术熟练和思维方法巧妙的双重训练，在主动竞争的过程中，学习知识和训练技能的效率不断提高，可见，这样的教学过程必定是全面实现教学目标的新颖、科学和活泼的教学形式。在女同学绘制"美丽校园"的学习与创作并举活动中，她们面对单调、呆板的普通表格，经过种种必要的编辑和修饰之后，一幅充满纯净、天真、爱心的图画展现在我们面前，她们除了获得与男生同样的知识和技能方面的收获之外，还在心灵中经历了一次美的熏陶。然而，怎样弥补"砌砖墙"任务中缺乏的修饰表格的教学内容呢？怎样弥补绘制"美丽校园"图画时缺少的编辑表格的训练呢？解决的方案是对原作品进一步完善，比如，利用修饰表格的技术给砖墙涂上不同的图案和色彩；利用编辑表格的技术改变教学楼的结构(可以移动大门的位置,改变窗户的尺寸等)。同时，可以让男女生互相辅导，提高学习的效率，并增强学生之间的互助意识。

二、教师

(一)积累宽泛的学科知识

要想成为一名优秀的计算机教师，没有深厚的计算机专业知识不行，没有熟练的

专业技术不行。但是,仅仅具备了本学科的知识和技术还不够,因为没有宽泛的其他学科知识的支撑,计算机课堂教学就会变成孤军作战。所以,广泛地学习多种学科知识对于认识计算机、学习计算机、教授计算机都会产生潜移默化的作用。

问题由来:新生开学初期的计算机课程基本以"计算机组成结构"为主,但这种课程内容实在是令教师难讲、学生难懂。怎样看待这段教学内容呢?是累赘还是契机?是无用还是无价?是无关还是紧要?种种疑问的答案取决于对计算机文化教育观的认识和理解。为了教师深入浅出地讲解,为了学生生动活泼地学习,决定将人的神经系统与计算机建立科学的联系,用形象的比喻和生动的语言打动学生、感染学生、牵动学生,使学生在兴趣驱动之下加深对计算机组成的理解,用机器的思维、方法和作风影响学生,提高学生的综合素质。另外,用机器的思维训练大脑是计算机教育工作者必须探索和实践的问题,假如学生们能够从计算机那里学到精密无误的思维方法和精益求精的工作作风,他们将变得更聪慧和更理智,自主能力将不断提高。然而,对神经科学的了解几乎与学生在同一个水平线上,需要认真学习、深刻领会才能在联系计算机组成时游刃有余。学习一定的神经学知识可以拉近人与计算机的距离,密切人与计算机的关系,增进人对计算机的感情,这对于深刻理解计算机的专业知识有着不可忽视的积极作用。下面的一段文字就是学习神经知识后明白的道理和获得的体会。

理性思考:如果你曾经阅读过"神经系统"之类的书籍,就会因为组成计算机的逻辑门与密密麻麻分布在人体中的神经元惊人地相似而目瞪口呆。神经元具有传达和筛选信息的能力。神经元像一个黑匣子,它的输入端呈树状,因此叫作树突(相似于逻辑门的输入端),一个神经元的输入端可以多达 10 万个。但神经元只有一个叫作轴突(相似于逻辑门的输出端)的输出端。更令人惊叹的是,轴突与核心细胞的连接方式竟然与面接触式场效应管完全吻合,都是采用非接触式的"电容感应式"。科学家设计场效应管时充分考虑到提高电子运动的流速,想必神经元的突触采用非接触方式也是为了提高神经系统的反应速度吧。不过必须明确的是先有神经元,后有逻辑门,这正是人类将仿生学应用到计算机的最细微处、最极致处的精彩见证。

当众多输入信息到达神经元的核心细胞时,经过抑制或放大,最终形成一个输出信息从树突输出到邻近的神经元,经过必要的处理再传输到下一个神经元,这个过程与逻辑门的工作惊人地相似。

(二)不断提高实用的专业技术

学生对教师的信任来自教师本人知识水平和专业能力。教师应该具有完整的专业知识体系,还应该精益求精,只有熟练地掌握计算机专业技术,在讲解剖析计算机的组成结构时才能游刃有余,在形成软件的设计思路时做到轻车熟路,这样才能在学生建立威信,让学生信服,这是充分发挥教师的主导作用的重要条件。

问题由来:一名教师在讲解数码显示器74LS47时,由于对该集成电路的功能了解不全面,只是把它当作一个单纯的"二/十进制译码器",忽略了"七段译码"部分的存在,当教师胸有成竹地把"二/十进制译码"的原理讲完时,由于一个学生的疑问引发了教学中的矛盾,课堂教学出现了尴尬的局面。当时老师举的例子是把"1001"二进制数送到74LS47电路的输入端,分析的结果是在Y0端输出"1",其他9个输出端都是"0",然后显示块就显示出"9"了。学生问:按照老师的介绍,数码块要显示"9"应该有6个笔画点亮呀!为什么只有一个Y9信号发生变化呢?它们是怎样转换的呢?一连串的问题几乎已经把老师遗漏的问题明朗化了,就是因为在"二/十进制译码器"的输出端和显示块的输入端之间还存在一个"七段译码器"才能够使译码的结果继续被二次译码,最终得到点亮显示块所需要的一组低(高)电平信号。试想一下,如果根本就没有考虑二次译码问题,这位教师如何来解答学生的疑问呢?更严重的问题可能还会发生在学生就业之后,当面临现场施工中的这种尴尬局面时,我们的学生怎样收场呢?学生会对当年给他讲解74LS47电路的老师做出怎样的评价呢?

实现过程:有人会说,让一名教师学习那么多的东西谈何容易!是不容易,但是,千万不要忘记"实践出真知"的道理,而且实践是获得知识最便捷的途径。比如,你对显示块译码驱动电路74LS47的结构和作用不清楚,可以找到它的使用手册,自己搭一个简单的电路,随便在输入端输入二进制数字(如0101),当显示块显示"5"时正好与二进制数吻合。重要的问题是教师一定要在研究、实验过程中锻炼自己的分析能力,并且一定要把自己的分析方法和思路传授给学生,使他们独立工作能力得到逐步提高。

虽然看不到它的内部结构和实现过程,但是,可以把这个集成电路看作由两个黑匣子组成,第1个黑匣子有4个输入端(二进制)和10个输出端(十进制),接收的是手工设置的二进制数;第2个黑匣子有10个输入端和7个输出端,接收从第1个黑匣子传来的数据。凭借逻辑推理自然会考虑到第1次译码实现二进制向十进制的转换,第2次译码必将是一次特殊的译码,任务是将十进制数的数量问题转换成7条发光二极管谁亮谁灭的问题。由于发光二极管是按空间位置分布的,使转换偏离了"进制"转换的思路,成为一个特殊问题。怎样解决课堂上出现的特殊问题,万能的方法仍然是列表法,使问题清晰化。

要上好这样内容的一节课,单凭热情不行,只重视教学方法也不行,教师必须具备一定的专业基础知识,如相关集成电路的管的特性、分光二极管的特性、二进制与十进制转换问题等。可见,只有专业知识宽泛,才能讲解透彻。要做到知识渊博也不难,"功夫不负有心人",只要坚持日积月累,知识会越来越丰富。

另外,从学生的角度考虑学生的问题,仍然是年轻教师容易忽略的问题。比如在这节课上,这位老师认为"七段显示"没什么可讲的,但是,为什么不采用8段呢?为什么不采用6段呢?这里面有许多道理和趣味,应该不要错过开发智力的好机会,最起码可以让学生用7根火柴杆拼出0～9这10个数字,虽然问题简单,但这样做确实能够提高学生的想象力,还能够培养以最少的投入获得最大收获的思维方法。如果有条件,还可以拿来早期使用的将0～9分布在10个不同层面中的荧光数码管,通过与"七段数码块"相对比,我们就会发现,重视"火柴杆"问题并不是小题大做,而是重温科学家当年发明这种简单实用的数码显示器件时所呈现的聪明才智和巧妙的思维方法。

理性思考:担任"计算机工业控制"课程教学的专业课教师不是一件容易的事情,必须具备比文化课老师多得多的专业知识,必须具备"计算机应用基础"以外的许多操作技术。另外,还需要掌握电子电路、自动控制、伺服设备、传感器件方面的相关知识,仅仅依靠在教育院校学习到的教育思想和教学方法是远远不够的。单凭青年教师的热情洋溢不一定能解决专业技术中的疑难问题,只有实实在在地设计教学目标,踏踏实实地地积淀专业功底,才能把真功夫传给学生,才能使你的学生经得起实践的考验,成为有知识、有技术、有能力的智慧型劳动者。

教学设计不只是目标和方法的策划,对于专业教师来讲,针对教学内容、难点和重点,细心地检查一下自己的知识在哪里有欠缺、自己的技术还有哪些低下之处,然后给自己"充电",使其满足学生和教学内容的需要,这个自我调整和丰富的过程就是"设计教师"的过程。每当讲授一节新课之前,教师必须认真研究本节课教学内容中的概念和原理,有时还要通过做实验才能得到正确的结论。只有深入理解、宽泛了解,才能透彻讲解。

第二节 计算机教学的内部因素设计

一、教材设计改革

(一)瞄准教学目标,精心组织教材

多种专业共用一种教材使得"众口难调"更加凸显,没有哪一种教材能够同时满足如此繁多的不同专业的需要。看来,教师等教材、依赖教材、认准一本教材不放手的老一套教材观念必须彻底改变,取而代之的是校本教材、专本教材、师本教材、学本教材这样的新观念。如果把课堂教学比作一场戏剧,教师不但要担任引导学生学习的导演,还要成为剧本的编辑者,虽然教学内容基本相同,但是,不同专业的教学目标是不同的,选择教学素材、确定教学方法、应用教学手段等都需要有针对性。换句话说,面对不同专业的学生,教师需要设计不同的教学方案,才能提高教学的针对性,使教学活动更加活跃和高效。比如,面对电脑美术专业的学生,应该多提供一些艺术作品作为操作素材,提高学生的艺术品位,同时也能够增加学生们学习的主动性;面对金融财会专业的学生,应该减少 Excel 中格式化操作方面的内容,增加一些与数据处理有关的内容,如函数计算、排序、筛选、分类汇总和图表等内容,这些都是金融行业所需要的专业技能,是学生比较关注的知识和技能。

1. 根据教学难度恰当整合教材

构成计算机软件的程序是由一条一条的机器指令组成的,指令又是由微指令组成的机器语言。程序设计是计算机专业不可缺少的基础课程,但微指令与用户的距离很远,是否要写入教材呢?在回答这个问题之前,让我们先来认识一下微指令。微指令归属于计算机的硬件范畴,微指令是不能再被分解的硬件动作,再现了科学家渗透在计算机结构设计中的科学思想和先进文化。在计算机运行的前前后后、分分秒秒中,是硬件支撑着软件承载着人类的智慧、文化和思想在有序运行,逻辑推理是计算机的天性,计算机的深刻哲理都来源于逻辑推理。当判断"警察抓小偷"程序的流向时,要通过微指令的执行来简单推理、判断,当"蓝深"计算机战胜国际象棋世界冠军时,这种极其复杂的推理过程也是通过一条一条微指令的执行来实现的。计算机的软件能够模拟人类思维的模式来运行,计算机的硬件结构也必须能够适应这种思维流动。可见,微指令就是靠硬件支撑的最小软件元素,了解微指令不但不会增加学习的难度,反而能够使学习与思维联系、电脑与人脑结合、硬件与软件和谐,能够深入浅出地认识计算机的工作原理。

问题由来:面对道理深奥、难以触摸的计算机指令系统,有时教师讲起来杂乱无章,学生学起来望而却步,但这些内容确实是计算机应用专业学生必须掌握的基础知识,这部分内容的教学已经成为计算机教学的老大难问题,比如高水平的编者喜欢将程序、指令、微程序、微指令、微命令、微操作一股脑地写进教材,使得教材的针对性降低,令读者不知所措,面对这种情况,是照本宣科还是重新组织教材?成为改变教学窘况的要害问题。

设计思路:对于重新组合"指令系统"的教学内容,曾经有许多种尝试,但最成功的要数"以图为主,以文为辅"的方案。形象地讲,这是给教材进行一次大刀阔斧的手术。简单地讲,就是浓缩大量的文字描述,融入图示当中,使人一目了然、回味绵长。浓缩的文字有的来自本单元,有的需要从其他章节中截取,在突出"指令系统"结构的主题下,用简短的文字描述各种指令层次之间的关系,在此基础之上,用流程图或框图来补足文字内容。画图需要遵循一些原则,那就是层层"脱寒",由表及里,把握脉络,深入浅出,这样有利于理解和掌握,有利于归纳和记忆。下面,就指令系统单元内容的重组过程介绍教材设计的方案。首先从"加法"程序开始解剖,将其分割成若干个机器指令,然后再把每个机器指令分解为若干个微指令,最后将微指令细化成多个微命令。接下来的工作就是绘制三个流程图,将程序、指令、微指令和微命令的包含关系层次化。另外,还需要绘制一个结构框图,使"指令系统"的结构更加紧凑,来龙去脉更加清晰,容易在头脑中建立宏观的整体概念。

2. 挖掘文化内涵,充实教材内容

计算机中蕴藏着丰富的文化内涵,无论教材有多厚都无法包含如此丰富的知识。教学设计为我们提供了将文化融入课堂的良好机会,关键的问题是要弄清什么是计算机文化、从哪里搞到计算机文化。接下来才是我们要说的主题内容,那就是怎样将计算机文化融合到计算机课堂教学之中。所有这些问题都可以沿着计算机的原创性和计算机的应用性这两条线索来展开讨论。

(二)从计算机的发展过程透视计算机文化的形成

在计算机硬件中埋藏着丰富的文化资源,它是教学素材的天然大仓库。著名数学家冯·诺依曼曾经分析了电子计算机的不足之处,提出了两项重大的改进,其中一项就是将十进制改为二进制,从而使计算机电路在简单性、廉价性和稳定性方面发生突破性的进展,使计算机的组成结构和运算过程大为简化。如果采用十进制,就是用0、1、2、3、4、5、6、7、8、9这10个数作为数的基本元素,通过它们之间的任意组合,组成任何长度、任何数值的数。组合一个十进制数当然不是什么难事,但接下来的问题将使计算机设计工作举步维艰。产生10个基本元素就需要9个调整在不同输出值的直流模拟放大器来产生,运算时其困难程度与二进制相比简直无法描述。

众所周知,处于开关状态的电路耗电量最小,状态最稳定,传导速度最快,而在放大区工作的电路在诸多方面都表现出明显的劣势。更难设想的是,微处理器的结构将变得非常臃肿和笨拙。如果当初不更换成二进制结构,计算机绝不会有今天这样的优质结构和日新月异的发展速度。由此可见,这项改进是建立在数学和电子学等学科的基础之上,换句话说,没有众多学科的先进思想、文化和技术的支撑,计算机单靠孤军作战是难以成就大业的。

冯·诺伊曼的另外一个伟大贡献就是对程序和数据的整合,改变了用纸带穿孔来编制程序,而是将程序提前输入计算机内,与被加工的数据放在一起,使得电子计算机的全部运算成为真正的自动过程。数据存放在一定结构的框架之中,供程序在数据加工过程中方便地存取,使得计算机成为一台名副其实的自动思索、自动加工、自动输出的智能感知的机器,以至于人们形象地称计算机为电脑。在此次改进过程中,科学家将那么多的自动机思想、数据结构理论、语义概念应用于改造计算机的硬件结构和软件方法中,为后人从中吸收大量的先进文化奠定了深厚的基础。冯·诺伊曼提出的两项改进是计算机结构思想中一次最重要的改革,标志着电子计算机时代的真正开始。从此,他那崭新的设计思想,深深地印记在现代电子计算机的基本设计之中,使他获得了"电子计算机之父"的极高评价。

1. 挖掘素质教育方面的素材

素质的概念涵盖较广,这里仅就主体能力和智力的提高来说明如何组织教材。作为非新毕业的教师来讲,面对一个新的软件,一般都能制定出包括知识和技能方面的教学目标,并撰写出比较规范的教学大纲,完成每节课的教学方案设计。但如果要求教师在教学中必须包含一定比例的能力培养和能力开发方面的教学内容,可能就不那么容易了。这里的能力不是指"打字快速""排版漂亮"或"绘画生动",而是指诸如逻辑思维能力、归纳能力、描述能力、与人合作能力等主体性能力,是与人的思想、动机、动作、反映、神态、举止等主体要素融为一体的东西,是生命力强、生命周期长的东西。换句话说,这些外来的能力变成了人的内部素质。智力因素有先天的成分,但后天教育改变智力状态的例子屡见不鲜,计算机因为具有广泛的、深刻的、精致的以及人性化的智力因素,对于提高学生的注意力、观察力、想象力、记忆力等都存在着很大的潜力。可见,计算机必将成为开发人类智力,使人类更聪慧的天然平台。

计算机软件的根基是计算,计算机的一切创举都来源于对数值精确地计算,这使得计算机与数学建立了血缘关系。无论是画出一个简单的圆形,还是进行探月轨道设计,计算无时不在,数学方法、数学思想和数学文化融合在软件的每一条指令中,浸透在数据的每一个字节中。面对今天的二进制,不禁使人想起中国古代的"八卦图",仔细观察八卦的每一卦象,竟然会发现它们都由阴和阳两种符号组合而成,当我们把八种卦象颠来倒去地排列组合时,脑海中会突然火花一闪,这不就是很有规律的二进制数字吗?若认为阳是"1",阴是"0",八卦恰好组成了二进制000到111共八个基本序数。看来,中国人的智慧是领先世界的,但科技进步得太晚了。

把民族文化融合在基础知识的学习中(二进制及其运算)。

问题由来:在听课的记录中几乎没有看到关于"二进制"的字样,即使是有经验的老教师，在做研究课或示范课时也要回避二进制的内容。久而久之，二进制教学成了名存实亡的"应付课"。在漫长的"计算机原理"教学中，二进制已经成为令学生讨厌、让教师为难的教学内容。然而，一位年轻的教师不但在学校，即使是做区级和市级的研究课也敢于将自己精心设计的"二进制及其运算"课亮出来，供听课的专家们评头论足。结果是换来了大家一致惊讶与赞赏，认为这是一节借助基础知识弘扬民族文化、通过素质教育促进难点突破的好课。

设计思路：现实当中有许多应用二进制原理或体现二进制思想的实际例子，如果能够将呆板、枯燥的概念及运算法则讲给学生听，无论在实现知识目标还是素质目标上都不会得到什么好结果。反之，如果能改变僵硬的教学模式，采用寓教于乐的教学方法，让二进制从师生冷淡的目光中解放出来，还二进制光彩夺目的历史面目，就可以得到良好的教学效果。突破教学难点的主要利器就是起源于中国的"八卦图"。

实现过程：在课堂教学中，引进了多项生活中体现二进制思想的实例来帮助学生理解、消化二进制的概念，但最有成效的莫过于"八卦图"借喻八个卦象中的长横和短横组合的规律，教师能够通俗而准确地介绍二进制的计数方法，并围绕"八卦图"展开二进制概念的讲解。这样做的结果使导入像磁石一般将学生紧紧地吸引住，使原本学生最难理解的原理和方法变得通俗易懂，使学生的学习变得自主和活跃。

2. 摆正计算机专业与计算机文化的关系

如何摆正计算机在课堂上的特殊位置？把计算机挂在墙角？放在桌子上？还是摆放在实验台上？这些都不是我们要讨论的问题。我们所关注的是如何把计算机看作一门特殊的学科，在这个"不速之客"出现在课堂教学中时，给以区别对待。计算机既不像"解析几何"那样只是一本书，也不像算盘那样只是一个计算工具；计算机不单纯是一台放映图片的幻灯机，也不单纯是一台记录音频的录音机，确切地说，计算机是书，是一本铺天盖地的百科全书；计算机是工具，是一台变幻莫测的万能工具；计算机是机器，是一台有思维的机器；计算机是设备，是一台海量存储的设备，这就是计算机在课堂上的正确地位。在设计、教学和学习当中，必须建立机器、学生和教师之间的全方位联系，包括在知识、思维、作风和品格方面的联系，才能真正发挥计算机与众不同的学科作用。

二、任务设计改革

在任务驱动教学模式逐渐被广大教师和学生接受的情况下，研究任务驱动的依据，纠正任务驱动的不良倾向，提高任务驱动的实际效益，这些都是教师在设计教学任务时应该认真考虑的问题，有人说教学任务是教学的关键，应该再补充一句：好的教学任务是实现教学目标的重要条件。

参与"太阳出来了"动画的有三个图形,它们在"顺序和时间"标签对话框中排列的顺序是太阳、阳光和窗帘,这就是动画的顺序。有一点必须清楚,那就是19类动画效果的真实效果随作用的对象不同而发生变化,正如同样是微笑,不同性格的人给人的感觉是不一样的,比如"盒状展开"作用在"双臂"上表现为"伸展"的效果,作用在圆形上表现为"放大",作用在阳光上表现为"放射"。所以,在完成"太阳出来了"任务时,就应该通过实验来确定最符合实际的"效果",而不是单凭列表框中给定的名字来确定。放射是动画中比较精彩的一个场景,但没有现成的效果,通过观察各种效果作用在圆形上发生的变化,最终确定选择"盒状展开"。由旭日东升到阳光灿烂要有一个变色的过程,在"效果"标签对话框中有一个"动画播放后"列表框,其中"其他颜色"就是指图形的动作完成后要改变的颜色,可以从中任选一种。本例选择了"金黄色",使太阳从初升时的红色变成了升起后的金黄色。能够使窗帘产生下落效果的有向下"擦除"和从上部"伸展"两个选项,通过观察认为前者比较形象,更接近拉下窗帘的效果。

理性思考:为什么同样是"盒状展开",作用在不同对象上产生的效果却不一样呢?这说明效果是一种综合性的东西,不会只由单一的因素来决定。这就使我们想起人人皆知的"教无定法"来。经常批评学生的教师不明白,即使方法再高明,也不一定在所有学生身上都适应。还有一点就是教育者与被教育者是矛盾的两个方面,是互相作用的,存在着作用力和反作用力,最终的合力其方向和大小都不会由教师自己来决定。对于某个学生如此,对于一个班也如此,对于专业不同的两个班,教学的任务和方法都应该是不同的,应该体现分层教学的思想。从这个问题上可以折射出教育问题:作为班主任应该掌握每一个学生的特性,应该了解学生面对一个新问题所产生的活思想,才能对症下药,才不至于千篇一律地责怪或劝导。

(一)好的任务来自精细地观察

问题由来:一天至少有两次要看到红绿灯,有时还要等在十字路口,不时抬头观看灯的颜色是否发生变化。所以,对于红绿灯变化的规律大家都很熟悉,但真正让人对红绿灯感兴趣是当PowerPoint课程进入动画设置时,打算为学习"动作的顺序和时间"寻找一个主题鲜明、形式新颖、频繁接触的情景,以便设计一道能够帮助建立"顺序控制"概念的训练题,使"计算机工业控制"专业的学生掌握顺序控制的技术。又一次经过十字路口时,学生的思路马上定格在红绿灯对于顺序和时间的控制,再没有什么情景比十字路口的红绿灯变化更适合的。为了设计出高质量的任务,学生不止一次在十字路口观察、思考,确定设计思路。

任务描述：请学生们先到十字路口认真观察红绿灯变化的规律，并绘制简单的红绿灯变化顺序图，这是提前布置的任务建立一个空白的演示文稿，然后设计这样一个情景。

动脑筋就能够制作一个作品，但久而久之思维就僵化了。许多音乐家并不喜欢电子琴，因为模仿永远不能表现内在的东西，音乐的真正艺术和魅力用电子技术是无法实现的，只有当人与自然充分地结合时才能创造出感人的艺术作品，音乐是这样，计算机教育同样如此，教师希望自己的学生越来越聪明，在文化基础课教学中，除了积累知识，怎样进行自主能力培养呢？怎样实现智力开发呢？在这个任务中有两点可供借鉴：一个是培养学生有条不紊的工作作风，体现在设计多个红绿灯遵循一定规律亮灭的过程中，如果学生能够独立思考完成这样的任务，他的思维方法肯定会因为受到计算机的影响而变得更辩证和科学；另一个是，学生在实现整个任务中所提高的操作技术是平时不能比拟的，因为越是逼近实际的任务涉及的知识和技术越是丰富和适用。

（二）任务应该包含重要的知识点和技能点

问题由来：听过这样一节用任务来驱动的关于 Word 制表位的课。因为涉及即将召开的学校运动会，学生最大的兴趣来源于任务的实际性，至于教学要点问题根本不关心，任务很快就完成了。然而，在等级考试中，全班只有三人及格。惨痛的教训不能不发人深省，任务驱动模式有问题吗？老师讲解不清楚吗？学生粗心大意吗？显然都不是，问题就出在任务只包含制表位位置和制表位类型两方面的知识，而且只用到了"竖线"和右对齐两种制表位。

还有左对齐、居中对齐和小数对齐三种对齐方式根本就没有涉及。教师只是片面地照顾了任务的事件性，任务设计中忽略了包含教学目标中的重要知识点和技能点这样一个原则。针对这样的问题，也同样设计了一个学习制表位的任务。在这个任务中，几乎包含了所有的知识点和技能点，在任务各种要素的驱动下，主要教学目标潜移默化地实现了。

任务描述：新建一个文档，通过设置多个制表位的各种不同格式制作一个用户调查表，目的是了解学生对《计算机应用基础》作用的评价、学生希望使用什么样的教材、学生对教材价格的承受能力，以及学生使用计算机做什么。各个数据究竟应用了制表位的哪些要素，可以通过观察标尺上的制表位符号来判断。

制表位是非常有实际意义的功能，使用起来非常有潜力。但是，由于标尺是制表位操作的主要对象，因而稍不经意就会产生许多麻烦。所以，在动手操作以后，还要进行必要的小结，概括操作难点和技巧，以便巩固知识、澄清疑难。首先应该总结一下制表位的继承性,然后总结制表位的三要素(制表位位置、制表位对齐方式和制表位的前导符中制表位位置和对齐方式)可以在对话框中设定,也可以在标尺上设定。拖动标尺上的制表位符号,还能够改变制表位位置,或删除制表位。但是,前导符只能在对话框中设定,双击标尺上的制表位符号,可以快速打开"制表位"对话框。制表位有五种常用的对齐方式,包括左对齐、右对齐、居中、小数点对齐和竖线对齐,比较陌生的是后两种对齐方式。在设置"竖线对齐"格式的同时,系统就自动在符位置插入了一条与行高相等的竖线,经常用作表的分界线,不能在"竖线对齐"制表位的位置上插入任何字符;采用小数点对齐方式的数字无论有多少位整数和小数,对齐的基准依旧是小数点符号。但是,如果在小数点对齐制表位处输入了不带小数点的数字,数字将自动被改变成"右对齐"方式。制表位的前导符有三种,分别是"实线型""虚线型"和"点画线",只有在"制表位"对话框中才能设置或改变制表位的前导符。如果一个制表位被设置了一种前导符,当光标移动到该制表位的同时,前导符的形象将自动显现出来。

最后,有必要介绍操作制表位的一些技巧,比如:通过单击"制表位对齐"按钮改变对齐方式;单击标尺建立制表位;横向拖曳制表位能够改变其在标尺上的位置;纵向拖曳制表位可以删除制表位;利用格式刷能够复制某段落中的全部制表位;只有设置制表位的前导符必须在"制表位"对话框中进行,双击标尺上的制表位可以快速打开"制表位"对话框等。

理性思考:通过了解上述设计制表位教学任务的过程及思想,感觉到这样的任务确实包含了许多制表位的知识和操作技能,对于全面完成教学目标具有重要作用。可见,任务是个大口袋,里面潜藏的知识点和技能点会在任务分析过程中暴露出来,并应该采取恰当的教学方法对难点和重点进行突破。任何热热闹闹但脱离了教学目标的任务都是不可取的,到头来只会得到一个华而不实的虚名。

借此机会,还想对图形化语言多说两句。在 Word 和 Excel 中,标尺是一个作用重要、变化多端、操作灵巧的窗口工具,为文字处理和表格精确制作提供了度量的尺子。在标尺的左侧有一个小符号"L",这个符号代表此时产生的制表位将要保持左对齐的格式。如果连续单击这个小符号,就会陆续显示居中对齐、右对齐、小数点对齐和竖线对齐方式,为编辑制表位提供了极大的便利。然而,怎样辨别各种制表位的类型呢?是小符号做出了各种变形,以形态的变化代替了文字的描述,从而加深感性认识,为操作提供便利。

(三)设计任务必须注重能力培养

怎样突出绘画作品的"细腻性"呢?可以通过以下细节的设计来体现。

一是画面中的主角是一头满头白发的雄狮。狮子的原形是黑色颈毛,怎样将剪贴画的一部分染上黑色呢?首先需要先拆分剪贴画,再选取颈部的多个小图形,最后改变选定图形的颜色,还要将打散后的狮子组合为一体,以便进行后续的处理。

二是怎样将水平行走的狮子向下倾斜一定的角度呢?使用"自由旋转"工具可以做到这一点,有些操作技巧是在旋转中会得到充分训练的。

三是对于山水的描绘也要体现"沧桑",高低不平的山峦体现地壳的变迁,这样的思想需要采用"自由曲线"来画山脉,可以学习到许多绘画技巧。

四是斑痕累累的峭壁体现多年的风化,这是通过给"山脉"这个图形填充"纸袋"类型的"纹理"来实现的,从而了解了改变图形填充色的操作方法和要点。

五是还有几处用到了图形的填充色,一处是大海,它的处理比较单一。麻烦的是为五角星增加填充色,为了体现放射光芒,应该选择"双色过渡"和"中心辐射"的"底纹样式",另外,灯塔的门用到了木纹B型的填充色。

问题由来:经常到超市里去,逐渐开始关注设立在超市出口处的由简单货架组成的快速购物设施。这里摆放的物品都是比较常用的小物件,如口香糖、听装饮料、创可贴等。又发现,这里的商品在不断更新,变化所遵循的规律是什么呢?在接下来的观察中发现,货架分为多层,商品摆放的层数不是一成不变的,而是在不断地更换。更换的理由是什么呢?肯定是遵循"销量大者优先"的原理,那么,一定要经常对货架商品的销量进行统计,而且根据统计的数值决定其摆放的位置。经过多次观察,最终肯定了自己的猜测。对超市这样感兴趣的原因是想为讲解"高速缓冲存储器"的工作原理找到一个通俗易懂的解决方案,即把"高速购物"原理嫁接到高速存储器上,深入浅出地解决教学难点。

设计思路:商品管理方法是金融商贸专业学生需要学习的重要内容,计算机本身就是一个有条不紊、科学高效运转的机器,它自然要对自身成千上万个部件和成千上万条指令进行精心的管理,这种管理方法及技巧无疑成为我们学习"科学管理"的教学资源,高速缓冲存储器的工作过程就是一个典型的实例,如何提取这种科学的思想为教学服务呢?翻阅了大量的相关资料,最后将关注点定位在高速缓存的工作原理上,这不就是一个优秀的商品管理方案吗?通过逐个将存储管理的重要环节与超市商品的流通环节进行对照,逐渐形成了任务的雏形。接下来的首要工作是应该将高速缓存的工作原理转化成一幅工作原理框图,然后就可以要求学生参考这个原理图来设计自己的商品管理方案了。还有一个重要的问题需要认真思考,那就是怎样使这个任务更具操作性呢?因为类似"方案设计"这样的任务比较适合用图来表示,而模仿是最有效的途径。因此,要求学生参考原理图来设计管理示意图是比较合适的途径。

三、流程设计改革

为了比较具体地说明怎样设计课堂教学的流程,下面的讨论都以任务驱动模式为例。在本章中将讨论三个问题:第一,任务驱动的标准流程;第二,分段进行驱动;第三,在任务驱动中还有任务驱动。

(一)任务驱动的常见流程

示范操作不是一个简单的问题,是为全盘示范还是局部示范?示范当中需要给学生留有一点自主学习的机会吗?是让会做的学生为不会做的学生示范,还是老师统一做示范?

这些问题都需要教师在课堂上根据实际情况灵活处理,千篇一律、完成任务式的示范操作只能降低课堂教学的效率。

编筐编篓,贵在收口。检测评价环节是任务驱动的最后一个环节了,如果掉以轻心,不认真检测学生对知识掌握的程度,即使对上述各个环节都很满意,最终的教学效果可能是不尽如人意的。本着效果为主、形式为辅的原则,必须从多个侧面,采用多种手段来检测教学效果,比如老师口头提问或让学生完成一些练习题,必要时应该把备用的"任务"交给学生,学生独立完成与主任务相似的任务,这样可以更真实地对学生进行检测。

总之,在上述每个驱动环节中都有许多问题值得推敲,在每个"跳转点"处都有许多"何去何从"的问题,希望大家能够共同探讨任务驱动的理性问题,使这种教学模式更加成熟、更加完善。

(二)任务驱动的分段处理

问题由来:学习 Excel 图表对下数据分析能够提供有力的图解方式,而且操作简单、类型齐全,包括柱形图、饼图、曲线图等 14 种图表类型。虽然图表的教学内容很多,但一般教材都把有关图表建立和应用的内容一股脑地安排在一节课中完成。然而,由于学生缺乏统计和财务等方面的知识,他们对"累积效应""超前和滞后""走势"等概念了解不多,在有限的时间内完成这么多的任务,大部分学生都做不到,即使有个别完成了,当老师提问到什么时候用什么图表时也可能张冠李戴。在这种情况下,如果采用分段驱动法会缓解课堂矛盾,减轻学生压力,改善教学效果。

设计思路:当操作难度比较大、完成任务的时间比较长时,可以先把任务分成几个片段,然后依据各个小任务把"示范引导"和"学生实践"也划分成相同的几个片段,必要时也可以把"铺垫基础"分成几段,分配到"示范引导"和"学生实践"当中去,使讲解知识、教师示范和学生操作分段、交替进行，在这个教学环节中构成一个小的循环，这样有利于突破难点，提高课堂效率。如果急于让学生多动手操作，先使自己的示范操作一气呵成，然后逼迫学生争先恐后，结果欲速则不达，学生记住了后面，忘记了前面。

实现过程：教过 Excel 图表的老师都有共同的体会，这部分内容虽然难度不大，但类别繁多，学生即使完成了任务，真正地运用图表来分析数据时往往感觉力不从心。这说明本来应该加大概念学习的力度，但在任务驱动的掩盖下忽略了。这也说明我们设计的任务可能与实际情况还存在一定的差距，可能还是想出来、编出来的假任务，以至于教学与实践严重脱离。通过总结这些问题，我们应该重视对 Excel 图表基本概念的铺垫：一是使任务实际化；二是强调每种图表作用的特殊性，这些就是学习 Excel 图表的关键问题。

理性思考：看到分段进行的任务驱动使联想到工人用撬杠驱动重物的情景。两根撬杠交替插进重物下面，每次使它移动一小段距离。由于物体庞大而沉重，如果想一次动的距离很大，就容易把重物撬翻了，结果是欲速则不达。我们处理任何事物，尤其是教育学生，永远不要忘记"欲速则不达"这个警句。

（三）任务驱动的嵌套形式

问题由来：进入 PowerPoint 学习的末期阶段，如果采用任务教学模式，必然要把在每单元教学中制作的幻灯片通过多种手段链接在一起，组成一个完整的有分支和返回功能的演示文稿，使得讲演者能够利用超级链接灵活控制被放映的幻灯片。许多老师都把链接对象、链接效果、链接方法作为教学的重点，结果，意想不到的问题却发生在演示文稿的结构设计上。学生操作自己的演示文稿时，有的"迷路"了，无法返回到上一级幻灯片；有的跳进了"陷阱"，翻来覆去地放映一张幻灯片；有的无法链接到指定的幻灯片上，种种问题都离不开学生对文稿整体结构了解的欠缺，具体来说是在学习 DOS 的树状目录结构时欠了一笔账，在"知识铺垫"环节中适当补充有关树状目录结构的基础知识是解决这个问题的正确途径。

设计思路：如果能够提前设计好演示文稿的整体结构框图，再清楚地标注每个幻灯片链接下一级幻灯片和返回上一级幻灯片的路径，在具体实现超级链接时就会综观全局、脉络清晰。这不但是一种概念性知识的铺垫，也是思维方式的训练，在"知识铺垫"环节必须"出重拳"突破这个难点。最贴切、最形象、最简单的突破难点的方法是，借喻 DOS 的树状目录结构的概念来辅助幻灯片链接整体布局的设计，这种辅助作用的实现最好也是采用任务驱动教学模式。换句话说，本节课不但在整体上采用了任务驱动教学模式，而且在其中的"基础铺垫"环节中又采用了任务驱动模式来学习树状目录结构方面的知识,实现了任务驱动过程的嵌套进行。

实现过程:本节课的教学过程一共有六个环节,"任务描述"力求清楚,并突出整体结构设计的重要性。"任务分析"一定要提出教学的难点,即如何控制树状结构分布的幻灯片有序地放映。在进入"基础铺垫"环节之前,可以课前调查,或课堂抽查,了解学生掌握相关基础知识的现状,如果普遍存在对树状目录理解欠缺的问题,则必须增加一个"基础铺垫"内层任务驱动的环节。在此环节中,同样可以具有六个完整的教学环节,但是考虑到DOS目录的知识没有大的难度,所以可以简化内层驱动中的"基础铺垫"和"检测评价"两个环节,当学生基本掌握了主要知识后,就可以提前回到主任务驱动过程中,继续完成幻灯片链接主任务中的"示范引导""学生实践"和"检测评价"三个教学环节。如果在主驱动教学效果的检测中,发现学生存在一定的操作技术性问题,只需要重复进行"示范引导"和"学生实践"两个环节就可以了。一般情况下,学生都会掌握制作超级链接的概念和技术的,千万不要返回到"基础铺垫"的内层驱动中去,那样是不必要的,时间也不允许。

嵌套式任务驱动教学的关键问题是如何解决内层任务驱动与外层任务驱动在时间花费上的矛盾。形象地说,假如一个运动员在预赛入围之后就马上进入决赛,教练一定会嘱咐运动员科学分配自己的体力,既要保证预赛取得好成绩,又不能过多消耗体力,以便在决赛中有充沛的体力。因为本节课教学的主要任务是制作幻灯片的超级链接,所以一定保证有足够的教学时间。但是,在解决教学难点的基础知识铺垫过程中,要实现内层的任务驱动也需要一定的时间。所以,一定要清楚学生了解DOS命令的情况,恰到好处地补足这方面的缺陷,不要纠缠不清,只要理解了DOS目录结构的基本特点和注意事项,就可以跳出内层循环圈,进入主流程中,有些还没有彻底解决的概念问题,在实践活动环节中,把握时机再进行统一讲解或个别辅导。这样,基本能够把大量的时间留给主任务的完成,不会在"基础铺垫"这个子任务圈中转来转去,耽误时间。

理性思考:铺垫基础知识和强调牢固掌握基础知识都是教师应该关注的问题。然而最艰难的是界定哪些知识是基础。在计算机教学领域中,似乎打字问题也成为基础知识,表格计算、幻灯片动画也成了基础知识,甚至连"如何上网查找一个新闻报道"也成为基础知识。难怪财务专业的学生要求"统编教材"应该增加Excel数据分析的内容,花卉专业的学生建议减少数据库的内容,文秘专业的学生又反映"排版的实例太简单",真可谓众口难调。但是,从"众口难调"中我们似乎发现了计算机教学"难调"问题产生的原因,是否因为对什么是"计算机应用基础"这个问题没有搞清?不管是给一个人做饭,还是给一千个人做饭,菜、饭的种类不是基础问题,而油、盐、酱、醋永远是烹饪的基础材料。可见,如果我们能够把类似"DOS 的树状目录结构""二进制""字符分类""软件窗口组成"和"图形化语言"等内容作为计算机应用的基础知识,试问,在不同专业之间出现的"众口难调"现象不就会得到相当程度的缓解了吗?

第三节　计算机教学的外部关系设计

一、教法设计改革

虽然教无定法,但无法难教。教学方法是达到教学目标灵活变化的重要因素。是提高课堂教学效率的有效措施。衡量教法是否正确的主要标准是学生满意。及学生是否受益。能否针对不同的学生和不同的教学目标灵活设计和运用教学方法,是衡量教师教学思想和教学水平的有效标准。

(一)借助教法引导学生突破难点

字符虽然是计算机中最常见的东西,但一直被轻视和冷漠,基本没有人把教学重点放在研究字符的作用上。面对这种情况,应该采取设障法,利用陷阱使学生把目光转移到字符上来。接下来采用典型引路的方法,以分节符为切入点进行难点突破,在实际操作中加深对分节符基本概念的理解。

实现过程:下面通过介绍具体的教学过程和体会来体现一种崭新的教法设计思想。为了将注意力转移到特殊字符上来,先让学生通过插入三个分节符将文档内容划分成两部分,然后将上部分分为三栏,将下部分分为两栏,分栏成功后再要求取消分栏,使整个页面恢复原来的样子。接下来的操作使疑点暴露出来了,当进行缩小页边距操作时,竟然出现上面宽、下面窄的奇怪现象。在此关键时刻,教师可以按下"常用"工具栏上的"显示/隐藏编辑标记"按钮,刹那间,分节符的真面目显露出来,原来是一条横贯页面的虚线。就是它们仍然将页面划分为两个"节",改变页面宽度时当然只是对"本节"起作用了,另外的那个节好似世外桃源。

接下来的问题是:既然已经取消了分栏,为什么分节符还存在呢?疑点引发了学生的兴趣,同时对后续教学的顺利进展起到了积极的牵引作用。怎样解释这个问题呢?不必正面回答,只要举了一个生活中的例子就能够解释原因、说明道理、找到出路。假如在操场上画了三条线,将地面划分为两部分,然后让一部分学生排成三排,让另一部分学生排成四排。试问,当两部分都恢复到原来的一排时,分隔线也自动消失了吗?不必解答,答案自然清楚。但新问题又出现了,怎样彻底取消分节符呢?老师教给了一种可靠的方法，那就是在看见分节符时，把它当作普通字符从文档中删除。学生们通过实践证实了老师的办法是正确的，可是，当他们采用逆向思维，企图通过删除分节符来取消分栏时，竟然发生了"格式侵犯"现象，三栏变成了两栏。

到此为止，不要再赘述种种奇怪现象了，归根结底都是分节符的特殊性质产生的反常现象。关键是如何从中总结出一些道理，其中一个道理就是"解铃还须系铃人"。比如，插入的分节符必须采取"删除"手段来取消。取消两栏必须通过重新将其划分为一栏来解决，删除分节符既徒劳又添乱。还有一个体会是"磨刀不误砍柴工"，在分栏操作之前，把分节符的样子、作用和特点等概念都交代清楚，要善于运用基础知识来解决实际问题，尤其在遇到困难时应该检查一下，看操作是否违背了基本概念和基本原则。最深刻的体会是，基础永远能够起到支撑和提高的作用，只有掌握计算机的应用基础才能跟上计算机飞速发展的速度，逐步具备独立工作的水平。

最后，再将其他特殊符号的样子、作用、特点、操作要点等内容以表格方式展示出来，并经过上机实验，验证教材中一些概念的正确性，并加深对字符基本概念的理解。这部分可以作为教学评价的内容，以读图、填空、连线等形式设计出新颖的检测题，既扩展了对其他特殊字符的普遍了解，又巩固了分节符的特殊概念。

（二）采用研讨法教学的设计过程

Excel 中的单元格地址引用是《计算机应用基础》中比较难理解的内容，同时也是在实际应用中使用概率非常高的一个知识点。学生们虽然已经学习了使用公式计算，但过渡到这节课时总不免显得似懂非懂。首先表现出来的是对单元格地址引用的概念理解起来不习惯，尤其是对"地址"和"引用"两个概念的理解，需要认真对待。接下来的问题更麻烦，如"相对引用""绝对引用""混合引用"等，理解起来确实有些抽象。

为了培养学生的逻辑思维能力和分析问题、解决问题的能力，培养学生运用所学知识解决实际问题的能力，培养学生对新事物的认识和理解，培养学生认真分析问题的态度，必须对如何突破本节课的教学难点，掌握重点问题给予足够的重视。为此，采用研讨法学习单元格地址引用是恰如其分的。

设计思路：目前，大部分多媒体教学软件都是采用控制学生屏幕的方法进行演示的，这常常会导致学生学习的过程突然被打断，破坏了思维的连续性。本节课，教师放弃了多媒体教学演示，而利用引导发现法和探究研讨法进行教学。在学生感知新知识时，以演示法、实验法为主；理解新知识时，以讲解法为主；形成技能时，以练习法为主。

建构主义学习理论主张要以学生为中心来组织教学，要求学生由被动地听讲变为主动地思考。本着这样的主导思想，由五个主要教学环节组成：观察、实践、归纳、验证、应用。目的是让学生自主参与知识的产生、发展与形成的过程。通过不断提问，激发学生积极思考问题，让学生主动提出疑问，主动回答老师的问题，调动学生的积极性。可以总结为六句话：牵住学生不放手，师生互动齐步走（学习相对引用）；发现厌烦换一招，设置陷阱有成效（学习绝对引用）；循序渐进有繁简，综合问题最后练（学习混合引用）。

实现过程：在课前的准备时间里，提前在计算机中绘制两个相同的 Excel 表格，提供一些原始数据，形成供课堂上使用的"学生成绩表"，并投影到屏幕上。首先，教师以屏幕上的成绩单工作表为例，对学生进行引导，让学生思考怎样求得学生的语文、数学、外语三科总成绩，公式应该怎样写。解决该问题后，可以再提出一个新的问题：如果改变其中某一科的成绩，希望总成绩也能随之变化，应该怎样做呢？这样连续两个提问可以引发学生思考，并进入本节所学内容。然后，又提醒学生注意：在学习使用公式进行数据计算时，使用单元格地址作为参加运算的参数就如同在数学中使用变量 X、Y 一样。比如在"＝B3＋C3＋D3"中 B3、C3、D3 都是单元格地址。如果学生对这样的切入感到突然，此时可以简要地复习单元格地址的有关概念，这样做有助于学生巩固旧知、吸纳新知。

理性思考：我们经常这样形容启发学生自主学习的情景：抱着走不如领着走，领着走不如放开手。有陷阱别忘记多提醒，有岔路要注意多引路。这样一连串的词句足以体现教师在学生自主学习中应该扮演的角色。但是，说起来容易，做起来麻烦，有的学生放下来就趴在地，放开手就摔跟头，设陷阱就掉进去，有岔路就无主意。尽管如此，更需要教师从讲台上走下来，走到学生中间去；教师必须把注意力从"演好主角"转移到"当好导演"上，把课堂的主角让给学生，教师要尽善尽美地为学生自主学习、积极思维、全面发展服务。目前，在许多专业性比较突出的课堂上，教师们认为思维训练、智力开发、知识扩展显得不像文化课那样重要，这是错误的想法。在计算机课堂教学中永远有取之不尽、用之不竭的教育资源，为学生探究式学习提供有力的支持。希望电脑与人脑能够充分沟通、和谐相处，不断开拓无限宽广的计算机课堂教学的创新之路。

二、手段设计改革

教学手段指的是在教学过程中，为了辅助教学利用了除教材、黑板和粉笔等基本教具之外的资源和设备，配合教学任务的完成，这种做法也是一种手段。在多媒体课件成为教学主要手段的若干年之后，人们开始察觉到它给教学带来好处的同时，其负面效应也越来越浮出水面,被广大教师所关注。

但是,我们的态度不是人云亦云、因噎废食,而是希望在制作课件时要因需要而定,运用课件要讲究实效,而不是喧宾夺主、哗众取宠。

(一)传统的教学手段是教学实践的结晶,不能被忽视

往老师准备好的"圈"里面钻,不利于知识由外来变成自主。对于老师来讲,把大部分精力集中在制作课件上,对课件的感染力寄托了过多的期望,以至于课堂上固定的东西太多,从教师或学生头脑中临时激发出来的东西太少,这样不利于学生创新能力的培养,不利于教师教学观念的转变和教学方法的提高。

曾经有一位数学教师花费了很大的精力为数学课制作了一个课件——逐页播放公式的推导过程,在45分钟之内教师和学生的注意力基本上就没有离开过大屏幕。试问,数学是讲出来的?还是看出来的?主要是练出来的。通过教师在黑板上一步一步地推导公式,为学生创造了思维和归纳的机会,课件是做不到这一点的。真正有成效的教学活动是建立在师生互动基础之上的,真正的收获是学生自己总结出来的。但是,当抽象的问题难以用文字和语言描述清楚时,当危险的场景难以到现场体验时,当物质内部微小的变化不能用肉眼看到时,制作一个短小精悍的课件来弥补,这才是多媒体教学辅助课件应该发挥的作用。

(二)开发仿真教学软件的启示

例:计算机组装与维修的仿真软件(开发有实效的教学课件)。

问题由来:计算机组装与维修专业上实训课最挠头的就是实验环境、设备和原材料,既需要具备真实性,还需要一定的资金投入。比如,每次查找硬件故障时,都会有器件被不同程度地损坏,这个问题成为该专业上实训课的老大难问题,另外,每一次上维修实训课之前,教师都需要长时间地在机房中,人为设置各种上课需要的故障。这些问题长期困扰着上课的专业教师。接触到 Authorware 软件之后,发现这个软件的最大特点是交互性强,它强大的计算功能为仿真维修的真实环境,模拟人类的思维过程,制作出与实际情况相贴近的"计算机组装与维修"教学软件创造了先决条件。为此,开始做思想、技术和资源方面的准备,一旦时机成熟,马上进入软件的研究与制作过程。

设计思路:在着手设计软件的前一个多月,开始构思,确定了组装与维修的主要对象包括主板、CPU、内存和显示器等。整体方案成熟后,软件的设计工作也就进入了实质性的、艰难的阶段研制过程。下面,以 CPU 的安装和维修实验过程为例,说明设计的思路和解决困难的具体办法,使人产生犹豫的问题是采用图片来表示操作过程,还是采用视频来反映操作过程呢?为了提高软件对教学辅助的实效性,也确实想

走一条崭新的课件开发之路,毅然选择了后者,当然,困难就接踵而至了。

采用动态模拟的方案比较新颖而且又能提高真实性,可以先拍摄一些关键操作的录像,然后再从录像中截取有用的视频片段,为了充分发挥多媒体在仿真、模拟过程中的作用,软件应该加入适量的文字与声音提示。

三、环境设计改革

计算机教学与其他传统学科教学有明显的差别,那就是教学环境中教学效果的影响至关重要。比如,在学习因特网上网操作时,没有可以上网的环境可谓纸上谈兵;学习计算机组装时,如果没有准备好各种配件,可谓无米之炊,给计算机教师提出的问题不应是求全责备,而是应该自力更生,创造实验条件,优化教学环境。

(一)真实的环境能够学到实用的知识

计算机教学环境是与教学效果密切相关的问题。比如软件平台的选择、网络环境的利用、教学评价系统的建立、硬件运行的可靠性、模拟教学环境的创立等,都是教学环境设计的主要组成部分,应该认真对待。作为计算机教师,如果不能充分利用计算机及网络提供给教学的便利,那真是一种遗憾。

当学生在不上网的情况下进行发送邮件的操作时,虽然不能将信息发送到因特网上去,但邮件的内容每次都被保存在指定的内存区域中。由于内存的地址是已知的,所以,要想获得一台计算机中刚发出来的邮件内容是不困难的。困难就出在第二个问题上,当两台计算机互相收发邮件时,谁来充当"鸿雁捎书"的角色呢?由于机房具备了局域网环境,只要能够编写一个针对机房运行的"网络信息服务程序"就能够依托网络线路把数据传来传去。想到这里,难题似乎解决了,但更大的困难是如何让这只"鸿雁"在机房内所有的计算机之间飞来飞去,及时找到邮件信息,并准确地传送到需要的地方。看来,研究一个能够传送邮件信息的软件势在必行。

实现过程:这个用汇编语言编写的程序具有四大功能,由若干个子程序和一个调度主程序组成,分别完成截取、检查、接收、发送等网络信息操作任务,研究分为四个阶段。首先,必须找到那个存放邮件信息的固定内存地址,采取的方法是"投石问井"先进入"写邮件"的窗口,简单地写一句话,比如"你在哪里啊?",然后将这个邮件随便发送到一个其他邮箱中。接下来的工作是"找石头",就是在无边无际的内存中找到刚才发送出去的"你在哪里啊?"。石头找到了,井也就找到了,这个"井"就是存放邮件的固定的内存地址,如果想查找磁盘文件中的某个关键字可以执行 Windows"开始"菜单的"搜索"命令,但现在是打算在内存中搜索,这个命令望尘莫及,唯一有效的方案是执行计算机内部命令"Debug"进入编辑汇编语言的环境中。如果手工从头至尾地查找"你在哪里啊?"这个字符串的十六进制代码,那真就是"大海捞针"了。幸运的是,"Debug"这个小巧玲珑的工具软件提前为用户准备了查找命令让人(首地址末地址"被查找的字符串"),弹指一挥间就找到了"你在哪里啊?"。记录下这个内存地址以后,再反复实验几次,没有发现地址有丝毫的改变,第一项实验得到了满意的结果。

经过第一阶段的研究可以得出这样一个结论:邮件的全部信息以一个"邮件字符串"的方式固定存储在一个内存区域中,只要能够不断地检测这个区域中的内容是否更新了,就会发现是否有邮件来到计算机中了。下一步的工作更艰难了,分析新邮件的信息由几部分组成,这个长字符串应该被划分为几段,每段的含义是什么,这些都是必须认真研究的问题。可喜的是,邮件的内容一字不差地夹杂在这个"邮件字符串"的中间,前头有一些莫名其妙的编码,后面也是一些读不懂的信息。看来,只要能够读懂前后两部分代码的含义,问题的难点就被突破了。经过反复实验发现,前面的代码正是本次发送或接收邮件的特征字,记录了邮件发送的时间、接收邮箱的地址、邮件的长度、邮件的类别(发出的还是接收的)等。这些信息为编制前面所说到的"网络信息服务软件"提供了必需的依据。结尾的代码比较简单,它起到一堵墙的作用,把这段珍贵的信息与后面杂乱的数据隔离开来。

服务对象的"体貌特征"清楚了,就可以为这个对象量身定做服务软件了。这个软件的程序部分由主程序和三个子程序组成,这里主要介绍主程序的工作过程,程序是在局域网上循环运行的,它不知疲倦地按照一定的日期巡回检测每一台学生机,为传递网络信息服务,服务的内容有三项。首先,巡回检测每台机器中那个"邮件字符串"的"发送时间"字段,判断是否有新邮件出现。如果发现读出的时间比上次保存的时间晚了,说明这个邮件是新的,则应该继续判断是发送出去的邮件还是接收到的邮件,如果是后者,还需要继续判断"接收邮箱的地址"与本机的地址是否吻合。如果一致,邮件就是发送给这台机器的,必须马上调用"声音报警"子程序,还可以调用"显示小信封"子程序,以图、音并举的方式提醒用户注意:有新邮件来了! 如果是发送出去的邮件就可以不予理睬,等到循环到邮件应该送到的那台机器时再做处理。可能有人要问,机房内的每台机器都有自己的邮箱地址吗? 这是一个比较关键的问题。为了给"网络信息服务软件"提供检测、判断的方便,重新给每台计算机赋予了一个独一无二的邮箱地址(在机房范围内),邮箱的用户名部分用二进制表示,一直到最后一台机器。检测子程序检测到这样的字符串后很容易分离出机器的代码信息,为传送信息提供了目标地址。

下一步工作是编写在机房内的所有计算机之间传输信息的"数据传输"子程序,

它的任务是把发送邮件机器中的"邮件字符串"全部信息读到教师机中来,并保存在指定的"课堂练习评测"区域中,以便教师对每个学生的训练效果进行检测,也为评价每个学生的课堂练习成绩提供可靠依据。接下来,"数据传输"子程序要完成自己的主要任务,就是把这个新的邮件信息准确无误地送给"收信人"。这段程序是用Pascal语言编写的,也需要从每台计算机开机后在服务器中产生的注册码中提取目标机器的地址代码,以此作为投信的目标,把邮件及时投放到目的地。

还有两个子程序,一个子程序的功能是"声音报警",另一个子程序的功能是"画小信封",它们是为了同一个目标而诞生的,那就是当主程序发现某台学生机中有新邮件到来时,需要通过声光显示来向用户报告,以便及时接收新邮件。这两个子程序的工作过程比较简单,在这里省略对这部分内容的介绍。

理性思考:该软件能够在机房内模拟电子邮件收发,实现了"电子邮件接收和发送"的仿真教学,以假乱真的学习环境让学生们惊喜不已,学习效果明显改善,为提前开展因特网操作教学创造了条件。后来该项目被评为北京市教育教学成果二等奖。然而,在是否应该编写这种教学案例的问题上,也听到了许多不同的意见。有的人说编写仿真软件不是每个教师都能够做到的,有人说教学环境问题应该由学校负责,教师只要备好课、讲好课就是尽到责任了。先抛开"近水楼台"问题不说,只谈计算机教师专业技术的提高问题,每位教师都应该关注计算机的优化、网络的畅通问题。计算机学科的课堂教学设计不只限于对教育学的研究,也不只是要与常规的教育资源打交道,它还有一个特殊的问题,就是在设计的过程中要不失时机地应用老技术、学习新技术,这个问题在"设计教师"章节中已经涉及,在本书即将结束的"设计环境"中又一次提出,可见,计算机教师提高专业技术水平与提高课堂教学效率的关系非同小可,希望读者看完这个章节后能够提高这方面的认识。计算机教师还应该有研究意识,针对自己教学中的需求,研制一些仿真软件,改进一下机房环境,积累一些管理经验,编写一些实训教材,从单一的讲课、训练中跳出来,广泛学习一些新技术,提高自己的专业技术水平,充分发挥计算机及网络在计算机教学中的积极作用,才能使教学水平产生跨越式发展。

(二)创造和谐的气氛能够加强合作学习

问题由来:因特网之所以备受青睐,很大程度取决于网页和超级链接的设计质量,为了贯彻以学生为主体的教学思想,尽量体现课程特色,顺利攻克教学难点,在学习因特网的超级链接时,必须设计出与其相匹配的整体教学方案,才能提高教学效率。由于因特网采用树状分支结构,就像一个层次分明的大家族,如果把一班学生也按照"树状"来分组,就可能实现分工合作的教学氛围,有利于加强学生之间的合作,提高教学效率。基于这样的想法,设计了一节"制作因特网超级链接"的课,后来作为市级公开课在同行之间进行交流,引领了教师们在计算机课堂上开展能力培养的新思路。

设计思路:本节课是在《计算机应用基础》教材"网络应用基础"内容的基础之上,丰富了一些具体内容形成的一节简单的网页制作课,目的并不是教给学生如何制作网页,而在于通过学习制作网页的超级链接,把网络的结构组成特点、信息流动规则以及需要注意的问题灌输到学生的脑海之中,使学生初次接触信息网络知识就对其发生浓厚的兴趣,并形成宏观的认识。还有一个重要的目的,那就是在课堂教学中培养学生与人合作的能力。在 90 分钟的教学过程中,学生们将学习如何利用 HTML 语言编写超级链接程序,通过超级链接,将多媒体信息链接成网,通过超级链接将学过的知识连接在一起。网页信息大都是超文本的多媒体信息,为此,让学生们在课前分组行动,收集本校历届技能比武优秀作品作为网页的链接对象,以赞美校园生活为主题,烘托中学生纯洁向上的心灵为背景,为在课堂上制作出具有个性化、有集体观念的网页提供资源条件。

实现过程:为了突出合作学习的气氛,把一班学生分为四组,制作的网页包括绘画与摄影、歌曲与音乐、书法与小报、体操与队列等多媒体信息。各自编写具有三级超级链接功能的网页程序,实现对指定网页信息的查询与链接。然后,每组确定一名代表,负责制作本组的主题,将组内其他同学制作的网页链接在一起。教师把四个组的主页链接在自己制作的"校园生活"主页上,以构成一个具有四级超级链接的小网站。实现这样的链接之后,展现在学生们面前的是全班通力合作的成果,既评说了学生作业的优劣,又验证了超级链接的超级功能。同时,集体的力量、校园的风情、艺术的魅力都在计算机实验课上得到展示。为突出"超级链接"这个主题,仍然把小结中提及的优秀作品和典型错误通过网页和超级链接来展示,使学生们又一次受到了启发,拓宽了思维方式。

导入新课是一节课的序曲,效果如何直接关系到后续的各个环节是否能够顺利进行。还是为了突出合作学习的氛围,把导入环节交给学生来操作。本课的引导过程分三段进行:第一步,提问 DOS 相对路径的概念和插入图片语句的格式。由于本节课将涉及大量已学过的计算机基础知识,这些知识能够起到良好的承上启下作用,所以,提问 DOS 的目录结构等问题仍然不能忽略。但改变了以往老师问、学生答的老套路,而是让小组之间先讨论,提出疑问,然后让其他组来回答。这样生生互动的探讨方式增加了小组的凝聚力,也增加了各组之间的交流和互通有无;第二步,通过动画演示,把老师画的有错误的网页链接图展示给学生,让他们给老师挑毛病,目的在于强调在网页之间安放超级链接的原则和必要性;第三步,利用 IE6.0 网络浏览器演示教师事先制作的校园生活因特网主页,使学生对因特网和超级链接先有一个感性认识,并让学生对这样的网页结构评头论足,归纳总结出它的优点和不足,为下面的学习打下基础。

本节课是在多媒体机房进行的,利用 PowerPoint 幻灯片播放软件来演示并解说教学课件,利用多媒体的特殊效果来刺激学生的感官系统,可以提高教学效果。鉴于合作学习的特点,在教学中遵循这样一些原则与方法:讲述难点问题时注重发动学生思考,安排教学内容时注重深入浅出,处理教与学关系时注重学生合作讨论,协调课堂进度时注重发挥小组组员的"尖子"作用。

理性思考:在新世纪到来之际,教育将面临经济与知识的双重挑战,学生们面临的是知识经济、信息时代,计算机网络将成为信息时代的核心技术。如果把因特网比作一本百科全书,那么,一个网页就是一页知识,超级链接充当了这本巨著的目录和索引。通过超级链接指出的航向,学生们可以在知识的海洋中邀游;通过超级链接搭成的金桥,学生们可以在经济的大潮中跨越。

在全面提高素质方面,应该注重培养学生与人合作的能力。网络是一个大家庭,只有每一个网页在尽善尽美地发挥自己的功能的同时,又与邻近网页保持恰当的链接,才能构造一个功能强大的网络系统。同样,我们要求每一个学生既要按要求制作自己的网页,又要为别人创造链接的条件,要注重培养与人合作的能力,这种能力是 21 世纪人才需求的主要标准之一。另一方面,让学生增强敢为人杰的魄力。每组的小组长应该具有一定的组织、协调能力和拼搏精神,因为他们的编程工作量显然要大于其他同学,对于敢承担此任的学生来说,这显然是对自信心的挑战。

综上所述,无论是文科还是理科,网络课都应该作为职业学校的重要课程设置,而"制作因特网的超级链接"一课必定是重中之重。在制作超级链接的过程中,学生们不但能学到网络知识,还增强了讨论研究的合作意识;不但完成了计算机教学内容,还是对其他学科知识的应用与巩固;不但品味到自己制作的网页的内容与风格,还欣赏到网上非常丰富的文学、艺术、音乐等作品,从而促进了学生综合素质的全面提高。

第六章 计算机教学环境

第一节 计算机教学的多媒体教学环境

一、多媒体教学系统的结构

完整的多媒体教学系统包括前端信号源系统(计算机、DVD、视频展示台)、终端图像显示系统(投影仪、屏幕、显示器、交互式电子白板)、音频处理系统(教学功放、音箱、麦克风)、传动控制系统或集中控制系统(中央控制器)四部分,形成了一套完整的教学系统。

(一)计算机

多媒体计算机是演示系统的核心。教学软件的应用和课件的制作都需要它来运行,在很大程度上提高了演示的效果。

(二)投影仪

多媒体投影仪由高亮度、高分辨率的投影仪和电动屏幕组成,是整个多媒体演示教室中最重要并且也是最昂贵的设备。它连接到播放系统、所有视频输出系统,并把视频和数字信号输出显示在大屏幕上。

(三)音频处理系统

音频处理系统,用于教学的主要由教学功放、音箱、无线麦克风和有线麦克风组成。

(四)中央控制系统

中央控制系统是整个多媒体教学系统的核心。包括控制主机、控制面板(按键面板、触摸屏面板)、控制软件(可编程软件、网络控制软件、手机控制软件)、控制模块(电源控制模块、遥控调光模块等)、视频和音频矩阵。中央控制系统可分为以下几类。

1.简单的中央控制系统:一般用于小学多媒体教室,主要用于控制设备稍微少一些的地方。

2.智能中央控制系统:一般用于中学多媒体教室,可控制多台设备。

3.网络中央控制系统:一般用于安装多台中央控制系统的学校,主要是便于管理和控制。

4.会议中央控制系统:一般用于多功能会议室,一般用无线触摸屏控制。

5.可编程中央控制系统:一般用于大型会议室,通常有多台控制设备,可提供编程窗口。

（五）视频显示架

它是一种先进的投影演示装置。它可以通过摄像机拍摄出平台上各种物体的照片,并把图像输出用于投影或存储在其他的设备当中。

二、多媒体教学系统功能

综合目前各类学校教学中使用的各种多媒体网络教学系统,可以总结出多媒体教学系统在技术层面的功能主要包括:多媒体集成、远程监控、多方向通信、同步和异步通信、资源支持和信息获取等。

通过精心设计的教学活动可以体现技术层面的功能,进一步实现多媒体网络教学系统在教学层面的功能。多媒体教学系统在教学层面的功能主要包括:促进多媒体教学以及现代教学理论的实现,使教学内容和教学设计更加丰富;教师灵活监控,并与学生灵活互动,高效完成教学任务,提高教学质量;有利于培养学生的素质,便于学生进行个体化学习;方便网络实践和测试的实现,及时了解学生的学习情况。

目前,多媒体教学系统应用于各类学校教学,虽然各自的功能不同,但其功能包括两部分:教师机功能和学生机功能,并且功能主要集中在教师机上,学生机则主要接收教师机发送的命令来用于完成命令的操作。

（一）教师机的功能

1.广播教学:教师机的所有屏幕操作和语音信息都可以通过网络实时传输到指定的学生机上。窗口广播也可以在窗口模式下将教师的屏幕传输到学生,学生可以边看边练,从而达到同步学习的目的。

2.屏幕录制:教师机在教学中录制屏幕操作和语音,使学生能够重复学习或为其他教师提供参考。

3.语音教学:教师机通过耳机话筒进行语音教学。学生机通过录音功能录制教师语音教学内容,方便课后复习讨论。

4.广播:教师机可以将指定学生机的操作界面转发给其他学生机进行集体校正

或学习。

5.演示：教师机允许学生机通过网络控制教师机的计算机，然后将操作过程传送给其他学生机进行演示练习。

6.电子教鞭：屏幕作为黑板，教师机器可以通过各种工具对问题随时注释。学生机能实时看到各种图表，更加方便教师教学。

7.远程信息：教师机可以查看学生机的信息，包括系统的基本信息、哪些程序正在运行、硬盘信息等。

8.在线讨论：在课堂上，可以享受类似于互联网的超级论坛，可以交换文字、声音和图片，并实时呈现所有内容。

9.文件传送：教师机可以将作业或文件资料传送到学生机的指定目录。

10.网络影院：教师机在课堂上需要视频辅助教学或课间娱乐时，可以实时向所有的学生播放各种电影数据，实现多媒体视听教学。

11.小组教学：教师机可以对学生机进行分组，指定小组组长代替教师机，为小组成员讲授、学习和讨论等其他各种操作。

12.远程关机或开机：教师机可以对学生机进行远程打开、重启或关闭。

13.收取作业：教师机可以实现对学生机提交的工作的集中收集和管理。

14.多路广播：多路广播其实就像是一个多频道网络影院。学生机可以选择很多频道。教师机可以播放不同的内容，学生机也可以自由选择。

15.远程设置：教师机可以远程设置学生机，甚至取消一些功能，便于达到教学管理的目的。

16.远程命令：教师机可通过网络远程来发送命令，启动学生机上的应用程序。

17.监控：教师可以在自己的电脑屏幕前监控每台学生机的电脑操作，并可以远程控制学生机的操作。

18.黑屏：教师机禁止学生机完成计算机操作时，可以锁定学生机的鼠标和键盘，屏幕为黑色。

(二)学生机的功能

1.电子举手：当学生遇到问题时，可以使用电子举手功能，让老师立即知道自己的位置。教师机可以使用监控、语音或遥控功能帮助学生解决问题。

2.发送信息：学生机可以向老师发送信息。

3.作业提交：学生机可以将已经完成的作业提交给教师机。

第二节　计算机教学的网络教学环境

一、校园网络系统概述

校园网系统通常是指利用网络设备、通信媒体和相应的协议以及各种系统管理软件将校园计算机与各种终端设备有机地集成,并通过防火墙连接到外部 Internet,用于教学、研究、学校管理、信息资源共享和远程教育等的局域网。

校园网建设是一项综合性的系统工程,包括网络系统的总体规划、硬件选择和配置、系统管理软件的应用和人员培训等。因此,在校园网建设中,我们必须将实用性与开发、建设与管理、使用与培训的关系处理好,以便于健康稳定地开展校园网建设。

二、校园网的硬件组成

校园网络的硬件通常由服务器、连接设备、传输媒质和工作站组成。

(一)服务器

服务器是一种高性能计算机,主要为客户端计算机提供各种服务。由于服务器是专门为特定网络应用程序研发的,因此在处理能力、稳定性、可靠性、安全性、可伸缩性和可管理性方面,它比普通计算机更强大。服务器根据其在网络中具体执行任务的不同,可分为 Web 服务器、数据库服务器、视频服务器、FTP 服务器、邮件服务器、打印服务器、网关服务器、域名服务器等。

(二)网络互连设备

1. 路由器

路由器是连接多个网络或网段的网络设备。通常路由器有两个典型的功能:数据通道功能和控制功能。数据通道功能通常在硬件中完成,控制功能通常在软件中实现。

2. 集线器

集线器是连接多台计算机或其他设备的网络连接设备。集线器主要提供信号放大及中转功能。它将一个端口接收的信号分配给所有端口。此外,一些集线器还可以通过软件配置和管理端口。

3. 交换机

交换机的形状非常类似集线器,是一个多端口连接设备。二者的主要区别在于交换机的数据传输速率通常比集线器的数据传输速率快得多,校园网中心的核心交换机通常具有路由功能。

4. 网关

网关是网络连接设备的重要组成部分。它既具有路由功能,还可以相互翻译和转换两个网段中使用不同传输协议的数据,从而可以互连不同的网络。网关通常是一台配备了实现网关功能软件的专用计算机,这些软件具有网络协议转换和数据格式转换等功能。

5. 防火墙

"防火墙"是指将内部网与公众访问网(例如,因特网)分离的方法,其实际上是一种隔离技术。"防火墙"是在两个网络通信时强制执行的访问控制尺度,它允许你"同意"的人和数据进到你的网络中,同时将你"不同意"的人和数据排除在外,在最大程度上防止网络上的黑客访问你的网络。

(三)常用的网络传输媒体

1. 双绞线

双绞线是综合布线工程中最常用的一种传输介质。它由两根带有绝缘保护层的铜线组成,这两根绝缘铜线以一定的密度绞合在一起,在传输过程中,一根导线辐射出来的电波会被另一根导线发出的电波相互抵消,从而有效地降低了信号干扰的程度。

2. 光纤

光纤以光脉冲的形式传输信号,主要是由玻璃或有机玻璃组成的网络传输介质。它由纤维芯、包层以及保护套组成。光纤具有非常高的传输带宽,并且当前技术可以以超过 1000 Mbps 的速率传输信号。光纤的衰减极低,抗电磁干扰能力强,传输距离可达 20 多千米。但是光纤的价格很高,安装复杂并且精细,需要特殊的光纤连接器和转换器。

(四)工作站

在校园网络中,工作站由单个用户使用,并提供比个人计算机更强大的性能。有时,工作站是用作特殊应用程序的服务器,例如,打印机或备份磁带机的专用工作站。工作站通常通过网卡连接到网络,然后需要安装相关的程序和协议来访问网络资源。

三、校园网络系统组建结构

校园网系统一般由三个主要部分组成:网络中心、校园主干网和每个教学为单位的局域网。

(一)网络中心

网络中心也是校园网络中心机房,配备各种系统服务器(文件服务器、数据库服务器),中央交换机和配线柜。如果在使用期间数据流量不大,则只需配置一个服务器,根据将来的网络发展情况来判定是否扩充。因此,建立网络中心将是完成整个校园网络组织的关键。为了保证网络的稳定可靠运行,网络中心的设备应选择信誉可靠、质量高、性能稳定、扩展性强的专业产品。网络中心的性能将直接影响整个校园网的性能。

(二)网络主干

校园主干网主要提供校园内各个局域网之间的互联互通。通常使用诸如核心交换机或路由器之类的专业网络设备,并且用光纤作为传输介质,为每个单元子网之间提供高速和大容量的信息交换能力。目前,常用的主要主干技术是快速以太网技术(千兆以太网技术),光纤分布式数据接口技术和异步传输模式技术。

(三)局域网

局域网是一种计算机通信网络,在局部的地理区域(例如,教学楼中的某个层)中将各种计算机,外部设备和数据彼此连接。局域网也具有很多种网络组建技术。目前,大多数使用双绞线作为传输介质,接入交换机用作网络设备,以形成星型以太网网络。在某些情况下,也有许多学院和大学建立了无线局域网。

四、校园网的主要功能

(一)教学应用

校园网的主要功能实际上就是教学应用。它由网络教学平台提供支持,在线教学信息资源库提供信息,然后使用各种网络教学工具完成网络教学任务。

1. 网络教学支持平台

网络教学支持平台是学校网络教学活动的支撑系统。它包括网络备课,在线教学、在线课程学习、网络操作练习、在线考试、虚拟实验室、在线教学评估、作业提交和更正、课程问答、师生互动和教学管理。

2. 教学信息资源库

教学信息资源库是学校网络教学的重要组成部分之一。它包括多媒体材料库、主题库、教学设计库、课件库和测试题库。同时,资源库也将为教师和学生提供各方面的功能,包括:全文搜索、属性检索、资源添加删除和分类、压缩包下载等。

(二)研究应用

校园网允许用户共享各类计算机软硬件资源和学术信息资源,从而提高科研效率,并且校园网也可以降低研究成本。研究人员可以通过校园网络组建一个工作组,不同办公室的研究人员可以通过网络轻松地与其他成员交流设计思路和设计方案。此外,人们还可以使用校园网络的对外联网的功能来搜索来自全世界的信息,还可以使用电子公告栏与世界各地的专家讨论最新的想法,发表和交换学术观点,以及交换论文。

(三)信息发布

学校的官网主页就像一个学校的窗口,学校可以通过这个窗口向世界各地的人们展示他们学校的形象。通常学校主页包括:学校简介、部门专业、教师团队、人才培养、招生和就业、科研信息等内容。这个主页可以发布各种重大活动,会议通知、安排以及各种官方文件,节省时间和金钱,并提升宣传效果。

(四)数字图书馆

校园网的建设对数字图书馆的建设和应用产生了巨大的影响。数字图书馆以数字化格式存储大量多媒体信息,并且可以有效地操作这些信息资源。而且资源数字化、网络化和自主化等优势是传统图书馆比不上的。更重要的是,每个用户都可以通过校园网轻松检索和阅读图书馆的书籍和文档。读者可以访问图书馆的在线数据库,通过校园网络就可以在家中和办公室阅读报纸和期刊等。

(五)管理应用

学校管理信息系统(MIS)是基于校园网络建立起来的,在人事、教育、财务、日程安排和后勤管理等方面为学校提供先进的分布式管理系统。它将会改变原先管理模式的垂直、单通道、个人依赖性强、判决能力弱的劣势,将其转变为现代多向、多通道、分布广的复杂模式,进而提高管理效率,达到更好的效果。

通过校园网学校可以建立一个集中与分散相互结合的分层、分布式数据库管理系统,这样不仅可以实现学校各部门之间大量数据的共享,还可以为管理者及时提供数据并帮助做出快速决策。校园网提供的通信功能可以为教职员和管理者提供全面的多媒体电子邮件功能,向各部门和管理人员发送各种通告、通知等信息。

第三节 计算机教学的远程教育环境

一、远程教育系统功能

远程教育系统是一个整体的网络化学习解决方案。一般包括:远程授课系统、自主学习系统、答疑系统、作业与考试系统、教学教务管理系统教与学的五个子系统。五个子系统的功能如下。

(一)教师授课系统

通过教师的讲授向学生传授知识。

(二)学生自主学习系统

学生利用远程教育系统中的教育资源进行自主学习。它是远程教育系统区别于普通学校教育的一个重要方面。

(三)答疑系统

对学生在学习过程中遇到的问题进行解答,同时对学生的学习效果进行检查。答疑系统是构成远程教育系统的一个重要部分。现有的远程教育系统中答疑系统通常是利用 Internet 上的 BBS、E—mail 或网络教室来实现学生与学生、学生与教师之间的讨论。

(四)作业与考试系统

负责学生作业的布置、提交和批改以及学习效果的测试系统。

(五)教学教务管理系统

对学生的注册、缴费、课程、成绩、学籍等进行综合管理。教学教务管理系统是远程教育系统中不可缺少的一部分。

二、远程教育系统特点

(一)师生在学习期间准永久分开

远程教育系统允许任何人,在任何时间、任何地点,从任何章节开始,学习任何课程,这"五个任何"充分体现了远程教育系统的便捷性以及灵活性,非常符合现代教育和终身教育的基本要求。众所周知,教师和学生在时间和空间上的准分离是远程教育系统的基本特征。分离不是永久性的,并不完全排除面对面的沟通。教学活动可以实时完成,也可以非实时完成;可以同步完成,也可以不同步完成,完全打破传统教育的单一教学模式。

(二)学习形式灵活多样

在基于计算机技术和网络技术的现代教育条件下,远程教师扮演的角色将不仅是传播者、领导者、帮助者,也是参与者、辅导者和监察者。在远程教师和机构的指导下,学生可以根据自己的学习情况,自主定制学习计划和时间表,并使用各种远程媒体学习资源和学习支持服务进行学习,整个学习的过程主要在自己的工作和生活环境中进行。所以,可以说远程教育系统非常重视基于个性化学习并辅以教师辅导的学习方式,使学习风格更加灵活多样。

(三)共享丰富的教学资源

计算机网络是远程教育系统的主要传播载体,它连接着世界各地的信息资源,是一个信息、知识和智慧的网络。远程教育系统利用各种网络为学生提供各种丰富的信息,优化和共享各种教育资源,打破资源的地域和属性特征,整合人才、技术、课程、设备等优势资源;满足学生自主选择适合自己信息的需求,使更多的人能够获得更高水平的教育,实现一定程度的教育平等;提高教育资源的使用效率,并减少学习的成本。

(四)双向沟通和互动

如上述所说,远程教育系统以计算机网络为主要传播载体,这就保证了它既可以实现教学信息和教学内容的远程传输与共享,也可以让教师与学生、学生与学生之间进行全方位的双向沟通互动。同样的,这种沟通互动可以是实时的,也可以是非实时的。远程教育系统真正地实现了教师与学生、学生与学生之间的双向、实时沟通交流互动。

三、远程教育系统技术支持

(一)宽带网络技术

每种通信介质都具有自己固有的物理特性,即带宽。通常将主干网络传输速率高于 2.5G,并且具有高达 1M 的接入网络传输速率的网络定义为宽带网络。宽带接入是具有大数据流量的交互式远程学习系统的必备条件。

(二)Web 技术

在基于 B/S 模式的远程教育环境中,需要大量的网络技术,如 Web 设计、ActiveX 技术、J2EE 平台、ASP.NET 平台和其他相关的基于网络的安全控制。

(三)多点通信技术

多点通信技术是远程学习系统中传输教学信息的技术先决条件。多点通信可以通过点对点模式和广播模式实现,但二者都有自己的特点。在实际应用中,可以根据情况进行组合。在点对点模式下,如果要实现点对多点通信,则发送方必须为每个接收方发送数据包;它的优点是安全可靠,缺点是它占用更多的网络带宽并影响传输质量。在广播模式下,发送方只需要发送一个数据包,该数据包可以被网络中的所有节点接收,从而节省了网络带宽;缺点是可靠性降低且难以管理。目前,基于 P2P 的多点传输技术不仅具有节省带宽的优点,而且保证了传输的可靠性,在远程教育系统中得到了很好的应用。

(四)虚拟现实(VR)

虚拟现实技术是一种全新的人机交互界面,是对物理现实的模拟。它彻底改变了人机交互的方式,创造了一个完整且令人信服的虚拟环境,让人们沉浸其中,实现设计师的设计目标。

(五)数据压缩和编码技术

交互式实时远程学习模式需要通过网络传输大量音频和视频信息,这增强了远程学习系统的协作和交互能力。为了提高网络利用率,并使网络能够传输更多信息,实现更好的交互和通信,就必须压缩网络中传输的媒体信息以减少网络负载。

因此,人们不断地研究既可以压缩媒体信息,又可以保证信息传输质量的数据压缩和编码技术。国际标准化组织(ISO)和国际电信联盟(IU)等组织相继制定出一系列的编码标准,为实施交互式实时远程学习系统提供实用的编码技术和标准。对于静态图像压缩,ISO 制定了 JPEG 标准;对于动态图像压缩,ISO 则制定出 MPEG 标准。

(六)多媒体同步技术

多媒体是不同信息媒体的融合。多媒体依据时间特征可以分为与时间无关的媒体和与时间相关的媒体。与时间无关的媒体是指不随时间变化的媒体,例如文本、图形、静止图像等。与时间相关的媒体通常是高度结构化的、基于时间的信息单元集合,其表现为与时间相关的媒体流。由于与时间相关,因此在通过网络传输时涉及同步问题。远程教育管理系统应动态维护教学软件的多媒体同步。

第七章 计算机专业核心课程教学改革

从当前国内外各大学计算机专业的本科教学指导来看,数据结构仍然是一门核心的专业课程。多年的教学实践表明,传统的教学模式和方法往往不能激发学生对这门理论性强的课程的学习兴趣,容易产生倦怠和惰性,学习效果很低,无法满足教学目标的要求。对教学方法进行改革是迫在眉睫的。

第一节 高级语言程序设计课程教学改革实践

一、C 语言课程教学内容的调整

当前市场上的 C 语言编程教材普遍展现出几个明显的特点:对语法结构的讲解过于深入,所提供的实例大多聚焦于科学计算编程的问题,而这些实例之间常常缺少必要的意义或知识联系。我们注意到,如果仅仅是按照教材的内容进行逐步的讲解,学生在学习过程中可能只能被动地吸收孤立或断裂的知识点,这将很难构建一个完整的知识体系,也不能真正激发他们的学习热情。因此,我们整理了大量用 C 语言编写的编程示例,并在教学过程中按照三个不同的层次逐步展示给学生,目的是提高课堂教学的效果。这三个教育时期涵盖了:基础学习以及对语法框架的深入理解;通过增加实例来明确学习的目的;把项目作为中心,激发学生对学习的热忱。

(一)打好基础,掌握语法结构

掌握语法结构是编写程序的基础,没有正确的语法,程序不可能通过编译,也不可能检验任何编程思想。因此,掌握正确的程序设计语言的语法结构,是学生建立编程思想、解决实际问题的基础。

帮助学生打好语法基础,现有教材里关于语法知识的例题都能很好地说明问题。我们仅以程序设计的三种结构简单举例说明。

顺序结构:求三角形的面积问题等。分支结构:求分段函数问题等。

循环结构的 n 个数相加问题:求 n! 问题等。

循环结构和分支结构嵌套:找水仙花数、找素数问题等。

这些例子因为求解思路明确,特别方便用于解释程序结构,因此是现有教材中的经典例题。但这些例子过于严肃和单调,与当代计算机便利有趣的形象相去甚远,学生不禁会问:我们学这些程序设计的语法到底有什么用。

(二)拓展案例,解决实际问题

为了解答学生们提出的各种疑问,当他们掌握了与教材内容密切相关的各个知识点之后,我们从教学案例资源库中筛选出了一系列能够解决日常生活中实际问题的有趣案例,以便让学生能够进行更深入的思考和实践练习,同时也为他们提供了相关的解释和讲解。在激发学生对学习的热忱的过程中,教学活动也特意融入了最新的计算机科技发展趋势,以便培养学生对大数据问题的思考模式。

(三)项目案例,激发学习兴趣

C语言程序设计课程要求学生在完成所有课程内容后,进行相应的综合实训练习,即完成一个小项目系统。因此,我们设计了一个简明的项目管理工具——个人财务管理系统,它在整个程序设计的教学过程中都发挥了至关重要的角色。这个系统不仅可以激发学生的学习兴趣,还为他们在综合实训中打下了坚实的心理和知识基础。

经过对教学案例的细致梳理,C语言程序设计课程里的层次化教学策略变得更加实际和有用。这为教师提供了一个机会,他们可以根据真实的案例,按照"从程序中来、到程序中去"的教学哲学,逐步提高学生的编程能力。[①]

二、探索高效的课堂教学方法

课堂教学是向学生传授知识的重要环节,提高课堂教学的质量,对于帮助学生掌握学科知识、提高能力是非常重要的。广西师范学院的学科教研组在探索高级程序设计语言的教学方法时,不仅在课堂教学中积极引入了案例法、项目驱动法等新的教学方法,而且还认真学习了各种新的教学理论,并将这些理论融入程序设计的课堂教学中,例如将支架理论、有效教育理念、双语教学思想融入课堂教学,从而形成了自己的教学特色。

(一)利用支架理论

在建构主义的教学模式里,支架式的教学方法被视为其中一个相对完善的教学策略。布鲁纳,这位美国著名的心理学和教育学专家,坚信:在教育的旅程中,学生可

---

① 康华,陈少敏.计算机文化基础实训教程[M].北京:北京理工大学出版社,2018.

以依赖父母、教育者、同龄伙伴和其他人的援助,来完成他们原先难以独立完成的任务。这些建构在社会、教育机构和家庭环境之上,目的是辅助学生的心理发展,它们通常被称为"支架"。

维果斯基,一位苏联著名的心理学权威,提出了"最近发展区"的理念,这为教育工作者指明了如何作为学者参与学习的路径,并为"学习支架"给出了明确的定义。维果斯基将一个特定区域定义为"最近发展区",该区域位于学生已知和未知、是否具备胜任能力以及学生是否需要"支架"来完成他们的任务之间"。在开展教学活动的过程中,教师有责任创建一个"最近发展区",并为学生提供一个"学习支架",以便他们能够顺利地跨越这个"最近发展区",并达到更高层次的个人成长。另外,在教学活动中,我们有责任确保教学始终保持在一个"可持续发展的区域"内。教师有责任根据学生的具体需求和能力,不断地调整和参与"学习支架",利用这些"支架"来激发学生的探索精神,并协助他们解决实际遇到的问题。

在教授高级程序设计语言的过程中,学生在理解与内存"绑定"有关的概念时会遇到很多困难,例如变量名和变量名对应的值、变量的存储类型、变量的生命周期和可视域、函数的定义和调用、函数的参数传递等,这些都是非常抽象且难以理解的。追踪和调试程序,以及理解程序的运行逻辑,通常是这些观念的核心组成部分。因此,在 C 语言的程序设计学习中,概念的模糊性已经变成了学生获取知识的主要障碍。

学生对上述概念的困惑和不理解,主要是因为他们认为在 C 语言中,变量或函数在运行时必须与内存地址空间"绑定",没有基本的概念。现行的 C 语言教学策略更多地集中在掌握语言的语法规则和编程技巧上,而对于高级语言编程是如何实现的方面则相对较少。

如何具体实现高级编程语言是编译原理与编译方法课程研究中的一个核心领域。"编译原理"其实是"高级语言程序设计"这一课程的后续内容。在"编译原理"这门课程里,对于目标程序在运行过程中的存储结构,明确地解释了栈式存储在程序运行时的标准分类方式。

在真实的教育实践中,我们可能难以为学生深入阐述编译的基本原理。然而,当涉及 C 语言中与程序存储分配有关的各种概念,如变量的生命周期、可视性以及函数参数的传递方式时,教师可以利用这些知识作为"支架",引导学生观察和理解变量在程序运行期间的存储位置和活动过程,从而合理地设计教学过程,帮助学生顺利完成这些难以理解的概念的学习。

同样地，在高级编程语言中，函数参数的传递主要通过两种方式：一是值的传递，二是地址的传递。学生在尝试理解程序在不同参数传输模式下的执行效果时，面对着极大的挑战。在教授编译原理的课程里，教师有能力运用编译系统，按照函数调用的先后次序，为函数的活动记录分配合适的存储容量。这些函数活动的记录覆盖了函数参数的数量、函数的临时变量等多个方面，作为教学设计的知识"支架"，有助于学生更直观地理解这两种参数传递方式的差异。

在追求高质量教学的旅程中，学科教学团队成功地将支架理论整合进了C语言的教学哲学之中。他们采用了编译原理中与程序运行时存储分配相关的知识作为教学"支架"，以帮助学生更好地理解一些难以掌握的核心概念，如"变量的生命周期和可视性"和"函数参数传递方式"，从而有效地解决了教学过程中遇到的问题，并显著提高了课堂教学的整体质量。

（二）开展有效教育

"有效教育(Effective Education in Participatory Organizations EEPO)"这一理念是由云南师范大学的孟照彬教授创立的，并在近几年内在教育界获得了广泛的社会关注。这一理论和操作框架致力于根据中国基础教育和大多数学校的实际情况，探索提高教育质量和加强素质教育的创新途径和方法，并确保这些方法在学校的师生双方的教育活动中更加"高效"。

EEPO搭建了一个涵盖思想、理论和方法的三大核心体系，这一体系覆盖了教学、评估、备课、管理、考核、课程和教材等多个方面。该课程涵盖了如要素组合课、平台互动课、哲学方式课、三元课等十种主要的课程形式，它具备高度的实用性和操作性，因此很容易获得教师们的肯定。另外，EEPO与传统的知识驱动的教育模式存在明显的差异。这种教学方式是建立在思考之上的，它着重于展现学生的个性和培养他们的创新能力。顾明远教授曾指出，EEPO代表了教育方式上的一次巨大变革。

1. 学的方式的训练

所谓的学习方式，是指学生在学习和社交过程中经常使用的各种策略和手段的总称。在EEPO的学习方式操作系统中，有十二种独特的学习策略，而这些建议的学习方法主要可以归纳为三大种类：五项基础、五种速度和五种排序策略。五大核心分类涵盖了单元组、约定、表达、展示、板卡以及团队。为了突破传统的教学方式，关键在于对五项基本技巧进行深入且巧妙地培养。五项基础训练是保证后续教学活动能够顺利进行的关键环节，如果五项基础训练不达标，可能会导致课堂混乱和教师无法有效控制课堂氛围。

在寻找高效的课堂教学策略时，我们决定采用以学科为中心的团队培训方法。在每一堂课的开始十分钟，我们都会为学生提供特定的学习方法的培训，这些培训内容包括如何组织学习小组、如何制定和约定规则、如何在动态和静态之间进行切换、如何实施一般性的激励措施、如何有效地表达学习材料以及团队间的合作技巧等。经过多次的课程培训，学生们迅速地形成了自己学科的学习策略。

(1) 单元组训练

根据参与人数的差异，单元组可以进一步细分为小组、大组、超大组的随机分组、特殊行动组、编码系列组以及原理形态组等。考虑到班级的人数和教学内容，我们特别训练了 2~4 人和 4~6 人的小组，这些小组是随机分组进行组建练习的。

(2) 约定与规则

约定是指教师与学生、学生与学生之间事先约定的，通过口头或身体语言传递的特定信息。考虑到大学生已经进入成年阶段，我们决定采用最基础的"OK"手势来传递清楚、准备好和完成的信息；当你用手指向前方，这意味着你对某些信息感到困惑或没有做好充分的准备；小组活动结束后，可以采用快速三拍掌的方式来表示，然后迅速返回到原来的位置，安静地等待教师开始后续的教学任务。经过深入的专业培训，无论是教师与学生还是学生与学生之间，他们的合作关系已经达到了高度的默契。

(3) 合作学习训练

确实，合作需要某种程度的技术援助，许多学生在合作方面可能并不是特别出色。因此，教育工作者应当着重于培养学生在多个方面，如关心、照料、倾听、资源利用和亲和力等方面的能力，并在每次小组合作学习结束后，鼓励学生对团队成员在完成任务时的表现进行自我评估和评价。通过多次的团队协作培训，学生们已经掌握了团队合作所需的关键技能。

2. 教的方式的训练

在 EEPO 的课程操作系统里，存在十二种不同的教学方法，其中三种主要具有基本特性的教学方式包括：要素的组合、平台之间的互动以及三元教学模式。

三、C 程序设计课程考核方式改革探索

在过去，程序设计课程的评价大多依赖于书面考试，这使得程序设计课程从一个培训编程技能的科目转变为一个要求学生机械记忆课本内容的理论课程，这种方式与提高学生的计算机思维能力和利用程序设计解决实际问题的教学目标是不一致

的。为了修正学生仅依靠考试前的快速复习和背诵题目就能取得高分的不适当做法，我们对程序设计课程的考核方式进行了一系列的改革。这一创新的评价方式是建立在教学资源库中的在线评价平台上，其主要目的是对学生在实际编程技能方面进行深度评价。

更明确地说，课程考核的得分可以被划分为两大部分：日常成绩占据了50%，而期末考试的成绩也占据了50%。在进行日常成绩评价时，学生必须在评测系统里完成众多的程序设计任务。如果他们没有完成规定的题目数量，那么他们将失去本学期参加期末考试的资格，只能选择在下一个学期参加期末考试。如果学生能够完成规定数量的题目，那么应该根据学生完成题目的质量来为他们进行适当的评分。期末考试也是在评估系统里完成的。通过这套系统，教师能够深入了解学生的实际编程技巧，并据此制定各种难度的考试题目。接下来，他们将确定考试的具体时间，并安排学生在计算机房的考场上登录评估系统，以确保他们能在规定的时限内完成考试。

经历了考核制度的变革后，学生们普遍反映，他们在学习上的压力和热情都有所上升。大量的学生已经逐渐放弃了在宿舍内一次性玩游戏的习惯，转而开始抓紧时间进行有系统的题目练习，这也催生了一种在宿舍里与兴趣相投的同学共同讨论解题技巧、共同学习和共同进步的积极学习氛围。在实际应用过程中，学生们在编程技能和学术成就方面都取得了明显的提升。

第二节 软件工程课程教学改革实践

一、软件工程课程教学改革的背景

软件工程这一学科在与计算机有关的专业领域中具有极其关键的地位，其在整个学科教学流程中的作用是不容小觑的。此外，计算机学科的教育方式一直深受其深厚的理论与实践取向的制约，这也构成了该领域教育的一大难题。在软件开发这一领域中，精通软件工程的关键知识和方法是绝对必要的。对于将来想要进入软件开发行业的学生，深入了解软件工程学是至关重要的。

因此，加强软件工程这一课程的教学质量是非常必要的。现阶段，软件工程课程的教学正面对多种挑战，包括很多教材内容显得陈旧、知识结构不够完善，以及缺少实际操作的环节。部分教材提供的知识和技术与当前时代的发展和实际应用存在脱节,而其他一些教材则忽视了某些关键领域的核心内容,仅仅是对相关主题进行了简单的提及。

在当前的时代背景之下,软件工程技术的发展和创新步伐逐渐加速,这对于各个学科的教学方法也是非常合适的。因此,在软件工程教材的构建过程中,及时地更新教材内容并展示软件工程的最新发展已经成为一个关键性的问题。在软件工程教学中,一个显著的问题是对基础理论和知识的过度强调,导致实际操作和实训的课时相对较少,这进一步影响了学生创新能力的全面培养。

因此,许多学校决定采用基于项目的教学策略来进行教学。但是,与真实的软件开发场景相对照,我们发现课堂教学中的项目实践有着显著的不同之处。这种区别主要表现在:教师事先确定了用户的需求和软件的架构,而项目的开发流程则相对稳定。为了保证课堂教学的流畅进行,项目的实施必须维持在一个可管理的水平,并且不能出现与用户需求不一致或违法的状况。此外,软件工程这一课程的教学内容是专为大型软件项目的开发而设计的,其中很多知识是基于实际操作经验构建的。传统上,板书式的教学方式主要集中在理论知识的教授上,这导致学生们很少有机会实际参与项目的开发,也缺少与之相关的实际操作经验。

因此,如果不能准确掌握软件工程课程的核心内容,学生在学习过程中可能会产生虚无主义的感觉,这将使得软件工程课程的教学只停留在形式层面,从而极大地降低了学习的效果。因此,对软件工程课程改革进行深入探究具有不可忽视的现实意义。

在推进软件工程课程教学改革的过程中,我们应致力于实现以下几个核心目标:将市场的实际需求作为改革的方向,以培养具有应用能力的专业人才为核心目标,根据社会的实际需求来确定教育方向,并实施一个多层次的课程结构,全面加强素质教育,激发学生的学习热情和主动性,确保学生在理论和实践两个方面都能得到充分的培训;我们得到了一个宝贵的机会,可以学习并吸取国内外在软件人才培训领域的宝贵经验,进而对我们的教学模式、方法、内容以及课程设计进行深入的革新;针对软件企业的具体需求,并将工程化作为主要的人才培养方向,我们对软件工程课程的人才培养模式进行了全方位的改革,目的是培养出具有一定竞争力的复合型和应用型软件工程技术专才。

二、软件工程课程教学的改革实践

在软件工程的教学实践中,由实践教学构建的软件开发环境很难与实际的软件开发环境完全匹配,这一问题长久以来一直是软件工程教育领域面临的一大挑战。实际操作的教学方法与实际环境之间有很大的差异,这使得传统的教学方式难以满足软件开发的需求,尤其是在大规模软件开发方面。在传统的软件工程教学中,教师主要依靠教科书进行授课,并采用板书形式向学生传达与软件工程有关的理论知识和实践操作方法。采用这种方式来培养学生处理实际问题的技巧,并未实现预期中的优异成果。

另外,在传统的软件工程教育结构里,实际操作环节也被视为一个不可缺少的环节。然而,由于受到课程时长和执行条件等多重因素的限制,实践课程所提供的内容往往过于简化,这限制了其充分展示软件工程内在的复杂性和特性的能力。在进行软件工程课程的教学时,模拟教学法所构建的软件工程开发环境更能满足实际的教学需求。因此,通过实施模拟教学方法,我们可以有效地进行软件工程课程的教学改革。

我们使用模拟教学方法进行软件工程的教学,旨在为学生提供一个更接近实际软件开发场景的学习环境,使他们能够掌握相关的理论知识和技术,并在教学内容的基础上模拟软件开发环境。在软件工程的模拟教学过程中,模拟器是一个必不可少的工具,更具体地说,模拟器需要满足特定的教学需求。

第一,能够体现软件工程的基本原理与技术。

第二,能够反映通用的和专用的软件过程。

第三,使用者能够进行信息反馈,以便让使用者做出合理的决策。

第四,易操作,响应速度快。

第五,允许操作者之间进行交流。

根据国内外软件工程模拟教学的实际情况,目前的软件工程课程主要采用三种模拟器进行模拟教学,这三种模拟器分别是业界或专用的模拟器、游戏形式的模拟器、支持群参与的模拟器。

(一)业内或专用的模拟器教学法

在该行业中,所采用的模拟器综合了当前普遍存在或特定于软件开发的各种问题,包括但不限于软件开发过程中的成本预测、需求分析以及流程优化等多个方面。模拟器为操作人员提供了输入指令,接着操作人员输入相关的信息,最终输出相应的结果。在仿真过程中,操作员可以基于中间阶段的数据,对相关的技术参数和操作流程做出恰当的调整和修正。在使用行业或特定模拟器进行教学时,通常首先从基础任务入手,但随着教学流程的不断完善,模拟的深度逐渐加深,任务难度也在持续增加,从而实现了对软件开发周期的全面覆盖。

(二)游戏形式的模拟器教学法

随着模拟过程的不断深化,行业内或特定模拟器面临的任务难度也在逐渐增加。因此,在教学实施过程中,考虑到学生的实际能力等多个因素,存在一定程度的实施难度。另外,在行业或特定模拟器的教学过程中,尽管操作人员可以调整参数,但其交互效果并不理想,这无疑增加了学习者在实际应用中的挑战。采用游戏方式来模拟软件工程,对学生而言,这种方式更容易被接纳,并且他们对学习的热情也更高。模拟器在游戏模式下通常拥有如下特性。

第一,以技术引导操作者完成软件开发。

第二,能够演示一般的和专用的软件过程技术。

第三,能够对操作者做出的决策进行反馈。

第四,操作难度小,响应速度快。

第五,具备交互功能。

(三)支持群参与的模拟器教学法

在实际的软件开发过程中,团队成员之间的互动和合作往往是决定软件开发成功与否的核心要素。支持群体参与的模拟器的独特之处在于它能够模拟团队的工作环境,并通过这些模拟器来促进群体之间的讨论和互动。在支持群体参与的模拟器教学方法下,每个部分的参与者都可以通过模拟器实现相互之间的讨论和交流。

(四)基于项目驱动的教学法

基于项目驱动的教学方法是建构主义思想的产物,其核心思想是围绕项目开发来组织和执行教学活动。在这一过程中,学生被视为教学的中心,而教师则肩负着引导学生进行实践活动的重任。以任务为中心的教学策略始终确保了教学流程与最后的成果能够无缝融合。在使用项目驱动法进行教学时,教师有义务将学生整合到项目开发的实际环境中,通过解决项目开发过程中遇到的各种问题,帮助学生更好地探索和掌握软件开发的相关知识。

在处理项目中的问题时,我们应该把学生放在核心位置,通过他们之间的互动和合作来达成目标,同时,教师有责任为学生提供适当的指导和建议。项目驱动教学方法的主要目的是把学生放在软件开发任务的中心位置,通过完成这些任务来激发他们的学习兴趣,并在完成任务时帮助他们建立自己的知识体系,从而锻炼他们的综合技能。

这里所说的"项目"不仅仅是指教师在课堂上为学生布置的一个宏伟的主题,也可以是指与企业直接合作，充分利用企业正在研发的项目资源。在教室环境中，真实的软件开发场景常常难以为我们提供，但我们可以考虑离开教室，前往基地进行实地实习和培训活动。对软件开发者来说，一个标准的实际软件项目在多个维度上都伴随着某种程度的挑战。

首先，项目的开发者必须对项目背后的情境有深入的认识。由于用户需求是不断演变和不一致的，因此开发人员有义务与用户进行深入的对话和沟通；在开发团队里，成员们对所采用的技术尚未完全了解，因此可能会碰到一些尚未预先评估的技术难题。其次，我们还需深入思考除技术外的其他各种要素。例如，在团队环境中，成员如何进行高效地交流，以及他们是否赞同其他成员的工作模式和习惯，都是需要考虑的重要因素。

基于项目的教学策略，其目的可以从四个不同的角度进行解读。

首先，我们应当为学生创造一个与真实软件开发过程类似的学习氛围。将学生置于学习活动的核心位置，确保他们有能力自主地完成学习任务。在任务的驱使之下，学生为了应对任务中的挑战并完成它，会积极地搜寻相关信息，这有助于他们通过积极的学习方式来积累更多的知识。

其次，我们有责任培养学生在团队合作和技能方面的能力。一般来说，软件工程中的每一个项目都是由一个专业团队来执行的。在项目为中心的教学模式中，项目的成功实施是通过小组的方式完成的，而学生则被分为多个小组。项目的顺利完成被认为是团队的共同利好，而团队中的每位成员都会对项目的发展带来某种程度的影响。不同于单独完成的任务，团队成员在合作完成任务的过程中，往往会不可避免地产生不同的观点和产生争议。只有当双方通过沟通和合作达成共识，并把团队的共同利益放在首位，共同付出努力，任务才有可能成功完成。这种方法不仅为学生在技术和知识上提供了锻炼机会，同时也培养了他们的团队协作能力和精神。

然后，我们需要培养学生在问题分析和解决方面的技能。任务设计完成之后，学生应当开始对这些任务进行讨论，独立地完成任务的分析，并提出自己的疑问。通过深度的讨论和分析，学生的主观能动性和创新能力得到了充分的展现，这使得学生在积极参与的过程中，在问题分析和解决方面的能力得到了显著的提升。对于学生来说，这个领域的技能不仅仅是软件开发的基本需求，它在其他领域也被认为是非常重要的技能。

最终，我们的目标是提高学生在实际操作和创新上的技能。实际操作是创新成功的核心要素。在任务导向的软件工程教育背景下，尽管每个小组都面临相同的任务,但他们提出的解决方案却有着显著的不同。这种差异主要源于学生们在知识方面的不同背景,而对于不同的任务,他们也持有各自独到的观点和解读。学生在完成特定任务的过程中,会依据他们的个人认知来进行富有创造性的设计工作。任务的提出有助于激发学生的创新思维,而任务的执行可以将学生的创新思维转化为实践,从而提高学生的创新思维和能力。从宏观角度看,软件工程这门课程采纳任务驱动的教学方法的最大益处在于它能极大地激发学生的主观积极性,使他们在积极地学习和实践中,全方位地提高自己的素质和能力。

第三节 面向对象程序设计课程改革实践

一、面向对象程序设计课程改革的背景

面向对象的程序设计课程是一门在理论和实践两个方面都具有很高强度的课程,同时也是计算机科学与技术、软件工程专业的学生在高等教育机构中必不可少的核心基础课程。这门课程的知识掌握水平,对于学生能否顺利掌握接下来的课程内容(比如操作系统、计算机网络、软件工程、算法设计与分析等)具有极其重要的影响。此外,面向程序设计的语言不只是第四代的编程语言,它还是目前软件开发行业的核心工具。因此,这门课程所讨论的编程理念代表了一种创新的思维方式,其主要的教学目标是鼓励学生利用他们所掌握的专业知识来解决实际的问题,这也是他们在计算机领域工作所必需的核心专业知识。在计算机学科的整体教学框架中,这门课程起到了不可或缺的角色。

面向对象的程序设计课程由于其丰富的设计知识和复杂的语法结构,给学生在学习和掌握这门课程时带来了不小的挑战。因此,对于面向对象程序设计课程的现状,我们需要进行深入的探讨,找出其中的问题,并针对这些问题制定出有针对性的教学策略和改进措施。

二、面向对象程序设计课程改革的实践

(一)课堂教学内容的改革实践

首先,在教室环境中,我们可以采用比较的方法来传授相关知识。具体来说,我们可以将面向对象的程序设计与面向过程的程序设计进行对比,这有助于我们更深入地理解面向对象程序设计的核心思想、相关知识和逻辑联系。为了更加高效地促

进面向对象程序设计课程的学习进程,我们有必要清晰地认识到面向对象程序设计的独特优势,以及它与面向过程程序设计在某些方面的区别。

通过实际的编程经验,我们能够清楚地向学生展示,与面向过程的程序设计不同,面向对象的程序设计更注重方法和属性的整合,而对象的输出方式只能基于类方法的定义来展示对象内部的数据。此外,这个程序还向学生展示了在面向对象程序设计中"构建方法"的关键技巧,这将有助于学生对面向对象程序设计有一个准确的认识。

另外,在选择教材的过程中,我们应该首先考虑那些以项目为基础的教材。传统的教学资源主要集中在理论教学上,而对于案例的关注相对较少,即使有一些案例存在,它们的结构也显得比较分散。我们采纳了项目化的教学策略,精心设计并撰写了一个全面的教学方案,并以此为中心来设计课程内容。

在高等教育机构的计算机专业的教学改革过程中,实施项目驱动的教学策略是至关重要的一步。在面向对象的编程课程中,也应当采纳项目为核心的教学策略。采纳项目化的教学材料也是为了满足课程教学改革的需求,这种方式能够将课堂上的理论与实际操作紧密结合,利用任务来激发学生的独立学习能力,并通过模拟真实的教学环境来培育学生的全面素养。[①]

(二)实践课程教学改革实践

鉴于高等教育学生的实际学习能力和他们目前的学习状态,将实验教学与实际操作结合起来,对于面向对象的程序设计课程改革来说,是一种非常符合大学生实际需求的教学策略。在选择实验的过程中,教师教授的实验与学生实际进行的实验之间应该有显著的区别。在进行实验教学的过程中,教师应当首选验证性的实验方法,而学生在实际操作中更应偏向于项目型的实验方式。

这种教学方法的核心实施策略是,教师使用验证性的实验案例来阐述知识,通过这种方法,学生能够更为轻松地理解和掌握这些知识。在教学实践中,教师挑选了项目型实验作为具体的教学实例,并对其进行了深入的阐述,同时也鼓励学生通过完成这些实验来建立自己的知识结构。

在设计课程时,我们需要为所提及的案例设计相应的项目,并把学生分为若干小组,每个小组都要负责执行特定的职责。在项目设计阶段,我们必须深入思考项目的

---

① 李莹,吕亚娟,杨春哲.大学计算机教育教学课程信息化研究[M].长春:东北师范大学出版社,2019.

复杂性,确保学生不只是完成任务,还能增强他们的实践技能。

(三)教学模式和教学手段的改革实践

使用课件作为教学手段不仅能产生正面影响,但也有可能引发一些不利的结果。因此,在推进课堂教学改革时,教师不应仅仅依赖一种教学策略来替代另一种,而应综合应用各种不同的教学方法。

首先,在教学课件中,我们可以通过直观的方式展示面向对象的核心思想,这有助于更有效地吸引学生的兴趣,并减少他们对抽象概念的理解难度。

其次,当我们讲解编程实例时,应该确保编程的分析、设计和调试都是在课堂教学环境中完成的。这种方式可以帮助学生更为直观和深入地掌握编程的相关知识和技能,进而增强他们在编程和调试方面的实际操作能力。

最终,为了更好地支持课堂教学,教师需要深度探索并充分利用网络教学的各种资源。以教师为例,他们具备制作与教学主题相关的综合短视频的能力,这使得学生能够轻松地在任何时候查阅和回顾相关知识。为了丰富课堂教学内容,教师还应鼓励学生利用互联网进行自我探索和学习,如查找与面向对象程序设计或相关问题解决相关的实际案例。

在面向对象的编程教学中,为了更有效地培养学生的编程技能和问题解决能力,探索双语教学模式变得尤为重要。对于那些专门研究计算机的学生来说,英语在掌握专业词汇、深入研究相关学术文献以及提高技术能力上都发挥了至关重要的作用。在我国,众多的高等教育机构中,学生的英语水平往往不够高,这使得他们在进行计算学习时,一旦遇到英语相关的提示,常常会产生困惑和恐惧的情绪。

不可否认,在计算机专业中,与程序设计有关的英文词汇在激发学生的学习兴趣和提高编程能力方面发挥了不可或缺的角色。

双语教学指的是在课堂教学中使用非母语的语言进行教学,以促进学科知识和第二语言知识的同步发展。在对象程序设计课程改革的大背景之下,双语教育被认为是一个具有巨大发展潜力的研究领域。实施双语的教学策略,对于对象程序设计这门课程的授课也将产生正面效果。

1. 双语教学的实施

首先,从教学材料的角度看,原版英文教材因其内容的丰富性和逻辑性与中文教材存在显著差异,再加上实例的难度相对更高,这无疑为学生的学习旅程带来了不小的挑战。使用英文原版教材进行双语教学可能会导致有限的课时和过多的教学内容之间产生冲突。因此,在挑选双语教学用的教材时,中文版本的教材仍应是我们的首选。此外,对教育团队而言,还需强调以下几个核心要点:首先是对教材的内容进行深入的梳理和总结,这样可以更系统地提取出学生应当重点掌握的关键知识点;其次,我们收集并翻译了常见的编译错误提示和程序设计中的关键英语词汇,这样可以在课堂上随时提醒学生注意记忆。

其次,在教学方法上,面向对象的编程方式是学生们首次遇到的编程语言,并且它也被认为是现代编程中的核心语言。由于学生在基础知识上的不足,他们很难确定自己的学习重点。因此,在教学活动中,教师有责任精心策划课程内容,明确教学的核心焦点,并强化以实际案例为基础的教学策略,以帮助学生更有效地掌握和应用所学知识。接下来是详细的操作流程。

第一,介绍本节课的主要内容、重点难点,介绍教学内容中的主要关键词及其对应的英语单词。

第二,结合课本实例和编译环境的帮助文档中一些简单的实例,逐一讲解知识点。

第三,根据拓展例子引导学生解决实际问题,培养学生的学习兴趣。

最后,关于学生在知识和技能上的不同,大量的教育实践都证明,学生在这些领域确实存在显著的差异。尤其在面向对象编程的双语教育环境中,这种不同主要体现在外语与编程这两个方面的技能和层次上。拥有高级外语技能的学生迅速掌握了如何在编译环境中利用帮助文档来获取语法指导,以及如何根据给出的提示信息来查找和纠正程序中的错误。因此,这批学生在编程技能上实现了飞速的进步;那些在外语方面表现不佳的学生遭遇了更多的困难,同时他们在编程方面的技能进步也显得较为迟缓。

因此,在设计面向对象的双语程序教程时,教育者需要深入考虑学生之间的能力差异,并对课程的内容和进度进行适当的规划,以满足不同能力层次的学生的需求。

一是可以对学生的水平进行调查,找出那些水平较差的同学,对其进行针对性的教学。

二是针对不同水平的学生安排不同的练习与实践内容。

三是对水平较差的学生进行课后辅导,逐步提升他们的能力水平。

2. 双语教学的效果

从教学成效的视角出发,运用双语教学策略能让学生在编程环境中高效地翻译提示信息和文档中的英文示例。这不仅有助于提升学生的英语水平,同时也加深了他们对程序设计国际化特质的认识。但是,我们也应当明白,学生的英语水平受到某些制约,这可能会使他们花费大量时间学习英语以适应英语的学习环境,这种情况可能进一步阻碍学生在编程能力上的提升。

第四节 数据结构课程教学改革实践

一、数据结构课程综合设计要求

在这门关于数据结构的课程里,我们重点研究了线性表、树、图等关键数据结构的独特性质及其基本的操作技巧。在其中,线性表的难度相对较低,与C语言课程的内容联系最为紧密,而树和图的难度则相对较高,这对学生提出了更高的要求。鉴于教学内容的特殊性和学生的学习能力及水平的差异,我们在设计数据结构课程的综合题目时,遵循了层次化教学的原则,将题目分为基础题和培优题。在教学资源的题库设计中,基础题主要围绕系统类题目展开,而所设计的模块则是建立在学生在C语言课程实践中已有的系统基础之上,利用数据结构知识来进一步优化和完善。采取这种方法的目的是更有效地将两个课程的连贯性整合到综合设计的题目中,从而让学生能更深入地理解这两门课程的核心内容和重点。

培优问题主要聚焦于题库内的算法难题,所设计的模块任务的目的是协助那些具有剩余学习能力的学生进行自我挑战,以便他们能对复杂的数据结构和应用场景有一个基础的认识。下一步,我们计划利用基因表达式编程(Gene Expression Programming,GEP)这一算法,详细解释如何确定培优题的具体标准和要求。很明显,在学生开始设计算法之前,有必要先让教师对学生进行GEP算法的基本原理和各个模块功能的培训。

在构建智能算法综合实践题目模块的过程中,我们对学生的实际技能和能力进行了深入的考量,以确保每一个模块都能在整体算法框架内得到独立的验证。当学生挑选这类综合实践题目时,存在众多策略可以助其取得得分。

首先,学生有权选择单独完成任务,如果在独立完成时学生能够完成所有的模块并正确执行,那么他们将有机会获得满分;如果在完成所有必要的模块之后,可以选择只完成其中一个模块,并因此获得令人满意的得分。

其次,学生被授权以小组方式分配任务,每个人都有能力独立完成所有模块,并共同构建一个完整的智能算法。

二、数据结构课程综合设计的改革实践

在软件工程这一专业领域里,数据结构被认为是一门至关重要的基础科目。为了更好地理解这门课程对学生能力的持续性和差异性需求,我们在设计这门课程的综合实践题目时,充分利用了教学资源库中的综合设计类题库。我们的主要策略是使用简洁的系统设计,并逐渐优化该系统,确保该课程所需的知识被模块化地整合到系统的功能设置中。这套课程设计充分照顾到了大部分学生的学习技巧和能力,确保他们能够将所学知识应用到实际生活中,从而使他们对该课程所要求的各个知识点有了更为详细和连贯的认识。

考虑到顶尖学生可能会遇到的"吃不饱"的困境,我们在数据结构综合实践课程中,根据复杂数据结构在智能算法中的实际应用场景,精心设计了智能算法模块的实现题目,旨在为表现优异的学生提供一把解锁高级智能算法学习的钥匙。我们的目标是逐步培养学生的大数据思维能力,进一步提高他们的编程技能和专业素养,以及培养他们利用专业知识解决领域问题的能力。[①]

第五节 数据库原理与应用核心课程教学改革实践

一、数据库原理与应用核心课程教学改革的背景

数据库技术被认为是信息和计算科学领域的基础和核心技术之一,同时,数据库的基本原理和应用课程也被认为是计算机专业的关键课程。数据库原理与应用这门课程的教学质量不仅会直接影响学生在后续课程中的学习成果,还会对他们的毕业设计质量产生深远的影响,这与计算机专业的人才培养质量是直接相关的。为了实现数据库原理与应用课程的改革目标,我们必须将培养具备应用技能和创新思维的人才定为最优先的任务。本项研究深度分析了数据库原理与应用课程在培养计算机专业人才方面的关键作用和重要地位,同时也识别出了该课程在教学过程中存在的一些问题。为了全面推进数据库原理与应用课程的改革,我们从教学内容、实验教学、创新能力培养、教学方法和手段,以及课程考核等多个方面进行了全面的规划,目的是为培养具有高素质和高技术水平的应用型和技能型计算机人才提供必要的

[①] 梁松柏.计算机技术与网络教育[M].南昌:江西科学技术出版社,2018.

支持。

通过对数据库原理与应用课程的实际教学状况和成效进行深入探究,我们观察到,与这一主题相关的后续课程,例如软件工程和动态网站设计,往往难以顺利推进。同时,学生在毕业设计方面的质量也未能达到预期,这导致了教学成果的不尽如人意。经过对数据库原理与应用课程中存在的问题进行深度探究,我们识别出导致教学成果不尽如人意的四大原因:首先,这些课程的内容未能满足社会的实际需求;第二个问题是,实践教学环节明显存在缺陷,这对学生创新能力的有效培养是不利的;第三个问题是,由于教学手段和工具缺乏多样性,这导致激发学生的学习热情变得尤为困难;第四个问题是,现有的评估体系在对学生所在学校进行全方位评价时遇到了难题。

在我们的日常操作中,数据库技术已经被广大领域所采纳。为了确保学生在完成学业后能够更好地适应工作需求,并掌握企业所需的应用技能和技术能力,我们必须提高数据库原理与应用课程的教学质量,并进行数据库原理与应用课程的教学改革。在教授数据库课程的过程中,教师不仅应该专注于数据库理论的教授,更应该重视学生实际操作技能的培养,并确保理论知识与实践操作能够紧密结合。这些原理为实际操作提供了坚固的理论基础和保护,而实际应用则为这些原理提供了强有力的证据。通过对这两个方面的整合和优化,并将其与课堂教学、课堂实验和综合课程设计等多个环节结合起来,学生不仅可以更深入地理解数据库的原理,还可以提高他们在实际应用数据库技术方面的能力。这种做法不仅提升了学生在问题分析、问题解决、创新思维和实际应用方面的能力,同时也为他们未来在课程设计和职业道路上打下了稳固的基础。

二、数据库原理与应用核心课程教学改革的实践

该课程在理论与实践方面存在着密切的相互关联。通过深入探究和研究这一课程的独特性质,数据库原理与应用课程的改革可以从几个关键方面着手。

(一)以理论与实践并重为原则开展教学

1. 以理论与实践并重为原则对教学大纲进行修订

数据库原理与应用这门课程的目标是培养能够满足社会需求的数据库应用专才,这不仅要求他们具备坚实的理论基础,还要求他们能够灵活运用知识,并具有创新精神。鉴于招聘机构对人才和技术的特定需求,以及专业培训的目标和方向,我们每年都会安排教师定期更新教学大纲和教学计划,并确保教师严格按照这些修订后

的教学大纲进行教学活动。为了提高数据库实验教学的成效,我们对数据库中的辅助理论内容进行了适当的压缩处理。此外,这门课程不仅包含了标准的理论和实验教学,还融入了综合性的课程设计,作为对传统教学方式的进一步拓展和加深。

在对数据库原理与应用核心课程进行教学改革的过程中,我们可以适当地调整学时,将一部分理论课程的课时重新分配到实践课程中,这样可以为学生提供更多的实践机会,从而提升他们的实践能力。此外,基于课程时长的变化,我们还需对相关的教学资料做出必要的调整。考虑到理论课程的课时有所减少,对于那些理论内容更为深入的部分,我们可以考虑适度减少。考虑到实验课的时长正在逐渐增加,我们可以思考加入数据库操作、权限管理、数据库访问接口和数据库编程等相关内容,这将有助于显著提高学生的实际操作和应用技能。大数据已逐渐成为现代社会发展的一个突出趋势,因此,在设计数据库原理与应用的课程时,还需要适时地整合大量的非结构化数据管理和分析技术等相关内容。

同时,我们也在不断地更新数据库原理及应用课程的实验教学环境,以确保与数据库原理和应用核心课程教学相关的软件能够及时更新到最新的版本,紧密跟随社会的发展趋势,使学生能够更快地接触到最新的技术,为他们的未来职业生涯提供便利。

2. 构建完善的数据库知识体系

在学术研究中,数据库的基础理念和应用理论不仅是必需的,而且是充分的。关键在于掌握这些理论并强化其在实际中的应用,同时,在教学活动中,我们始终强调理论与实践的同等重要性。在课堂教学过程中,除了强调理论教学、精心选择教学内容和突出教学重点之外,还需要注意各个知识模块之间的相互联系,因为这些知识点并不是孤立存在的。由于各个模块之间存在着密切的相互关联,因此在教学活动中,我们应当高度重视运用关系数据理论来引导数据库设计阶段的概念构建和逻辑结构设计。借助关系数据的理论、数据库的构建,以及数据库的安全与完整性的相关知识,我们有能力创建一个统一、安全、全面且稳定的数据库应用平台。

(二)采用模块组织试验培养学生的应用与创新能力

实验教学不仅是加强基础理论知识和实践操作能力的有效途径,也是培养具有实际操作能力和创新精神的高素质应用型人才的关键途径,更是数据库原理和应用课程教学中不可缺少的重要环节。

只有当数据库原理及应用课程将实验教学与理论教学紧密结合,并在教学过程中强调实验课程设计的连贯性、连贯性、整体性和创新性,学生才能真正理解课程的核心内容，并激发他们的学习积极性，从而实现学以致用。此外，这也有助于学生构建全面的知识体系，培养他们的科学素养、好奇心和创新能力，从而真正达到培养具有应用和创新能力的人才的标准。

在计算机专业的数据库原理及应用实验教学改革过程中，如何科学地选择数据库原理及应用课程的实验内容，组织实验模块，并培养学生的应用实践和创新能力，从而全面提升教学质量，已经变成了核心任务之一。

实验教学的内容需要全面地体现出培养目标、教学计划和课程结构，同时也要确保实验模块的组织方式能够反映出先进的实验教学理念，从而提高实验教学的整体质量。在开展数据库课程实验的过程中，实验内容必须与理论教学的核心理念紧密结合，并以特定项目的数据库系统为中心进行设计。这些实验可以被分类为验证型、设计型和综合型三个主要类型。通过这一系列实验，我们根据软件工程的核心思想，培养学生设计与之类似的数据库应用系统的能力，使他们能够更深入地理解和应用所学的知识。

（三）采用多元化教学方法与手段激发学生学习兴趣

在我们的教学过程中，应当巧妙地结合各种教学策略和工具，以学生为中心，融合案例教学法、项目驱动教学法和启发式教学法等多种教学方法，以实现这些方法的互补和优化。在我们的教学过程中，面对各式各样的学习议题，我们巧妙地应用了各种不同的教学方法，从而取得了非常令人满意的教学效果。这种做法不仅为学生提供了更多的实践、独立学习和创新的机遇，同时也极大地增强了他们的学习热情和主动性，进一步点燃了他们对探索和创新的热忱。

1. 培养学生独立探索的能力

从建构主义学习的角度来看，知识的获取不是教师直接教授的，而是学习者在特定的社会文化环境中，通过他人（例如教师和他们的学习伙伴）的帮助，利用所需的学习资源，通过构建意义的方式获得的。项目驱动教学模式，基于建构主义教学理论，是一种以教师为中心，学生为学习中心，项目任务为驱动力的教学方法。这种模式能够充分激发学生的主动性、积极性和创造力，将传统的"教学"模式转变为"求学"和"索学"模式。

考虑到实验教学中的知识点分布广泛，并且在培养学生的系统观和工程技能方面存在不足，我们选择在实验教学中结合项目驱动和案例分析的教学方法。在进行实验教学设计时，我们选择了一个学生比较熟悉的数据库应用系统的设计和开发实验，以确保整个实践课程的连贯性。该应用系统的设计与开发涵盖了数据库课程实验的各个实验模块和技能培训环节,而每一个实验模块都是整个实验课程的一个关键组成部分。

在实验课程的教学环节中,第一堂实践教学课程从展示一个学生较为熟悉的完整微型数据库应用系统开始,对开发该系统所需的知识和技能进行了简要的介绍,从而激发了学生对构建和开发一个数据库应用系统的好奇心。因此,本课程的实验将围绕这个微型数据库应用系统的开发展开。确保学生在每节课的学习过程中都充满疑惑,并设定明确的学习目标,这种方式能够极大地激发他们的学习兴趣,进而达到更好的学习效果。实验教学内容的设计既保持了连贯性,同时也具有明确的目标导向。采用这种步步为营的教学方法,通过讲解、展示和实验,学生能够更加深入地掌握数据库的基础知识和技术,从而经历一个完整的微型数据库应用系统的开发过程,以实现对知识和技能的熟练掌握。

在教学的全过程中,我们将数据库应用系统的设计和开发作为中心任务,紧密地将分散的技能和知识与实际的训练结合起来,目标是增强学生的学习系统性和完整性。在整个教学流程中,尽管教学活动是分阶段进行的,但实际的操作步骤却是一个连续的流程。无论是教学还是实践,都是围绕项目工程来进行的。在完成学业之后,学生们体验到了极大的成就感,这也进一步激发了他们独立开发大规模数据库应用系统的热情,从而增强了他们的自我学习和探索的能力。

2. 利用启发式教学对教学难点进行深入研究

案例教学法是一种教学方式,它在教师的引导下,依据教学目标和内容的具体需求,通过实际案例来阐释和展示一般的教学情况。该方法基于真实的案例,提出、分析和解决问题,通过教师和学生的共同努力,使学生能够举一反三、理论与实践相结合、融会贯通,从而增强知识、提升能力和水平。

关系型数据库在数据库的基础理念和实际应用场景中得到了广泛的应用。在构建关系型数据库的过程中,我们必须严格按照关系规范化的理论来操作,这一理论不仅构成了课程的中心思想,同时也是其中的挑战所在。在教学活动中,教师运用了案例教学法与启发式教学法的综合应用,充分发挥了这两种教学策略各自的优势,从而激发了学生的主动学习和思考热情,使得教学内容更易于吸收和理解,同时也突出了教学的重点和难点。

首先,我们需要思考的是如何构建案例。在组织教学活动时,我们选择了学生们非常熟悉的典型案例进行了深入的分析和讨论。以图书借阅管理系统为例,当系统需要记录读者所借阅的图书或其他相关信息时,通常会使用特定的关系模式来表示:

借书(如读者编号、读者姓名、读者类型、图书编号、书名、图书种类、分类和借阅日期)。接着,系统会提出一个问题,即一个给定的图书关系模式是否满足应用开发的需求,是不是一个好的关系模式,以及如何设计一个好的关系模式。为了激发学生对关系模式中可能出现的问题进行深入思考,教师从存储、插入、删除以及修改关系数据等多个方面给予了专业指导。

接下来是对案例在课堂上的深入讨论。在进行了上述深入的分析和阐释后,我们组织了学生进行深度探索:如何优化关系模式的构架,并针对其中的数据冗余和异常更新问题找到解决方案。在对关系模式进行分解的过程中,我们必须遵守哪些核心准则,并判断这种分解方法是不是最合适的。教师逐渐通过提出问题来激发学生的思维、分析和讨论,最终使他们了解关系模式好坏的衡量标准,掌握关系模式设计的基本理论和方法,并能将这些知识应用到具体的项目开发过程中。

通过融合案例教学法与启发式教学方法,学生能够更为积极地融入教学过程中,这不仅极大地激发了他们的学习积极性,还实现了教学与学习之间的最优融合。通过对案例的深度分析,我们不仅有机会获取知识,还能激发思维并培养多种技能。这些创新的教学方法不仅彻底改变了传统的教学方式,增强了教师和学生在教学活动中的互动,而且也提高了学生作为学习的主体的地位,并激发了他们的学习热情。[①]

3.建立立体化课程教学资源辅助平台

立体化课程教学资源辅助平台主要由以下几个核心部分构成:教学资源系统、项目展示系统、在线答疑系统和模拟测试系统。

教学资源系统主要包括课件、视频、练习题、相关工具以及课外资源等多个组成部分。这个系统的创建目的是给学生提供丰富且多元化的学习资源,以满足他们的学习需求。这个项目的展示系统主要包括了学生展示的各种示范实践作品。建立项目展示系统的主要目的在于,通过展出具有示范作用的作品,以激发学生在学习旅程中的竞争优势和主观能动性。在线答疑系统为教师提供了一个在线解答学生问题的场所。该系统的建立有助于消除教师和学生在时间和地点上的交流障碍。当学生在学习旅程中遇到困难时,他们可以随时向教师寻求帮助和指导,同时教师也具备迅速解答学生问题的能力。模拟测试系统的核心功能是帮助学生根据他们目前的学习进度,利用这一系统生成与他们实际学习情况相匹配的测试题目,从而让学生有能力随时对自己的学习进度进行评估。

---

① 林强,王虹元.计算机应用基础上机指导[M].北京:北京邮电大学出版社,2016.

利用这一辅助工具,所有级别的学生都有机会根据他们的具体需求来挑选最适合自己的学习辅助工具。比如说,他们有能力挑选必要的信息和适当的练习题来加强自己的学习进度,并能通过挑选合适的题目来准确地评价自己的学习表现。当他们在学习旅程中碰到难题,该平台也能为他们提供即时的方向指引和援助。

多维度的教学资源建设有助于塑造学生具备自主性、个性化、交互性和协作性的新型教学理念。通过运用多维度的教学资源,不仅可以有效地激发学生的学习积极性和主动性,还能有助于培养他们的创新思维能力。

第六节 基于教学资源库的课程综合设计改革实践

一、综合实训课程教学改革方案

下面针对程序综合实训课程中存在的根本问题提出改革方案。具体方案如下。

(一)进行综合实训内容改革

我们依赖于本院的综合实训资源库,精心设计了难度适中且具有持续完善特性的题目,这不仅为后续或相关课程的综合实训打下了基础,还能鼓励有剩余学习能力的学生提前预习其他相关课程的内容。

(二)规范指导教师工作改革

组建了一个实训课程的指导和评估教师团队,每个团队由 4~6 名成员组成,他们都是来自不同教研部门,长时间从事相关课程教学的资深教师。实训指导与考核教师小组的职责是贯穿于实训方法、实训内容以及实训考核改革的各个方面。

二、实训方式改革

实训方式改革包含以下两个方面的内容。

(一)共同协调各个专业开设综合实训课的时间

采纳这一教学策略的一个明显优势是,在同一个教学小组里,教师可以对本学期所开设的班级数量以及专业综合实训课程有更为深刻的认识和理解。这种方式使得教师们能够互相监督和推动,更好地了解实训过程中各个专业和班级的实际情况,从而避免了以往实训课程中教师各行其是和缺乏有效监督的问题。

(二)由指导与考核小组成员协助任课教师指导学生实训过程

在实际执行的过程中,明确规定了在学生集中实训的 32 个学时内,指导与考核小组的教师和任课教师必须共同承担 2~4 个学时的实训指导任务。这一创新措施不仅有效地解决了以往实训过程中遭遇的众多学生难题和单一教师力量不足的问题，还有助于识别和培育具备能力的学生，使他们能够成为指导教师的得力助手，协助其他学生解决问题。此外，这一措施也为考核小组内的教师提供了一个更深入了解实训学生的机会，并在答辩环节能更加公正地进行评分。

三、实训内容改革

综合实训课程的题目是由指导与考核小组的成员根据学生的实际编程技能和能力，在教学资源库中共同确定的。在教学指导和考核小组中，部分教师具备深厚的教学和实践背景，当他们集体讨论课程中的综合实验主题时，经常能激发出思维上的碰撞和灵感。比如说，由具备丰富实践背景的教师所设计的练习题往往显示出高度的综合性和挑战性。在这样的背景下，有丰富经验的教师会根据学生的具体习题需求和实际能力，将题目拆分为 2~3 个小课题。这种方式不仅确保了题目的全面性和多元性，还深入考虑了学生的完成能力，从而使学生更有信心地面对挑战，并在实际训练中感受到软件设计的乐趣。

四、考核方式改革

考核体系的变革主要体现在教师团队共同承担学生作品答辩的责任这一方面。在之前的实训课程完结后，学生仅需提交他们的创作，而目前的评估方法已经演变为作品答辩的考核。在执行过程中，所有参与实际训练的学生都会被平均分配到考核小组的教师名下，通常一个教师会负责 10~15 名学生的答辩工作。在答辩阶段，学生有责任确保他们的作品能够准确且稳定地被执行。他们应当具备解读代码的能力，或者可以对代码进行基本的修改，例如，学生需要根据显示的需求对代码中的命令格式进行一些调整。如果学生在这个学期的答辩中没有得到批准，那么我们将允许他们在下学期中期之前重新开始答辩。如果他们在第二轮答辩中仍未达到标准，那么他们将被要求重新参加实训课程。

第八章　基于计算机思维的计算机教学与学习的模式

第一节　计算机思维概述

一、计算机思维的内涵

(一)计算机思维的概念性定义

计算机思维的概念性定义主要起源于计算科学这一专业领域,从计算科学的视角出发,与思维或哲学学科交叉,从而形成了思维科学的新领域。计算机思维的概念性定义主要集中在以下两个核心领域。

1. 计算机思维的内涵

计算机思维包括运用计算机科学的核心思想来解决问题、设计系统和理解人类的行为,这是一系列覆盖计算机科学广泛领域的思考过程。计算机的思维模式是建立在其计算能力和存在的局限性之上,并由人或机器来执行。计算机思维的核心思想是将抽象概念与自动化技术相结合。

在计算机的思考过程中,抽象的观念不只是物理中的时空概念,而是完全依赖于符号来进行描述。相较于数学和物理科学,计算机思维中的抽象概念显得更为丰富和复杂。在计算机思维模式里,抽象被定义为能够对问题进行抽象和形式化的描述(这是计算机的核心),确保解决问题的过程是精确和可行的,并通过程序或软件来"精确"地实现这个过程。换种方式表达,最后得到的抽象成果能够按照逐步和机械化的方式自动完成。

2. 计算机思维的要素

教育部职业院校教学(教育)指导委员会提出的计算机思维表达体系包括了计算、抽象、自动化、设计、通信、协作、记忆和评估这八个核心概念。在国际教育技术协会和美国计算机科学教师协会的研究活动中,提出了一系列的思维要素,这些要素包括数据的收集、分析、展示、问题的分解、抽象、算法和程序、自动化、仿真和并行处理。

美国国家计算机科学技术教师协会在其研究报告中融入了模拟和建模的概念。美国离散数学和理论计算研究中心的计算机思维包括了提高计算效率、选择适当的数据表示方式、进行估值、采用抽象、分解、测量和建模等多个方面。

对上述主题从多个角度进行全面分析,对于深化计算机思维元素的研究具有积极意义。通过提炼计算机思维的核心元素,我们更深入地理解了计算机思维的深层次含义,其重要性可以从几个不同的角度来加以认识。

首先,相较于其深层含义,计算机的思维方式更易于被大众理解,并能与人们的日常生活和学习经验紧密结合。

其次,引入计算机思维元素为计算机思维从纯理论研究向实际应用研究的过渡提供了桥梁,这也使得计算机思维的显性教育和培训变得更为实际和可行。

(二)计算机思维的操作性定义

计算机思维的操作性定义源于应用研究,它深入探索了计算机思维在多个学科中的实际应用、具体表现方式以及如何有效地进行培训等相关议题。操作性的定义与概念性的定义在学科和专业特性上存在差异,操作性定义更多地关注如何将理论研究的成果应用到实际中,实现跨学科的迁移,从而产生实际的效果,使其更容易被大众理解、接受和掌握。现阶段,国内许多教师和学生最关注的研究焦点不是计算机思维的系统性理论,而是如何将计算机思维实际应用,并在多个学科中产生实际效果。通过对多种观点的全面分析,计算机思维的操作性定义主要覆盖了以下几个核心领域。

1.计算机思维是问题解决的过程

"计算机思维是解决问题的过程"这一理论为我们提供了一种形式化的描述方法,展示了计算机思维在被掌握后在实际行动或思考过程中的表现。这种思维方式不仅可以在编程的实际操作中得到展现,还可以在更多的实际应用场景中得到体现。计算机思维模式是一种依赖于计算机技术(无论是人类还是机械设备)来设计问题、寻找解决方案,并确保这些解决方案能够被有效执行的思维方式。在对七百多名从事计算科学教育、研究和计算机实践的专家进行深度分析之后,国际教育技术协会与美国国家计算机科学技术教师协会于2011年共同发布了计算机思维的操作性定义。他们坚信:计算机的思考方式是一个跨越多个步骤的问题处理流程。

(1)为了明确这个问题,我们应该利用计算机和其他相关工具来协助解决它。

(2)在组织和分析数据时,必须保持逻辑的连贯性。

(3)数据可以通过各种抽象手段(如模型、模拟等)来重新呈现。

(4)利用算法的思维方式(一系列有组织的步骤)来构建自动化的解决策略。

(5)通过识别、分析并执行潜在的解决策略,我们可以确定如何最有效地整合过程和资源。

(6)对该问题的解决方法进行扩展,并将其应用于更广泛的问题场景中。

显然,在解决问题的过程中,计算机的思维方式比其他任何计算方法更早地被大众所了解和掌握。在这个数字化的新时代中,计算机的思维能力是基于最基本的问题解决流程,这个流程要求计算机这种创新工具能够准确理解并高效执行。因此,在这个高度信息化的时代背景下,计算机思维方式已逐渐转变为决定人类是否能更高效地运用计算机进行思维拓展的关键思维模式之一。

2. 计算机思维要素的具体体现

计算机思维,作为解决问题的一种手段,不仅依赖于大量的数据和计算科学知识,还需要整合和调度各种高效的思维元素。思维要素,作为连接理论研究与应用研究的核心纽带,有必要从理论研究中提炼出来,并为应用研究提供坚实的支撑。只有当我们把计算机的抽象思维细化为具体的思维元素时,我们才能为应用研究和实践提供有效的指导。

3. 计算机思维体现出的素质

所谓的素质,是指人们与生俱来的身体和性格特点,这些特点是通过后天的培养、塑造和锻炼逐渐形成的,它是对人的各种品质、态度和习惯的全方位总结。具备计算机思维能力的个体,在面对问题的时候,不仅可以运用计算机思维来解决问题,而且在解决问题的过程中也会展现出一定的素质,这主要包括以下几个方面。

(1)在面对复杂情境时展现出的自信。

(2)解决问题所需的坚定决心。

(3)对于模糊或不确定的情况持有宽容态度。

(4)具备解决开放性问题的专业技能。

(5)具备与他人共同追求目标的实力。

具备计算机思维能力能够改变或培育学习者的某些特定品质,进而从一个不同的视角影响学习者在实际生活中的表现。这些品质在本质上塑造了一个在高度发展的信息社会中合格公民的形象,从而使普通人对计算机思维有了更深的理解和更形象地认识。

计算机思维的操作性定义是由前述的三个方面共同构建而成的。操作性的概念明确地揭示了计算机思维这一抽象思想在实际应用中是如何具体和具体地体现出来的,包括其能力和品质,这使得这个概念可以被观察和评估,从而为教育和培养过程提供了强有力的参考依据。

(三)计算机思维完整地定义

计算机思维的理论探讨与实际应用研究是紧密相连且互为补充的,它们共同形成了对计算机思维的全面研究。将理论研究的成果转化为应用研究的理论背景可以为实践提供支持,而应用研究的成果可以转化为理论研究的研究对象和材料。计算机思维的概念性定义是基于计算科学这一学科,并且与思维科学和哲学紧密结合。从计算科学的角度出发,我们对计算机思维有了更加深刻地认识和理解,这对于指导计算机思维理论的研究具有巨大的价值。计算机思维操作性这一概念主要聚焦于计算机思维能力的培训以及其在实际场景中的应用研究。计算机思维的实际运用和培育是建立在真实问题基础之上的,目的是通过对实际问题的深入理解和有效解决来进一步培养和发展计算机思维能力。因此,计算机思维的定义与操作的定义是相互补充的,它们共同形成了一个全面的计算机思维定义框架。"计算机思维"这一理念为计算机思维在计算科学和跨学科的研究、发展及应用领域提供了清晰的方向指引。[①]

1. 狭义计算机思维和广义计算机思维

随着信息技术的持续发展,我们已经从一个主要依赖农业和工业的社会转型为一个以信息技术为中心的社会,这不仅是经济和文化进步的标志,也意味着人们的思维模式经历了深刻的变革。除了"计算机思维"这一理念外,还有如"网络思维""互联网思维""移动互联网思维""数据思维"和"大数据思维"等多种创新的思维方式和概念被引入。如果我们将由概念定义和操作性定义组成的计算机思维称为狭义计算机思维,那么由信息技术触发的更广泛的新型思维方式可以被命名为广义计算机思维或信息思维。作为现代人类,除了掌握计算机的基本知识和操作技能之外,还应该利用这些知识和技能作为载体,从而在计算机思维能力的广义和狭义上得到进一步的发展。

2. 计算机思维的两种表现形式

计算机思维,作为一种高度抽象的思维模式,很难被直观地观察到。当这种思考技巧与问题的解决策略相融合,它主要呈现为以下两个模式。

(1)通过运用或模拟计算机科学与技术(即信息科学与技术)的基础理念和设计

[①] 刘文宏,尹春宏,王敏主编.计算机基础项目教程[M].天津:天津科学技术出版社,2017.

原则,模仿计算机专家(包括科学家和工程师)解决问题的思维模式,将实际问题转化为计算机能够处理的模型或形式,进行问题解决的思维活动。

(2)利用或模仿计算机科学与技术(即信息科学与技术)的核心思想和设计理念,仿效计算机(包括系统和网络)的操作模式或工作模式,进行问题解决和创新思维的活动。

(四)计算机思维的方法和特征

思维方法的构建是基于融合了解决问题时所采用的通用数学思维方式、现实世界中复杂系统的设计与评估的通用工程思维方法,以及对复杂性、智能、心理和人类行为理解等方面的通用科学思维方法。以下是七种不同的方法。

1. 计算机思维是一种通过简化、嵌入、转换和模拟等手段,将一个看似复杂的问题重新解读为一个我们能够理解如何解决这个问题的思维方式。

2. 计算机思维是一种递归的思维方式,是一种并行的处理方式,是一种能够将代码翻译成数据,同时又能将数据翻译成代码的方法,是一种多维分析推广的类型检查方法。

3. 计算机思维是一种运用抽象与分解手段来管理复杂任务或设计庞大复杂系统的策略,它是一种基于焦点分离的方法。

4. 计算机思维是一种选择适当的方法来描述一个问题,或者对问题的相关方面进行建模,使其变得容易处理的思维方式。

5. 计算机思维是一种基于预防、保护,并通过冗余、容错、纠错来从最糟糕的情况中恢复系统的思维方式。

6. 计算机的思考方式主要是基于启发式的逻辑推断来寻找答案,也就是在面对不稳定情境时进行规划、学习和调度的方法。

7. 计算机思维是一种依赖大量数据来加速计算过程的思维方式,它在时间与空间、处理能力与存储容量之间进行灵活调整。

思维方法的建立是基于结合了解决问题时所使用的通用数学思维方式、现实世界中复杂系统的设计与评估的通用工程思维方法,以及对复杂性、智能、心理和人类行为理解等方面的通用科学思维方法。周以真教授把这些技巧总结成了七种方法。

二、计算机思维与计算机思维能力

随着计算机技术在众多学科中的深入应用和不同学科之间的交融,培育能够将计算机技术运用到各种专业领域,并利用计算科学的方法和思维来处理实际问题的创新型人才变得尤其关键。在最近几年的时间里,计算机思维的发展已经引起了国内外研究者的普遍关注。计算机思维作为一种高效的问题解决工具,应该深入人们的日常生活中,确保每个人都能掌握并广泛应用它。思维是人类内心深处的一种潜在特质,这种特质可以通过多种不同的行为和活动来体现为人的显性特质。计算机思维的核心概念是"抽象",它将研究的问题抽象成程序化、形式化和机械化的对象,使之成为可以被机器批量处理的对象。"计算机思维"这种抽象的操作方式在人们的行动、认知和日常习惯中得到了内化,从而形成了所谓的"计算机思维能力"。因此,为了培育"计算机思维",我们需要加大对"计算机思维能力"培训的力度。计算机思维能力包括了基于计算科学的核心理念、思考模式和方法的思考、研究和学习能力。除了能够应用这些基本的观念、思考方式和技巧来分析和解决问题,还需要具备利用这些技能进行自我驱动学习和创新研究的能力。大量致力于计算机教育的行业专家已经将"计算机思维能力的培养"这一议题纳入了他们的日常工作计划,并且已经取得了明显的进展。

(一)计算机思维能力

1. 计算机思维方式求解问题

计算机思维是一个解决问题的过程,这个过程的特点包括:指定问题,并能够利用计算机和其他工具来协助解决问题;在组织和分析数据的过程中,我们有责任确保数据逻辑的连贯性,并有能力运用各种抽象工具,例如模型和仿真技术,来重新呈现这些数据;借助算法思维模式(一系列有组织的步骤),我们具备识别、分析并执行可能的解决方案的能力,从而确定最高效的解决方案并实现其自动化;通过高效地整合这些步骤和所需的资源,我们有能力将这个问题的解决方案扩展到更多不同的问题场景。

为了高效地应对各种问题,我们必须依靠常识性的策略、非传统的表达方式、基于简单思维的实际操作经验、科学且恰当的操作流程、形式化的描述技巧,以及专家们的深入的专业知识。在职业院校教室环境中,某些基础知识可能会使教师失去教学兴趣,或者让学生感到枯燥无味。然而,为了克服这些挑战,如果学生能够在完全不知情的前提下应用必要的步骤和策略,那么这些知识肯定会成为职业院校教育中最有价值的组成部分。

2. 计算机思维方式设计系统

通过利用庞大的数据资源,我们具备了对复杂系统进行建模、模拟、深度分析和验证的能力。例如,在诸如地球系统(主攻地球科学)、引力波(物理学领域)、星系生成(天文学研究)、高度复杂的动态系统模拟、健康检查、预测、设计和控制(工程领域)、通信和网络控制及最优化(信息技术领域)、人类和社会行为模拟(社会科学领域)、灾难响应模拟及反恐预备(国土防御领域)、采用自治响应技术的减轻外部威胁的智能系统设计(国土安全领域)、多种生态环境中的进化过程预测(生物科学领域)、软件开发(信息技术领域)以及风险分析等方面,这些都是依赖并最终转化为计算来完成的。

计算科学,作为一个新兴的跨学科研究领域,高度依赖先进的计算机技术和计算方法,目的是对理论科学、大规模实验、观测数据、应用科学、国防和社会科学等多个方面进行模型化、模拟、仿真和计算等深度研究。尤其是在对高度复杂的系统进行建模和程序化处理后,我们可以利用计算机提供那些严格的理论和实验无法实现的过程数据,或者直接模拟整个复杂过程的变化或预测其未来的发展方向。计算科学在诸如基础科学、应用科学、国防科学、社会科学以及工程技术等多个学科领域的进展中,都展示了其难以用数值来量化的科学重要性和经济贡献。

3. 计算机思维方式理解人类行为

通过运用计算技术来探究人类多样的行为模式,这种方法可以被认为是一种具有社会属性的计算手段。社会计算不仅仅局限于人与人之间的互动方式,它还包括了社会群体的多样性和其随时间演变的多种模式等多个方面。在如今的互联网背景下,人们生活在多种多样的环境中,他们频繁地浏览电子邮件和使用搜索引擎,无论身处何地、何时,他们都在利用移动电话和发送信息。他们日复一日地在交通工具上刷卡,经常使用信用卡购置各类物品,并在社交平台上分享微信信息,利用各种社交工具来维系和保持与他人的关系。在公众区域内,监控系统具备捕捉人们进行各种活动的能力;在医疗机构中,人们的医疗资料已经被数字化地保留了下来;在如今的互联网环境中,大数据将艺术家视为金融市场的一个"独立领域",并从这一视角对艺术品和艺术家的成长轨迹进行了深入研究。借助这批数据,我们有能力预见艺术品未来的发展方向,并为投资者明确艺术品投资市场应走的精准路径。前文所述的各种场景都在人们心中留下了清晰的数字标记。这批数据揭示的个体和集体行为的深层次规律,有可能对我们对个体的生活习惯、组织结构以及整个社会的认知和理解产生深远的影响。

通过采用大规模的数据收集和分析手段,我们可以揭示出个体和群体的行为模式,这与传统社会科学通过问卷调查获取的数据有所不同。我们可以利用这些新技术来获取长期、连续、大规模人群的各种行为和互动数据。随着计算与网络、计算与物理系统、计算与脑科学以及认知科学(即智能领域)的深度融合,计算与社会科学的结合已逐步成为信息时代人类社会进步的不可逆转的方向。

(二)计算机思维能力的培养

目前,计算机思维这一理念在全球范围内的计算机科学和教育领域已经吸引了大量专家和学者的深入研究和关注。显然,在教学活动中,对学生计算机思维能力的培养具有特别的重要性。周以真教授,这位出身于美国卡内基梅隆大学的学者,坚信计算机思维模式应当被社会中的每一位成员深刻理解和掌握。在这个高度依赖信息技术的现代社会中,人们的日常生活与信息技术紧密相连,因此,在当前的课程设计过程中,我们应该更加重视培养学生的实际操作能力。培养学生的计算机思维能力不是一步到位的任务,而是一个持续不断的过程,因此,无论在什么情况下,都应该着重提高学生的计算机思维能力。我们可以通过培养学生的计算机思维技能来加强他们的独立学习能力,并进一步提升他们在系统设计和实施方面的能力。

但是,在教育领域,对于学生在计算机思维上的培训已经开始逐步进行。许多国家的教育管理机构和教育部门都高度重视培养学生的计算机思维能力,并已经将这种培训整合到了课程评估体系中。然而,在现阶段,计算机思维能力的培育仍然是一个持续探索的过程,尚未建立起一套完整且全面的方法论体系。除了西安会议中提及的"九校联盟"学院,我国的其他教育机构在培养学生的能力时,还是选择了小规模和探索性的方法。

对于非计算机专业的人来说,如何培养他们的计算机思维能力已经变成了一个需要深入探讨的议题,这无疑是一个长期且充满挑战的任务。多年以来,对于非计算机专业的学生而言,计算机教育的核心目标是掌握基础知识和基本工具,但往往忽视了培养计算机思维能力。在有限的学习时间里,如何确保学生不仅能够掌握必要的工具,还能将计算机思维的多种元素整合到他们的能力体系中,从而更加有效地培养他们解决计算机问题的意识,已经成为计算机基础教育面临的一个重大挑战。

在中国,已经推出了一系列深度研究计算机方法学的著作,包括《计算机科学与技术方法论》和《计算机科学导论—思想与方法》。教育部的高等教育指导委员会不只是召集了众多相关的部门,还与若干职业院校进行了深度的学术交流和会议。遵循能力培养的原则,他们还递交了与此相关的项目申请,这一系列的努力为方法论的建立奠定了坚实的基础。

第二节　基于计算机思维的教与学的模式设计

随着教育课程改革的持续推进,以培养学生能力为中心的教学改革目标,其主要目的是培育学生的科学思考方式和教学方法,这一目标已经获得了众多学者、专家和教育者的肯定和重视。因此,构建CT(Computational Thinking,计算机思维)的教学和学习模式,已经变成了实现这一核心能力的关键焦点。选择CT技术作为构建CT能力的直接工具的培训改革,旨在对CT这一抽象概念进行更清晰、更全面的解释,这将帮助研究者和计算领域的热衷者更深入地理解和分析CT。构建以CT为基础的多样化教学和学习模式是建立在相关理论和方法的基础上,通过对这些理论的分析和课程教学实践经验的总结,对基于CT的教学流程进行了深入的解读和分析。对CT系列的教学模式进行深入的研究和探讨,能助力众多学者更深入地理解教学和学习模式的形成,并将这些模式整合到课程中,进而助力学习者更为熟练地掌握CT技术并增强其CT应用能力。

通过整合CT技术和计算机基础课程的完整教学流程,我们成功地将其融合进了教育教学的课堂环境中。在这样的背景之下,考虑到CT的核心理念是抽象和自动化,它体现了一种既实用又具有结构特色的抽象思维模式。

一、模式、教学模式的含义

(一)模式

"模式"这一术语的涵盖范围相当广泛,它最初是由"模型"这个词衍生出来的,其原始含义是采用实物作为模型的手段,在我国的《汉语大词典》里,这一术语被解释为"事物的标准样式"。在《说文解字》中,"模法也"是指"方法"。《辞源》对于"模"有三种不同的诠释:首先是模型和规范,其次是模范和范式,最后是模仿和仿效;在《辞海》中,"模"的定义是:首先是用于制造物品的模型,其次是作为模范和榜样,最后是模仿和模仿;从字面解释来看,"式"具有样式和形式的含义,因此,"模式"实际上涵盖了事物的实质和外在形态。在《国际教育百科全书》中,"模式"被阐述为变量或假设间的深层次联系。目前,众多人士普遍持有这样的观点:"模式"是指解决特定问题的方法论集合,将这些解决问题的手段归纳到理论层面,便形成了所谓的模式。

学者查有梁从科学方法论的角度出发,对"模式"这个概念提出了他的见解:模式不仅是一种关键的科学操作方式,也是一种科学思维方式。这一方法的目的是针对特定的问题进行解决，并在特定的抽象、简化和假设环境中，重新展示原型对象的某一核心特性。这是一种科学的方法，它起到了中介的作用，以便更深入地理解和改进原型和构建型客体。根据我们的实际体验，通过归纳、总结和整合，我们能够提出多个模型，一旦这些模型得到实证，它们就有可能被转化为理论；我们还可以从理论的视角，通过类比、演绎和分析，提出多种不同的模式，从而推动实践的进一步发展。模式可以被解释为对实际物体相似性的模拟（即实物模型），它是对真实世界的抽象描述（即数学模型），同时也是思想和观念的直观展示（例如图像模型和语义模型）。在他的阐释中，"模式"不仅仅是一个模型或示范，它还包括了科学的操作方式和思维模式，不仅仅是一个标准供他人模仿，更是一种解决问题的思维方式。

如今，"模式"这一主题的研究数量正在逐渐增加。来自不同学科和领域的学者和专家，基于他们各自的研究经验，提出了众多独特的"模式"定义。他们对于"模式"的核心理念、应用领域、如何搭建"模式"、如何挑选"模式"以及"模式"的实际应用都进行了深入而系统的探讨。这批研究逐渐发展为"模式论"这一研究范畴。从"模式论"的视角来看，梁先生对"模式"的诠释与这一观点高度一致。在解决某一特定问题时，人们首先会通过深度地分析和研究来提出问题，然后在一系列的理论基础上，总结和概括出解决问题的多种方法。随时间流逝，经过对实例的深度探讨，我们发展出了一套系统化的问题解决策略，并建立了一个稳固的结构框架。

（二）教学模式

1. 教学模式的含义

国际知名的专家乔伊斯持有这样的观点：教学模式是课程和教学的基础，它通过选择适当的教材，为教育工作者提供了一个逐步完成教学任务的框架和方案。更明确地说，教学模式其实就是学习模式，因为教育的核心目标是让学习者能更轻松、更有效地学习，因为在这个过程中，他们不仅获得了知识，还掌握了整个学习过程。何克抗与其他国内研究者指出，教学模式可以被视为在特定的教育理念、教育理论和学习理论的引导下，在特定环境中进行的稳定的教学活动结构。实际上，关于教学模式的多种解读，这里不再详细列举。简而言之，教学模式是在特定的教学理论、学习理论和教学思维的指导下，教学者为了在教学过程中实现预定的教学目标，采用各种不同的方法和策略连接教学的各个知识点，使学习者能够掌握学习方法，享受知识的理论教学框架结构。除了这些，其他教育领域的专家也可能会选择这种特定的教学模式，以实现相似或一致的教学目标，并建立一个稳定的教学框架。教学模式不仅是实施教学理论和方法的过程，同时也是对教学实践经验的全面整理。这可能是教育者在日常实践中得出的观点,或者是在深入的理论探讨之后提出的假设,并在多次教学活动中得到了实证。

2. 教学模式的结构

身为当代的教育从业者,尤其是那些长时间致力于教育研究的专家,他们都拥有自己独特的教学策略和手段,这些方法可以被视为他们个人的独特教学方式。如果这种教学方法在真实的教学过程中展现出了明显的效果,那么它无疑应该被更广大的领域所采纳和推广。

通常,要建立一个高效的教学模式,需要包括多个关键环节,这包括明确的教学目标、细致的教学过程规划、必要的执行条件、高效的教学组织策略,以及对教学成果进行全面的评估。

在教育和学习的理论体系中,最核心的指导思想是教育者必须具备基本的教育和教学技能,这样才能在这一理念的指导下,有效地解释知识,并了解学习者对所学内容的接受程度。教学目标构成了教学模式的核心思想,而这一教学模式是专门为了实现这些核心目标而精心构建的。因此,精确地理解和确定教学目标不仅是构建合适教学模式的核心标准,同时也是衡量该教学模式对学生效果的最根本的评价准则。为了保证教学模式能够成功实施以及整体教学结构能够准确地定位,我们有责任确保教学目标的设定是既准确又具有长远影响的。教学过程方案旨在帮助教育者更深入地理解和掌握整体的教学模式,它代表了教学者在教学和学习过程中的明确步骤,并为整个教学过程提供了详细的指导和解释。所指的实现条件,实际上是为了保证教学方法的高效性并达到既定的目标,所需满足的各种条件的综合展现。教学组织策略可以被理解为在整个教学过程中,各种教学工具、方法和工具的综合运用。对教学成果的评估涉及教学活动成果的评价标准和方法,通常,不同的教学模式应该遵循各自不同的评价标准和方法。[①]

3. 基于思维的教学模式的特性

在对教学模式进行探索的旅程中,各位学者都从各自独到的视角进行了深度的分析和讨论。关于教学设计和研究,有人从教师与学生之间的互动关系出发进行深入探讨,另一些人则是从教学目标的角度进行研究,还有人则是专注于所使用的教学方法,还有人是从教学组织策略的视角出发,还有人是从课程本质的角度去理解,还有人则是在当前时代背景下进行教学设计和研究。尽管探索教学模式的手段五花八

---

① 马琰,史志英,史志伟.计算机系统维护[M].南京:东南大学出版社,2016.

门,但它们之间的确有一些相似之处。

第一点是要确保其独立性。思维被视为一种只属于人类的行为方式。采用思考的方法来构建教学模式,这种模式具有其独特的优势。教学模式是在特定的教育和学习理论指导下形成的,它是由人的思维特性所塑造的,具有思维的特性。但是,这里提到的"独立"并不代表整个教学模式是完全独立的,而是指这种教学模式是在人类思维的影响下形成的。因此,它会根据人们的自我调整,展现出与其他教学模式不同的独特特点。

第二点是逻辑方面的内容。思考过程严格按照逻辑进行。在解决问题的过程中,决策往往是基于一组特定的标准来做出的。因此,在从提出问题到逻辑推理的整个教学流程中,这种教学方法都是按照特定的逻辑顺序进行的。

第三点是灵活性。思考的关键在于高度的适应能力。因此,当我们选择以思维为核心的教学方法时,我们可以根据教学活动的实际需求进行相应的调整,从而快速地转变传统的教学模式,但这种调整并不会对整体教学结构带来不利的影响。这一教学策略为教育工作者和学习者提供了一个可以根据自己的实际需求来灵活调整教学方案的平台,同时也展示了清晰的教学方向。

第四点是操作方面的内容。这一教学策略旨在为教育界的专业人士和学习者提供有价值的参考资料。因此,在教学模式的指导下,负责策划教学活动的人员不仅需要理解、掌握和应用这些活动,还必须遵循一个相对稳定和明确的操作流程,这也是以思维为核心的教学模式和传统教学理论所具有的独特性质。

第五点是关于整体的观点。教育模式的实施过程实质上是一个全面的、系统性的项目。它不仅是集中教学理论的混合体,还拥有一整套完备的系统理论和结构机制。在实际应用的环境下,我们应该对教学模式的总体结构和设计有深入地认识和掌握,而不是简单地模仿。如果使用者没有深入理解其核心思想,那么他们将无法达到预期的教学效果,只能通过形式上的描述来实现。

第六点是它展现了一种开放性的特质。教学模式的演变历程可以概括为:从最初的经验累积,到深度的总结,再到理论的建立和应用,最终从一个不够成熟的阶段发展到一个更加成熟和完善的阶段。尽管教学模式通常被看作是一个恒定不变的教学结构,但这并不意味着一旦教学模式确立,它就会一直保持其稳定性。随着社会和时代的持续进步,我们的教学方法也会根据课程内容和教育理念进行相应的调整和创新。因此,作为从事教育工作的我们,在持续的实践活动中,应当不断地探索和创新教学方法,以便进一步丰富和优化我们现有的教学体系和教学手段。

4. 教学模式的功能及其对教学改革的意义

我们所采纳的教育方式是通过简洁明了的方式来传达科学的理念和理论，而以思考为中心的教育方法有几个显著的特性。

首先，我们需要深入理解并熟练掌握科学思维的方法和策略。这一教学策略以思维为核心进行构建，因此，当教师采纳这种方法时，科学的思维模式已经被成功地传达给了学生们。学习者不仅仅是从教育领域的专家那里获得了他们的专业知识，他们还有机会亲自体验并深刻理解整个教学过程，从而完全沉浸在思考的乐趣中。

其次，我们要强调其在推广和优化中的核心地位。当一个全面的教学结构被转变为一个稳固的教学方法时，这个方法便体现了许多有丰富经验的教育者所呈现的出色的教学效果。当其他从事教育工作的人员开始采纳这种教学方法时，他们会把自己对这种教学方式的深入洞察融入其中，并不断地对其进行改进和扩充。

再次，它拥有进行诊断以及预测的能力。在进行教学活动的过程中，教育工作者在策划或即将实施某一特定教学方法的时候，首要的任务通常是确认教学目标是否能够得以实现。在面对各种不同的教学目标、课程内容以及所采用的教学策略和方法时，教育工作者会提前进行全面的教学评估。例如，他们会思考："这种教学模式是否真的达到了预期的效果，以及这种方法的执行是否适当，等等"。以教育家夸美纽斯为例子，他采纳了"感知、记忆、理解、判断"的教学方法，而赫尔巴赫则选择了"明了、联合、系统、方法"等多种教学方法。实际上，在进行教学活动时，教育工作者已经非常清晰地了解了整个教学过程的目标是什么，以及这样的目标最终会带来什么样的效果。

最后，涉及系统的进化属性。在目前的教育模式中，教师不只是要传授给学生知识和技巧，他们还需要拥有自我评价的技能。我们可以把教学模式视为一个"实践—经验—实践—理论"或者"理论—实践—理论"的连续过程。在这篇文章中，"理论—实践—理论"详细描述了经验丰富的工作者是如何在已有的实践经验基础上，更深入地将这些知识整合到实际操作中，进而构建一个供他人学习和应用的方法论结构；后者详细描述了教育者基于教育和教学观念，首先探索并确定了教学方法和框架，随后在实际操作中进行了验证。只有当验证的结果与我们的预期相符时，我们才会将其转化为一个供他人学习的理论结构。因此，教育工作者在学习或参考他人的教学方法时，也在努力地丰富和完善自己的知识体系，并对现有的教学方法进行深度的调整和完善。

题,在《软件工程》这门课程中,我们引入了"任务驱动的教学方法",以满足教学目标的标准。

(二)基于任务驱动式教学模式在课程中的应用描述

以 CT 技术为中心的任务驱动的教学策略可以被划分为三个核心部分:首先是理论知识,然后是软件技能,最后是项目实践。《软件工程》课程的整体教学进程得到了这三个部分的共同推动,同时也促进了学习者的学习和思维能力的提升。紧接着,我们将呈现教学活动的全面实施状况。

本次教学活动是基于对软件工程理论的深刻理解而展开的,内容涵盖了软件工程的定义、项目管理、需求工程、形式化的软件工程方法、面向对象的基本/分析/设计、软件的执行、软件的测试和软件的进化等多个方面;以软件技术在实际中的应用为中心,涵盖了软件项目需求的评估、项目可行性的分析、软件的设计、开发、测试、系统测试以及 Bate 测试等多个方面;项目实践开发的标准涵盖了多个方面,包括项目策划(即选题)、项目分析(即需求分析)、项目设计(即实现项目原型)、项目开发(即编写代码、原型开发、修改原型)、项目评价(测试)(即单元测试、整体测试、修改)以及项目后期(即维护与服务)。这一模型是基于横向与纵向两个不同的角度进行展开的。

从一个交叉的角度看,当教育者组织教学活动时,他们首先会参照先前提及的《软件工程》课程的三大核心内容:基础、核心和标准。在教学过程中,教育者应优先采用 CT 递归、关注点分离、抽象与分解、保护、冗余、容错、纠错和恢复等多种教学策略,并利用启发式逻辑来寻找答案。在遭遇各种不确定因素的情况下,我们应当通过精心策划、持续学习和适时调整,以更深刻地理解课程的整体结构;除此之外,我们还对软件行业的同行以及各类企业和事业单位进行了深度研究,旨在更全面地掌握软件行业的现状,并据此提出了有针对性的教育建议;在确定软件实践项目的核心议题时,我们也向软件行业的同行和权威专家征询了意见和建议。在我们的教学活动中,我们采用了分组策略,并根据所掌握的知识来选择软件项目。随后,我们组织了一系列的教学活动,并对这些活动进行了全面的评估和考核。在此学习时期,学生在教师的引导下,借助 CT 技术加深了对软件工程理论的掌握。他们分组讨论了学习内容,将学到的理论内化并转化,并为软件项目制定了初步的任务学习计划。一旦他们掌握了必要的理论知识和技术工具,他们就具备了进行具体软件开发项目的能力。在执行开发实践项目时,他们能够利用计算机思维的启示性和关注点分离的策略,对项目从立项到实施再到结项的每一个环节进行高效的管理和分配。

从一个纵向的角度观察,教育者在教学过程中的每一个环节与学习者在学习过

二.基于科学思维模型构建的依据

(一)科学思维的内在要求

在之前的讨论环节中,我们已经对多个与科学思维相关的观念和属性进行了详尽的研究。CT,作为科学思维的一个标志性模式,拥有科学思维的全部属性,它形成了一个持续发展的系统结构,包括内容、目标和流程等多个维度。首先,我们必须清楚地认识到,科学思维的核心目标是对外部世界进行深入的分析和理解。这种分析主要是为了揭示事物间的因果联系,而在科学领域中构建模型的目的则是为了解决这种因果关系中存在的一系列问题;另外,科学的思考方式强调内容和过程之间的紧密联系。因此,在构建以思维为中心的教育模型的过程中,我们必须对这两个要素之间的密切关联进行深刻的思考。模型不仅仅是展示科学思维的基本资料,它还代表了科学思维的实际成果。所构建的教学模型遵循了问题的确定、分析、评估和讨论的完整流程。

(二)现有教学模式启发

杰出的教育家杜威曾经明确指出,要想持续改进教学和学习方法,关键是要将注意力集中在需要进行思考、激发思考和验证思考的各种不同环境上。在学校的教学过程中,我们需要不断地优化我们的教学工具和学习策略。随着社会和时代的不断发展,教育工作者在教学活动中所采用的各种教学方法,例如探究式教学、抛锚式教学、任务驱动式教学和自主学习等,都将面临相应的调整和改革。鉴于CT方法在目前的课程教学中对深度应用的需求持续增长,我们应该在现有的教学和学习模式基础上,融合现代计算机的思维模式。这种教学方法有助于优化传统的教育和学习方式,弥补CT技能培训和应用中的不足,确保学生在掌握了计算机学科的核心思想和技能之后,能够更加熟练地运用CT技术进行学习和实践,从而真正实现CT技能的内化。

第三节 基于计算机思维的教学与学习模型

一、基于计算机思维的探究式教学模型

(一)构建依据

以思维为中心的探索性教学方法研究,对探索性教学理论的未来发展产生了深

远的影响。当我们开始研究基于计算机思维的探索性教学方法时，我们应该从问题的提出、研究和解决策略这三个关键环节出发，进行深入的构建和分析。

1. 问题提出

探索性的教学方式是一种与众不同的教学策略。在教师的指导下，学生可以采用"自主、探究、合作"的学习策略，对当前的教学内容进行深入的探索，并与其他学生进行有效的交流和合作，以确保他们能够满足课程标准中对认知和情感目标的要求。认知的核心目标是深化对学科基础概念、知识、原则和方法的理解和掌握，而情感的目的则是培养学生的情感、态度、道德观念和价值观，其中最关键的部分是提出具有深度的探索性问题。问题的提出主要是基于与课程目标紧密相连的需求，而探索性问题的提出是由认知目标和情感目标共同决定的。

2. 问题探究

在基于探究的教学策略里，问题探究部分的核心是建立一个分步解决问题的步骤。

探索性的教学和学习流程通常包括以下几个核心步骤：首先是从问题中提取目标要求，然后是收集和分析问题的背景和解决策略，最后得出结论。随后，学习的伙伴们进行了深入的互动与沟通，对学习成果进行了评估，并借助文献资料进行了深入的学习分析。探究式教学的核心步骤包括：首先提出问题，接着进行情境分析，然后是问题的分析和解决，最后得出结论并进行综合评价。

3. 解决方法

尽管传统的基于探究的教学方式在问题解决上并未受到过多的关注和重视，但在以CT为基础的探究式教学模式中，寻找适当的解决策略变得尤为关键。因此，在提出第一个环节的问题和探讨第二个环节的问题时，都必须考虑CT的因素，并在所有环节中加入CT方法的因素，使用CT的方法贯穿整个探究式教学过程。在考虑采用CT技术时，对四种不同层次的模型结构进行深度探讨是至关重要的，这有助于我们建立一个完整的模式结构模型。

在构建以CT为中心的探索性教学策略时，我们应当在基于探索性理论的初级结构中纳入CT技术的实际运用，并确保每一层都充分体现了解决方案。

(二)教学模型构建

基于计算机思维的探究式教学模型包括五个核心步骤：首先是构建教学场景，然后是利用CT技术激发学生的思维活力，接着是鼓励学生使用CT技术进行自我探索，然后是促进团队合作学习，最后是根据课程教学的实际需求进行综合总结和提升；学习者参与的各类活动涵盖了建立学习心态、深入思考学习计划、收集和处理学习材料、团队间的合作讨论，以及自我评估、自我检测、相互评价、知识拓展和知识迁移等多个方面；在对学生进行教学的过程中，我们不仅深入探讨和研究了各种问题，还致力于激发学生的思维能力和提供启示性的学习策略。此外，我们还为学生提供了必要的学习材料，并对他们的学习成果进行了细致的整理和分析。

教学模型的独特之处在于，它将CT方法视为连接教学者和学习者在整个教学过程中的关键环节，这意味着CT方法在结构模式的五个关键阶段都发挥了极其重要的作用。

二、基于计算机思维的任务驱动式教学模型

（一）构建依据

以"任务"为中心的教学方法是由任务、教育者和学习者三个方面共同作用而构建的，整个教学过程都围绕"任务"这一核心，将教师和学习者紧密地结合在一起。在传统的以任务为导向的教学模式中，教育者往往仅对学生完成的任务进行评价，而对于学生在完成任务过程中应该采取的解决方案几乎没有明确的指导。基于CT的任务驱动教学策略以明确的任务为核心，旨在培养学生采用科学的思维方式来完成任务，这意味着学生在完成任务时需要运用科学的思维方法来解决实际问题。因此，我们应该从"任务"的定义、"任务"的执行过程和解决策略这三个方面出发，构建一个基于计算机思维的任务驱动的教学模型。

1."任务"的确定

以"任务"为核心的教学策略强调学生的知识获取为中心，要求学生在完成"任务"时，必须与学习过程紧密结合，通过完成"任务"的过程来获得知识学习的动力和学习活动的乐趣。"任务驱动式"的教育哲学主张，在真实的学习和教学背景下，教育者应深入了解教学活动的每一个环节，而学习者则应被赋予独立学习的权益。从全面的教学活动视角来看，由"任务"推动的教学模式可以被细分为三个主要组成部分：即教学者、任务和学习者。这三个核心元素都是至关重要的，它们彼此之间有着紧密的联系和影响，共同构筑了一个全面的教育教学框架。在教学活动中，教育者所使用的各种教学方法、技能、工具以及他们设定的教学目标和任务是教学的中心，而学习者的学习策略、方法和工具则构成了他们在教学过程中的认知焦点。在某一特定的教学模式中，学生的认知表现实际上反映了教学模式对其的真实响应，而在这种模式中，学生的目标也达到了预期的效果。

第八章 基于计算机思维的计算机教学与学习的模式

因此,在决定"任务"的选择和确定过程中,应依据认知主体是否能在这种教学模式中达到预定的教学目标来进行决策。

2."任务"过程

当我们采纳以"任务"为核心的教学方法时,关键是要在教学过程中明确"焦点",这样,无论是教育者还是学习者,都能基于这一核心思想更为高效地进行学习和教学。

以"任务"为核心的教学准则是基于教育者在执行教学任务时对教学目标的深入理解和分析而制定的。为了实现知识掌握和任务完成这一最终目标,学习者应该根据教学者展示的"任务"来逐步寻找解决方案。最终,当学习者向教育者展示他们的创作成果时,教育者将提供全方位的评价和建议。

3.解决方法

在以"任务"为核心的教学模式下,传统的教育者角色已经从单纯的知识传递和指导转变为在整个教学过程中担任指导者和知识解释的角色;学习者不仅仅是知识学习的主导者,他们也是构建知识体系的核心力量,并在教师的指导下进行自我驱动的学习活动。因此,在以"任务"为核心的教学活动中,教师和学生都应该深刻理解自己的行为模式,明确课程的知识目标,这样才能更有效地构建一个解决问题和完成任务的知识框架。在执行以"任务"为核心的教育活动时,我们不应仅仅专注于教学成果,而忽视了所采纳的教学方法和策略。仅当采用这样的教学方法时,学习者才能真正地成为知识的中心。在追求教学目标的旅程中,他们还需掌握如何利用"科学思维"来分析和处理问题。因此,采用基于 CT 的任务驱动型教学模式,要求学生能够熟练掌握并应用 CT 技术,以确保在任务完成的每一个步骤中都能得到应用。因此,在执行以"任务"为中心的教学方法时,我们应当考虑使用如 CT 关注点分离这种多元化的教学策略。[1]

(二)教学模型构建

在以计算机思维为基础的任务驱动型教学模型中,教育者在任务中心进行了五个不同阶段的教学活动,而学习者则经历了六个不同阶段的学习过程。作为从事教育工作的专业人士,他们承担着多重责任,这些责任不仅局限于课前的预备工作,还包括任务的详细规划、任务的全面展示、指导学生完成各种任务,以及对学生提交的成果进行全方位的评价;对于学习者来说,他们所需完成的各项任务包括但不限于课

---

[1] 孟彩霞.大学计算机基础第 2 版[M].北京:人民邮电出版社,2017.

前预习相关课程、培养积极的学习心态、明确个人的学习目标和任务、成功完成学习任务、与他人分享学习成果,并对这些成果进行深入的反思和评估。这是一个以计算机思维为基础的任务驱动型教学模型。

计算机思维驱动的任务驱动教学模型的独特之处在于,它将 CT 技术整合到教师和学生在执行"任务"过程的每一个环节中。所有这些任务的策划与执行均以 CT 技术为中心,也就是说,它成功地将 CT 技术整合到了教师的五个教学环节和学生的六个学习阶段之中。

三、基于计算机思维的网络自主学习模式模型

(一)构建依据

通过对教育资源和教学材料的深入分析,我们了解到学习模式是在教学思维和学习理论的指导下,以教学活动为核心,针对特定的教学主题,构建一个系统化、理论性强且相对稳定的教与学模式结构。伴随着高科技产业的不断壮大,各种创新的学习工具,如移动学习工具,已经成为传统课堂教学的一部分。因此,像移动学习这样的在线学习方式正在逐渐被广大人群所接受。在教育改革的大背景下,学习者如何利用在线资源进行独立学习已经上升为一个中心议题。在网络环境中,建立自主学习模式时主要考虑了五个核心因素。在当前阶段,各个职业教育机构都已经装备了必需的硬件和软件工具,而以计算机思维为基础的网络自主学习主要依赖于几个核心要素。

1. 各个职业院校都提供了优质的在线学习硬件和软件环境。
2. 网络平台深受学习者的喜爱。
3. 学习的场所并不受到地理环境的束缚。
4. 你可以随时调整你的学习进度。
5. 摆脱对传统书籍的浏览习惯。
6. 采用计算机的思考方式来实现自我学习。

(二)学习模型构建

网络教育的兴起和其开放性为我们带来了一个显著的特点,那就是它真正做到了不受时间和地点限制,允许学习者在全球任何有网络的地方进行学习和研究。这不仅扩大了教育的受众范围,覆盖了全社会的每一个人,还为教学资源的建设提供了丰富的资源。在当前的社会背景下,传统的教育方法也面临着严峻的挑战。有学者明确表示,现代社会正在逐步采纳一种创新的教育和学习方式。因此,所有致力于教

育和学习的人都应该建立和更新他们的教育和学习观念,这样才能更有效地适应科技和时代的快速发展。一些学者预测,在接下来的几十年里,传统的纸质图书有可能会逐步被市场所替代。

在数字化网络环境中,基于CT技术的独立学习模式代表了在CT技术引导下,整合现代教育、学习和教学理念,充分利用网络带来的信息资源和高品质的网络技术环境,从而激发学习者的学习热情,充分展示他们的主观创新能力。以CT为基础的网络自主学习模式主要是教师教学指导与学习者自主学习行为的有机结合,旨在更加高效地运用网络资源。这一教学模式激励学生采用尖端的科学思考模式来吸纳知识,掌握自我反思的方法,获取有意义的信息,并学习如何运用解决问题的思考策略。因此,我们设计了一个基于计算机逻辑的网络独立学习框架。

这一模型主要是由三大核心元素组成的:学习者、从事教育的人员、在线的环境以及网络上的资源。在CT技术的引导下,学习者能够充分利用高质量的网络环境(包括硬件和软件环境,提供智能资源交互、无时空限制的情境展示、支持教师与学生之间的协作交流以及学生之间的自主探索交流)和丰富的网络资源(例如文字、模型、声音、图片、图形、图像、视频和动漫等)来进行学习问题的反思、寻找问题的解决方案,以及思考如何解决这类知识点的问题;在教育活动中,教育者可以选择在适当的时间提供指导,或者选择完全不参与。

第四节 基于计算机思维能力培养的教与学模式在计算机教学中的应用

一、基于计算机思维的探究式教学模式在《C语言程序设计》教学中的应用

(一)《C语言程序设计》目标

形式语言、自动机和形式语义学共同构筑了计算机程序设计语言的理论基石。在现阶段,大部分教育机构在教授程序设计课程时,主要依赖于传统的教学方法和实验结合的上机操作实践,目的是帮助学生更深入地理解和巩固课堂教学内容。田长霖,这位杰出的华裔科学家和美国伯克利加州大学的前任校长,在对比了中外理工科的教育方法后,提出了一个理想化的高级理工科教学方案。他坚信,在教授理工科的课程中,不能简单地进行公式推导,因为这种推导方式是最为直观的。因此,从事教育的专业人士有权选择不预先为课程内容做任何准备。在教学活动中,我们有必要深入探讨公式的起源和发展历程,这包括在寻找该公式时遇到的问题、研究的方向、如何将其转换为准确的公式,以及该公式在未来可能的发展方向和研究重点等。在教学活动中,这些议题应受到恰当的引导和激励。高级语言程序设计的教学焦点不应仅仅局限于解决实际问题,因为它受到教学计划学时的限制,同时学习者也缺乏解决实际问题的基础知识和经验。因此,我们有义务专注于指导学生如何进行思考和解决问题,特别是在高级语言编程教育和课堂设计这两个方面。因此,在制定和执行具体的教学策略时,我们必须清楚地认识到,培养和加强学习者的 CT 技能是最基本的目标,而详细的程序设计只是实现这个目标的一种方法。

(二)基于计算机思维的探究式教学模式在课程中的应用描述

考虑到 CT 的抽象性和其他独有的特点,采用"寓教于乐"的教学方法可以有效地提高学习者在 CT 技能上的表现,从而达到更高效的学习成果。紧随其后,考虑到程序设计课程的独特教学特性以及 CT 的多种学习策略和方法,我们设计了以下的教学结构。当我们选择这个模型来指导程序设计课程时,我们追求的目的是提高学生的 CT 技能,加强教学效果,并协助他们更深入地掌握计算机的核心概念。这一套教学流程模型被细致地划分为教师的教学方法和学生的学习策略这两个核心组成部分。

在向学生传递知识的过程中,首要的任务是明确教学目标,深入探讨学生的个性和所学内容,然后根据这些洞察来策划如何培养学生的思考能力,并构建一个高质量的教学氛围,最后对每个知识点进行深入的解释。此外,利用"轻游戏"作为教学辅助工具,可以帮助学习者更加深入地理解游戏的规则,并对"轻游戏"有更深刻的直观认识。另外,通过使用"轻游戏"作为教学的辅助工具,我们可以观察学生在课堂上的各种反应,并激发他们共同参与讨论和总结。

在进行自主学习的过程中,学习者首先需要明确自己的学习目标,并将所掌握的知识进行有效的转换和内化。除此之外,他们还需要利用"轻游戏"这一策略来解决递归和赢得游戏的算法问题,并在这个基础上进行全面的总结和优化。如果你在学术上取得了卓越的成果,那么你应当对你的学习旅程进行深度的评估和总结,这将为你未来的学术研究奠定坚实的基础;如果你觉得你的学习成果没有达到你的预期,那么你可以重新审视你的学习历程,并在教育者的指导下,更有效地利用"轻游戏"这个工具,帮助你更好地掌握相关知识,从而实现知识的全面掌握和学习方法的内部化。

(三)各教学环节具体开展情况

在教授程序设计语言课程时,当涉及"循环结构"这一概念,教育工作者往往会向学生阐释"递归"这一概念的含义。由于"递归"这一术语本身具有高度的抽象性,因此,无论教育者如何解释,学生通常都很难深入理解教师提到的"递归"这一概念。作为教育工作者,我们应该如何在帮助学生掌握知识的同时,也培养他们在程序设计领域的 CT 技术能力呢?因此,通过让学习者以轻松和愉悦的方式掌握相关知识点,并合理应用"娱教技术",可以在遇到一些难以解释和解释的问题时,有效地解决它们。

与传统的程序设计课堂教学方式相比,当教师详细解释了相关的教学策略后,学生便会根据教师的引导进行程序编写和上机调试,从而顺利完成本节课的教学目标。在这种特殊的学习方式下,学习者对于"递归"算法的核心概念并没有深入地认识。然而,如果教育者决定采用"轻游戏"的教学方法来传授相关知识,并激励学生通过游戏深度体验每一个知识点,那么最终的教学成果可能会存在很大的差异。这款游戏为学习者提供了一个深入研究程序设计算法的平台,使他们有机会亲自体验"递归"算法,从而对"递归"算法有更深的认识。这种教学策略不仅使整个教学流程更为简洁,还确保了学习者在掌握知识时能够达到更高的学习效果。在程序设计的教学过程中,使用这一方法能有效地提升学生在 CT 扫描方面的技能。

(四)具体案例实施——"五步法"掌握语言"循环控制"算法

在计算机基础程序设计的教学过程中,"循环控制"被认为是程序设计算法的关键组成部分,因为许多问题都需要采用循环控制策略来解决。因此,如果我们能协助学习者更深入地理解并娴熟地掌握这一知识点,那么学习过程中遇到的困难将会自然地得到解决。但是,为了达到这个目的,我们应该选择哪种方法呢?为了使学习者能够更深入地掌握和运用循环控制,教育者必须对题目的每一个部分进行细致的分析,明确循环控制的起源和演变,确保学习者能够真正理解循环控制的核心思想,将所学的知识和技能转化为实际应用,并将其融入日常生活和工作中。

1. 提出"探究性问题"

身为教育者,当我们希望激起学习者对解决某些特定问题的浓厚兴趣时,提出那些能够引起学习者关注并激发他们兴趣的"问题"变得尤为重要。为了更深入地理解和掌握"循环控制"这一概念,我们可以设计以下几个具有代表性、实用性和吸引力的题目。以"猴子吃桃"这一议题为例。猴子在第一天采摘了几个桃子,并立刻吃掉了其中的一半,但仍然觉得不够满足,于是又额外吃了一个。第二天清晨,猴子又吃掉了剩余的桃子的一半,并额外吃了一个。从那时起,猴子每天早晨都会吃掉前一天剩余的一半零一个食物。到了第 10 天的早晨,当猴子想再次品尝时,只留下了一个桃子。想知道第一天总共采摘了多少颗桃子。

对于学习者来说,这个例子不仅富有趣味性,而且在学习速度上超过了单纯的数字问题,同时也展现出了其独特的特点。这样做能激发学习者在兴趣的驱动下主动地吸收新的知识,并从思维的角度去培养他们的递归思考方式。

2. 启发学习者思考——思中学

在这个阶段,学习者会根据教学者提出的疑问,来思考解决问题的途径。身为主导的教育者,他们需要对课堂进行严格的管理,并在适当的时机为学生提供必要的支持,利用 CT 技术的多种方式来激发学生的兴趣,并在学习策略上给予他们指导。

因此,对于前述的"猴子吃桃"这一问题,教育者应根据 CT 扫描的特性和高效性,探讨学习者是否可以采用 CT 的递归技术来解决?在教学者的指导下,学习者利用 CT 的递归技术,采用逆向的思考方式,从后部开始推断,如下所示。

(1)定义变量 day,x_1 表示第 n 天的桃子数,x_2 为 n+1 天的桃子数。

(2)while 循环,当 day>0 时语句执行。

(3)运用 CT 的递归思维得到:"第 n 天的桃子数是第 n+1 天桃子数加 1 后的 2 倍",即 $x_1=(x_2+1)\times 2$。

(4)根据循环得知,把求得的 x_1 的值赋给 x_2,即 $x_2=x_1$。

(5)每往前回推一天,时间将减少一天,即 day−。

(6)输出答案。

该案例在(3)(4)(5)步采用 CT 递归的方法发现并解决问题。通过这样的例子,将递归算法执行过程中的两个阶段递推和回归完全展现在学习者面前。在递推阶段,把较复杂的问题(规模为 n)的求解推到比原问题简单一些的问题(规模小于 n)的求解上。第 n 天的桃子数等于 n+1 天桃子数加 1 个后的两倍,同时在递推阶段,必须有终止递归的情况,比如到第 10 天时桃子数就为 1 个了;在回归阶段,当获得最简单情况的解后,逐级返回,依次得到稍复杂问题的解,我们知道第 10 天的桃子数为 1 个,即后一天的桃子数加上 1 后的 2 倍就是前一天的桃子数,那么 $x_1=(x_2+1)\times 2$。

在这个例子里,教育者指导学生采用递归算法的反向思考方式来解决问题。当学习者在学习中深入理解递归算法的思维逻辑,他们就能在思考的过程中吸收知识,并熟练掌握递归技巧,面对相似的挑战时,他们会考虑使用这种方法来应对。

3. 协作学习者自主探究——学中做

在掌握了之前学到的各种技巧和方法之后,学习者已经具备了灵活应用这些知识来解决这类问题的能力。面对这种情况,教育者应当重视学生的个性化成长,持续激发他们的思考能力,鼓励他们进行独立的探索学习,鼓励他们积极主动地吸收新的知识,并加强他们的独立学习技巧,使他们能够从一个例子中洞察其他情况,并在学习的过程中实践。关于这一点,我们可以进一步探讨"猴子吃桃"的议题。

猴子在第一天采摘了几个桃子,并立刻吃掉了其中的一半,但仍然觉得不够满足,于是又额外吃了一个。第二天清晨,猴子又吃掉了剩余的桃子的一半,并额外吃了一个。从那时起,每天早晨都会吃掉前一天剩余的一半零一个食物。到了第 10 天的早晨,当猴子想再次品尝时,只留下了一个桃子。请求出猴子第一天总共采摘了几个?同时,计算出每天还剩下多少颗桃子?根据递归方法我们可以得到如下流程。

(1)定义变量 i 为桃子所吃天数,sum 为桃子总数。
(2)for 循环控制变量 i 的值。
(3)运用 CT 递归方法得到 sum=2×(sum+1)。
(4)求出 sum 的值。
(5)for 循环控制变量 i 的值。
(6)再次运用递归思维求出每天所剩桃子数 sum=sum/2-1。
(7)输出 i,sum 的值。

该题中,第(6)步采用的递归方法是迁移了第(3)步递归方法的结果。通过这样的思维训练,让学习者在思考中学习,在学习中运用新的方法破解难题,培养学习者分析问题、解决问题的能力,锻炼学习者的数学建模能力,巩固知识的同时拓展了知识技能和技巧。

4. 指导学习者小组协作——学中思

在这种情况下,教育者可以要求学生完成斐波那契数列的前 50 个数字,并同时要求学生首先解决"古典兔子"这一问题。

存在一对兔子,其中一只是雌性,另一只是雄性。从它们出生后的第 3 个月开始,每个月都会有一对兔子出生(一只是雌性,一只是雄性)。当小兔子成长到第三个月时,每个月都会有一对兔子出生(一只是雌性,另一只是雄性)。如果这些兔子都还活着,那么每个月的兔子总数是多少呢?在此环境中,教育者鼓励学习者主动地构建自己的知识体系,基于他们所获得的知识和经验,对当前的题目信息进行进一步的处理和加工,从而确保学习者不仅掌握了知识,还具备了相应的技能。学习者利用他们已经熟练掌握的 CT 递归分析方法,得出了兔子行为模式的多个序列,包括 1,1,2,3,5,8,13,21……这个题目是在之前几个问题的基础上设计的,目的是进一步培养学习者在问题分析、知识归纳和整理方面的能力,通过循序渐进的方式激发和引导学习者的思考,以充分激发他们的计算机思维能力。具体的操作步骤如下展示。

(1)定义 f_1,f_2 为初始的兔子数,i 为控制输出的 f_1 和 f_2 的个数。

(2)i 的最大值取 20 项。

(3)循环开始前,首先输出 f_1,f_2 的初始值。

(4)判断,控制输出,每行四个。

(5)换行。

(6)递推算法,前两个月加起来赋值给第三个月。

学习者根据前面的思维训练后,已经学会了知识的迁移。因此,根据前面的分析我们知道,在递推阶段,把较复杂的问题(规模为 n)的求解推到比原问题简单一些的问题(规模小于 n)的求解上。如上例中求解 f_1 和 f_2,把它推到求解 f(n−1) 和 f(n−2),但在这里仍然用原变量名 f_1 和 f_2 表示。也就是说,为计算 f(n),必须先计算和并计算 f(n−1) 和 f(n−2),而计算 f(n−1) 和 f(n−2),又必须先计算 f(n−3) 和 f(n−4)。依此类推,直至计算 f_1 和 f_2 分别能立即得到结果 1 和 1。在递推阶段,必须有终止递归的情况,例如在函数 f 中,当 n 为 1 和 1 的情况。在回归阶段,当获得最简单情况的解后,逐级返回,依次得到稍复杂问题的解,例如得到 f_1 和 f_2 后,返回得到 f_1 的结果,……,在得到了新的 f_1 和 f_2 的结果后,返回得到 f_2 的结果,此时,学习者已经掌握了斐波那契数列的解决办法。

5.总结拓展——学中用

当学习者对某一特定知识点有了深刻的认识和内化,教育工作者将会对这些问题进行全面而详尽的评述和总结,并会提出具有可扩展性和可迁移性的知识方案,以便学习者能够运用他们所掌握的各种方法进行有效的讨论、反思、相互评估、知识迁移和拓展。在这样的背景下,教育工作者可以设计如"机器人迷宫行走、围棋游戏、博弈论游戏"等类似的挑战,以激励学生运用他们已经掌握的专业知识来应对各种挑战。

二、基于计算机思维的任务驱动式教学模式在《软件工程》教学中的应用

(一)《软件工程》课程要求

软件工程是一个迅速崛起且研究范围广泛的领域,包括了技术、方法、工具、管理等多个方面。在软件工程这一学科的教学过程中,诸如关注点分离、启发式推理以及迭代思维等多样化地解决复杂问题的思维模式经常被采用。在《软件工程》这门课程的教学改革过程中,最核心的议题是如何能够有效地传授软件工程的最新技术和方法给学生,使他们能够全面掌握软件工程的基础理念和操作技巧。为了解决这个问

程中的每一个环节都是相互补充的。在完整的课程教学过程结束后,进行恰当的评估和考核变得尤为关键。在教学和课程两个模块之间,我们会根据学生的具体学习需求,采用多种评估方法,如总结、反馈信息、项目评估和综合评价等。

当学习者完全掌握了模型的所有知识点,并且熟练掌握了使用 CT 方法的技巧时,他们可以利用已掌握的知识和策略来内化这些知识,并对自己的学习过程和方法进行深入的反思和评估,从而独立地构建自己的学习框架和方法。在我们的教育和学习旅程中,我们始终选择了一种以 CT 技术为基础的学习策略。

(三)各教学环节具体开展情况

1. 理论基础的学习

在教授团队的引导下,教师需要对课程结构进行深入的分析,并在实施分组教学的过程中,巧妙地运用 CT 技术,将软件工程的定义、项目管理、需求分析、形式化方法、面向对象的基础/分析/设计、软件的实现、测试和演变等多个方面的知识传递给学生。学生可以根据这些建议,利用 CT 技术来加深自己的理论认识,进行深入的理论交流和讨论,从而更加深入地理解软件工程这个领域的核心知识,为未来的学术旅程奠定坚实的基础。教育工作者会依据学生的兴趣和特长对项目进行分类,并为每个小组分配一名组长。

2. 对软件技术的进一步加强

这一部分主要集中在项目选择上,目的是依据这些选定的项目来进行学科技能的教授和培训。在这一部分的内容中,教育从业者应该提前访问软件行业的各种公司和公共机构,以便更深入地了解软件行业的当前发展方向和所面临的挑战。我们还采用了 CT 技术,对软件工程的需求、项目的可行性、软件的设计、开发和测试、系统的测试以及 Bate 测试等相关技能进行了深入的教授,确保学习者在掌握了这些技能之后,才能选择适合的项目进行学习。

在选择项目时,我们需要对四个关键因素进行全方位的评估。首先,在选择教学项目时,教育者必须严格遵循当前职业院校的人才培养目标和软件工程教学大纲的所有规定,并以这些教学目标和内容为决策的基础;接下来,为了确保后续的教学和实践活动中所涉及的知识是实用的,我们必须确保选择的项目既实际可行又能具体执行,同时学习者也应该能够轻松理解和处理这些内容;第三个关键点是,在选择教学项目时,我们必须深入了解学习者的学科背景和专业特点,同时也要考虑学校教育在规定时间内可以完成的各种任务,例如我们经常接触的学习者成绩信息管理系统、图书管理系统、人事管理系统和教学系统等;第四个关键点是,在挑选学习项目的时候，必须全面考虑到当前软件产业的发展方向和市场需求，并根据时代的背景为学生设定具体的学习目标。

项目一旦得到确认，学习者将依据教授的指导和他们所掌握的专业知识来开始项目的初步实施，并在项目的初始阶段进行实际操作。

3. 关于项目的实际操作与实施

在这一教学活动中，教育者扮演了至关重要的执行角色，同时，教学项目成为评定和保障学生学习成果的中心标准。身为教育者，他们的主要职责是设计教学活动并指导学生进行实际的项目操作。在每一个项目的实践环节完结后，学习者有责任展示他们在项目中的领导角色，并呈现相关的文档、设计提案以及编程代码。在所有的小组中，组长的主要任务是引导学生一起完成他们的学习目标，并通过高效的任务分配和团队协作来展示每个学生的独立思维能力。当项目步入正式的执行阶段，教育领域的权威专家将引导其他项目团队对该学习小组的各个阶段任务进行深入的评价和验收工作。只有在这个阶段的全部任务都已完成之后，我们才能开始下一个阶段的项目实施。那些已经顺利通过验收程序的学习小组，也应该积极参与到其他项目小组的检查和验收过程中，这样才能从其他学习小组那里吸取有价值的经验和教训。

在软件项目的开发过程中，为了降低项目的复杂度，学习者应该采用 CT 启发式原理和关注点分离技术，并在整个项目开发过程中遵循二维开发的基本原则。通过融合 CT 技术和关注点分离技术，我们成功地呈现了软件项目的终极成果。

4. 项目考核的评价

在传统的教育方式里，软件工程的评定和评价大部分都是基于试卷题目的精确度，以判断学生是否已经掌握了他们所需要的相关领域知识。然而，这种教学方法的局限性在于，尽管学生在考试中表现出色，但面对实际问题时，他们仍然感到束手无策。当我们对教育者进行评估和考核的时候，主要是根据学习者的学习成果来判断他们的教学效果的好坏。

在进行 CT 能力的软件工程培训时，我们需要对传统的评估方法进行创新，并构建一个既科学又高效的评估体系。在对这门课程进行评估时，我们不应仅仅集中于其理论部分，而应以实际操作项目为评价准则，并结合学习者所掌握的各种技能、方法和软件理论来进行全面的评价。在评估整个学科课程时，教育者的理论知识、技术能力、教学方法和项目实践技巧都应该被包括在考核标准中。

(四)具体案例实施——"五步法"掌握软件项目开发过程管理

《软件工程》这一课程覆盖了从软件项目的调查研究到开发阶段,再到项目的实施、测试以及应用等多个环节。这门课程所面对的核心挑战是如何以高效、实际和有力的方式开发出既能满足客户满意度又能满足商业需求的软件产品。因此,我们鼓励学生运用与软件工程有关的专业知识,开发相应的软件产品,将所学知识内化并进一步应用,这样,课程中的关键和难点就能得到有效解决。

1.师生准备材料

我们应该如何着手进行软件产品的研究和开发呢?在进行项目开发时,深入理解软件项目管理的核心概念是非常关键的?在开始软件开发之前,无论是教育工作者还是学习者,都应该对软件项目管理的起源、涉及的主题、知识结构,以及项目管理工具和软件项目开发流程的管理有深入的了解和掌握。在教育者的引导之下,学习者采用CT技术深入研究课程的核心思想,并对软件产业的多种需求进行了详尽的探讨。

2.设计"任务"——需求分析

为了克服这一难题,教育工作者选择了"计算机思维专题网站的系统"作为示范,以帮助学习者设计和搭建以CT为核心的网站平台。从事教育工作的人员有权确定以下的教学目标。

在成功地完成了《软件工程》这门课程后,学习者需要按照自己组织的团队来完成CT专题网站系统的设计和开发工作。在进行开发活动之前,对项目的可行性和需求进行全面而深入的分析是非常必要的。

当教育者将课程设计为"任务"模式时,他们会以"任务"为中心进行教学,而学习者则会根据这门课程的指导,一边学习一边开始开发软件产品。鉴于软件产品的开发是一个持续不断的过程,教育工作者在这个阶段会将庞大的课程任务拆分为几个简化的部分,并以完整的作品形式明确地向学习者提出完成这些课程任务的具体要求。这一设计方案不仅有助于提升教育专业人士在教学活动中的工作效率,同时也为学习者提供了一个平台,使他们在完成教学任务时能够有效地吸收和整合各种教学资源。在研究的全过程中,教育者们运用CT技术对复杂的问题进行了深入分析,并采用了将焦点分开的策略,将这一庞大且复杂的问题进一步细分为多个子问题。

3.呈现"任务"——软件设计

在这个时期,教育者们会根据现有的教学目标进行规划,展示他们设计的教学目标,并对这些目标进行恰当的分派。在教学过程中,学习者应根据自己的具体需求来明确各自的教学目标,并在教学者的指导下,运用 CT 扫描技术进行任务的细分,以便更有效地完成这些任务。在这个特定的时刻,我们有能力观察到以下所描述的"任务"这一概念。

为了构建一个专注于 CT 主题的在线平台,我们需要全面掌握 CT 在全球和国内的最新发展趋势、最新的 CT 相关研究动态、各大职业学院在 CT 领域的研究现状、CT 研究领域的专家和学者、CT 相关资源的整合情况,以及 CT 论坛的互动性等多方面的信息。

在当前这个阶段,教育工作者将向大家详细展示 CT 专题网站系统的核心架构,并深入阐述和解释系统中需要特别强调的交互功能和关键部分。学习者将根据软件系统和教育专家的明确指导原则,来明确软件开发过程中各个环节的具体职责和任务分配。

4. 实施"任务"——软件实现

在这个教学过程中,为了更高效地完成各种教学任务,教育者需要帮助学习者对这些任务进行详细的分解和分析,合理地分配复杂的任务,并指派适当的团队成员负责和完成这些小任务。

在此情境下,我们设想一个由 5 位成员构成的开发团队,并在这里选择 A、B、C、D、E 作为备选方案。面对这样的场景,我们会根据系统任务的特定要求,将其细分为多个子任务,每个子任务的完成责任都落在每个成员身上。A 被委派为该小组的负责人,他将依据开发需求进行任务的合理规划和分配,这一整个流程被命名为总任务 A;B 的主要职责是撰写软件系统的可行性分析和需求评估报告,这通常被称为任务 B;C 是基于可行性和需求的分析报告来构建软件系统的,这一流程被命名为任务 C;D 任务是一个依赖于软件设计来进行软件产品开发、操作和测试的过程,这个过程被命名为任务 D;E 主管项目的全面管理以及系统的宣传活动,这一职责被命名为任务 E;任务完成后,A 小组长根据成员 B、C、D、E 的各项任务进行了汇总,从而构建了一款全面而高效的软件产品。值得注意的是,团队成员在完成各种任务的同时,也可能会将自己的工作细分为更小的规模和更具体的任务来执行和完成。

5. 总结评价,反思内化

任务一旦完成,学习者需要提交一个由团队和个体共同完成的报告,并在报告完成后进行集体展示和互动交流。在这个阶段,团队根据各个小组的创新思路,对相关问题进行了深入的探讨和分享,并进一步分享了其他软件产品的开发技巧和专业知识。教育从业者们对学习的全过程进行了深入的剖析和概括,并对其中的杰出作品进行了全面的解读和分析,旨在引导学生共同向前发展。除了上述内容,我们还为学习者提供了明确的方向指引,确保他们在未来执行类似任务时,能够采用恰当的策略和方法。在开展教育活动时,教育者可以采纳这种团队协作的策略来达成他们的教学目标;在某些社交化的任务中,例如在大型软件项目的开发过程中,我们可以利用CT技术来简化任务的复杂性,并区分不同的关注点,从而更好地进行软件开发。

第九章　以计算机思维能力培养为核心的计算机教学体系构建

每个人都应该掌握计算机的思考模式,并确保其在各种场合得到实际应用。计算机思维不只是方法学上的一种思维模式,它也是每个人都应当熟练掌握和具备的基础思维能力。为了让计算机的思维方式能够深入人们的日常生活中,并转化为一个有效的问题解决工具,我们在基础教育阶段应当主动地将计算机思维整合进来。大学计算机基础教育的目标是提升大学生的综合实践和创新能力,同时也致力于培养具备多种技能的创新型人才。因此,培养学生的计算机思维能力是它所承担的责任和义务。教育部的高等学校计算机基础课程教学指导委员会提出了"分阶段、分类地逐步进行改革"的核心理念,并将相关的改革方向主要集中在内容的重组、方法的推进和全方位的更新上。

为了对"计算机思维"的定义和边界有更深入的认识,我们应当通过对大学计算机基础课程的教学方法进行改革,逐步建立一个科学合理的计算机思维表达框架。这涉及将计算机思维融合到课程的理论知识和技能训练框架中,通过满足能力需求来提高学生的计算机思维品质,将能力标准视为计算机思维在教学过程中的最终目标和表现方式,并确保计算机思维的思想和方法得到真正的实施。鉴于信息社会不断发展的需求、我国人才培养的目标以及当前我国大学计算机基础教育的实际情况,我们总结出了我国大学计算机基础教学改革的核心理念,即"深厚的基础知识、广泛的专业知识、勤奋的实践、强大的能力、注重个人素质、善于创新"。在我国大学的计算机基础教育结构里,"培育学生的计算机思维技巧"应被看作是核心使命。我们必须坚持"将理论教学与实验教学、计算机思维与专业应用、综合实践与创新能力培养相结合"的教育理念。为了达成这一教学目标,我们需要从多个维度,包括教学理念、课程架构、教学模式和方法、评估机制、教师团队建设以及教材编纂等方面出发,致力于构建一个以"培养计算机思维能力"为核心目标的大学计算机基础教学体系。[①]

---

① 戚伟慧.计算机教育教学与创新研究[M].长春:吉林出版集团股份有限公司,2019.

第一节　以计算机思维能力培养为核心的计算机基础理论教学体系

一、教学理念

在《高等学校计算机基础教学发展战略研究报告暨计算机基础课程教学基本要求》这份文档里,明确标明了四个主要的能力培养目标,其中计算机科学的认知能力是其中之一;在互联网环境中的学习能力;拥有使用计算机来处理实际问题的能力;信息科技所带来的共同生存潜力是至关重要的。在高等教育机构的计算机基础课程中,我们需要突破"狭义工具论"的束缚,更多地关注学生的综合素质和创新能力的培养。在进行计算机基础教学时,除了为学生提供解决问题的工具和策略之外,还需要教授他们科学且高效的思维方式。因此,在教授计算机基础理论的过程中,重点已经从"掌握知识和技能"逐渐转向了"培养计算机思维能力"。这一教育模式的转变是通过悄无声息地培养学生运用计算机科学的思考方式和技巧来分析和解决他们的专业问题,从而逐渐提高学生在信息处理和创新方面的能力。

二、课程体系

(一)课程定位

《九校联盟计算机基础教学发展战略联合声明》明确指出,培育学生的"计算机思维能力"应被认为是计算机基础教育的核心目标。这不仅为计算机基础课程的进一步改革提供了明确的方向,同时也为整个课程制定了清晰的核心理念。计算机基础课程不仅仅是学校所提供的基础公共课程,它也是一个与数学和物理同等重要的国家级基础课程。不仅仅是国家、学校和教师需要深化对计算机基础课程的理解,更重要的是,每一个学生都应该真诚地接受并高度重视这门课程的定位。

(二)课程内容

在高等教育机构中,计算机基础课程肩负着培养学生计算机思维能力的重大责任。因此,教学内容不应仅仅局限于计算机科学的基础知识和日常应用技巧,更应重视计算机科学的核心观点、思维模式和实践方法,强调培养学生运用计算机思维模式和技巧来解决实际学科问题,从而提高他们的实际应用和创新能力。

我们应当依据创新性的计算机基础教学观念来组织和概括各个知识模块,并据此构建计算机思维教学内容的核心框架。在制定教学内容的过程中,我们应当注重激发学生的启示性和探索性思维,强调引导性的重要性,以激发学生的思维活力,并逐渐将知识传授的方式转变为基于知识的思维和方法,从而逐步引导学生构建一个以计算机思维为基础的知识结构体系。在设计教学内容时,我们应该重视其在实际中的应用和整体能力,并制定与我们的日常生活紧密相连且实用的教学实例。这种方式有助于激发学生的自我驱动学习和思维,使他们能更深刻地理解解决问题时所涉及的计算机思维和策略,并逐渐将这些知识融入他们的个人能力中。为了保持课程内容的前沿性,我们必须及时地将计算机科学的最新研究成果整合到教材中,这样可以更好地引导学生关注该学科的未来发展方向。

1. 调整与整合课程内容

针对目前的计算机基础课程,我们进行了一系列的教育改革和课程的调整。首先,我们已经削减或完全取消了学生在中学阶段已经接触过的课程内容,这包括操作系统和常用办公软件的基本知识和操作方法等。此外,过去的课程内容不仅内容丰富且复杂,这不仅降低了学生的学习热情,而且与逐渐减少的课时有着明显的区别。因此,我们应该简化那些难以掌握的专业术语和过于复杂的系统实施细节,将课程的重点放在介绍计算环境的组成部分和解决抽象问题的策略上。最终,我们需要对课程内容进行模块化处理,比如将计算机环境细分为计算机系统、网络技术与应用、多媒体技术、数据库技术与应用等多个教学模块。每一个教学部分都应围绕与计算机思维相关的核心内容,并利用真实的案例来帮助学生更加深入地理解和应用解决抽象问题的方法。

我们对大学的计算机基础课程进行了深度的重新设计和整合,特别是在计算机组成原理、数据结构以及数据库技术与应用这些核心课程中,我们融入了与计算机思维相关的核心知识。在设计课程内容的过程中,我们巧妙地融合了"问题分析与求解"的相关理念,期望通过对计算机领域的经典问题及其解决方法的深入研究,能够进一步提升学生的计算机思维技巧。梵天塔问题、机器竞赛中的策略角逐、背包问题,以及哲学家们的共餐议题等多个方面都是被广泛讨论的经典议题。此外,我们采用以典型案例为核心的方式来组织知识内容,并深度整合案例中的思维模式和技巧,旨在培养学生的计算机思维能力。

伴随着计算机科技的迅猛进步,课程内容的更新速度始终未能跟上,甚至可能在课程内容更新之前,技术就已经显得过时了。尽管计算机技术在过去的几年里不断涌现并得到了广泛的应用,但推动这些技术进步的仍然是一些永恒的经典观点,例如二进制理论、计算机的基本结构、微型计算机的接口与系统理论,以及编码的基本原理等。计算机基础课程的中心思想是这些永恒的经典文献,因此,要想培养学生的计算机思维能力,首先需要从学习这些永恒的经典文献开始。

2. 设置层次递进型课程结构

计算机基础课程的核心目的在于培育学生的计算机思维技巧和基础的信息处理能力。该课程体系被划分为必修、核心和选修三个不同的层次,并逐渐深化,最终形成了一个从计算机基础理论和基础操作到计算机与专业应用相融合,以及从简单计算环境认识到复杂问题解决思维的全面课程结构。

对于学生来说,一个既科学又适宜的课程结构对于构建一个全面的知识体系具有至关重要的作用。当我们教授大学的计算机基础课程时,可以采用分级、步步为营的教学策略,在一年级的时候引入计算机基础课程,这样可以帮助学生对计算机学科有一个初步的认识和理解。在学校的二年级和三年级阶段,我们为学生提供了一系列的计算机基础课程,例如图形处理和网页设计等,目的是加深他们的理解并激发他们的学习兴趣。最终,在高年级学生的学习过程中,我们有计划加入与专业交叉的计算课程,例如,在管理学这一领域,我们计划引入关于数据库技术及其应用的相关课程;在艺术专业的课程设置中,多媒体技术已经被整合进了教学大纲之中;我们通过在理工科课程中加入如程序设计这类内容,激励学生利用计算机工具来处理他们所遇到的专业难题,并培育他们的计算机思维技巧来应对这些挑战。

3. 计算机基础课程与专业课程相融合

计算机基础课程的核心目标是培养学生的计算机思维技巧,让他们能够运用计算机科学的思维方式和方法来解决专业问题。因此,这门课程的最终目的是更好地服务于学生的专业教育。促进计算机基础课程与专业课程的整合和协作,使得计算机基础教育更加贴近专业教育的方向。具体的教育方法涉及:基于各个专业的独特性,对学校的各个专业如文史、理工、艺术等进行分类,并根据这些专业的特点来设计合适的教学计划;鉴于教师所处的专业领域和他们的个人兴趣,我们有必要建立一个覆盖多个专业领域的计算机基础教育团队。在进行教学活动时,教师有责任深入了解学生的具体需求,并挑选与他们的专业领域密切相关的教学资源。

三、教学模式

计算机思维能力综合体现了计算机科学的核心观念、思维方式、应用技巧以及创新精神。它不只是可以利用计算机科学的思维方式和技术来分析和解决问题，还可以利用这些知识进行创新性的研究。对非计算机专业的学生而言，最关键的是选择哪种策略能够帮助他们深刻理解计算机思维的核心，并将其整合到思考过程中，从而塑造出计算机思维模式。

在传统的大学计算机基础课程的教学模式中，计算机思维能力往往被隐藏在其他能力的培养中，例如应用能力和应用创新能力等。现阶段，我们需要将这些独有的技能单独展现，直接展示给学生，并在教学活动中持续地执行，最终使其成为学生识别、分析和解决问题的一种高效的基础工具。

（一）分类教学模式

分类教学模式是一种根据不同专业特性进行综合整合的方法，它将各个专业细分为几个主要类别，例如理工、文史、管理和艺术类等，并根据这些类别构建了计算机基础课程体系。除此之外，为了适应各种不同的分类需求，我们也采用了多样化的教学方法，并对这些方法进行了适应性强的设计。在编纂教材的过程中，我们拥有对内容进行分类的技巧，并对每一章节都进行了深入的细分，以满足学生在不同学科领域的特定需求。在进行教学活动时，我们会针对不同专业的具体需求，制定有针对性的教学目标和教学大纲。此外，我们还会挑选与专业要求相匹配的教学材料、实验内容和技能培训，旨在逐渐增强学生在计算机学习和专业应用上的综合技能。

（二）多样化的教学组织形式

除了使用传统的课堂教学方式，我们还可以通过专题讨论、学术研讨和定期的互动交流等多种方式，向学生传授知识。在教学过程的每一个步骤中，我们都应该策略性地将思维训练纳入其中，这将有助于促进专业知识与计算机思维能力之间的相互交流和提升，从而不断增强学生的实际应用能力和创新思维。

（三）以学生自主学习为主的教学

在最近几年里，由于计算机技术的快速进步和广泛应用，大学计算机基础理论课程的内容变得越来越丰富，涉及的知识点也变得更加复杂和多样。考虑到教师资源、教学设备和授课时间的限制，我们认为有必要让学生能够独立掌握一些基本知识，这不仅可以缩短教学时间、提高教学效果，还可以激发学生的学习热情。学校应当高度关注网络教学资源平台的建设和课程内容的创新，这样才能为学生创造一个更高质量的自主学习环境。

通过将计算机基础课程与专业课程紧密结合，并将课程作业转化为具体的专业任务，成功地激发了学生的学习积极性。我们致力于构建教师的指导体系和全面的自我学习监控机制,以协助学生识别并弥补在学习过程中可能出现的不足。实施这些建议不仅能够激发学生的学习激情和增强他们的自信,还有助于提升他们的自主学习能力。①

四、教学方法

(一)案例教学法

与那些主要依赖于简单罗列抽象理论知识的传统教学方式相比,案例教学法更能激发学生的学习热情,并加强他们的主动思考能力。在进行计算机基础课程的教学时,我们选择了案例教学方法,并结合来自社会、日常生活、经济等多个领域的代表性案例来激发学生的学习兴趣。我们还将这些案例与知识点紧密结合,以帮助学生更深入地理解和掌握各个知识点。在展示计算机思维的过程中,教学实例应与学生的专业背景紧密结合,确保计算机思维与其专业应用之间的紧密联系。案例教学的核心方法是通过教师与学生之间的深入互动和讨论,从而激发学生的自主思考、归纳和总结的能力。除了上述内容,我们还需要策略性地培养学生的思考模式,使他们能够深刻理解如何运用计算机科学的方法和思维来面对专业的挑战,从而进一步提高学生的计算机思维技巧。

在课堂教学中融入有代表性的案例,能够显著地提高学生的学习热情,激发他们的创新思维,并增强他们的独立思考和评估技巧。此外,借助多种实例,学生能够深刻感受到隐藏在知识之下的独到思考方式和技巧,这不仅有助于简化复杂的知识体系,还能帮助他们更全面地理解知识间的深层联系和固有规律,从而在思维活动中构建一个稳固和系统化的知识结构。

案例教学法旨在培养学生的计算机思维能力,关键是选择合适的教学实例,具体的实施步骤如下:首先,在教学过程中采用适当的方法来引入问题;其次,我们鼓励学生独立地进行问题分析,并把这些问题转换成计算机能够处理的符号性的语言表达。然后,在教师的引导之下,学生能够运用计算机的思考方式和能力来寻找问题的答案;再次,教师详尽地解释了在解决问题时需要掌握的与计算机技术有关的专业知识;第五点,学生应该积极地对他们已经掌握的各类知识和技巧进行总结和概括;最后,教师会分发作业以评估他们的教学成果。

(二)辐射教学法

鉴于计算机基础课程的独特性,它的教学内容常常展现出"内容繁多但又混乱无

---

① 乔寿合,付海娟,韩启凤.计算机网络技术[M].北京:北京理工大学出版社,2019.

序"的现象。由于授课时间的限制，我们不能进行全方位的教学活动。我们可以选择一些具有代表性的核心知识点作为教学材料，并采用从点到面的辐射式教学方法，以核心知识为中心，帮助学生学习其他知识内容，从而达到触类旁通的教学效果。

（三）轻游戏教学法

为了克服课程内容的单调和学生学习兴趣的减退，我们可以采用轻松的游戏方式向学生展示教学内容，这样可以帮助他们通过简单的应用技巧、低强度的开发和高实用性来实现教育目标。在程序设计课程的教学背景下，教师可以采用"轻游戏"的教学方法，向学生传授一些经典的算法实例，如交通信号灯问题和计算机博弈等，这对于培养学生在程序设计方面的思维能力具有极大的助益。

（四）回归教学法

在向学生传授计算机的基本概念时，培养他们使用计算机进行问题分析和解决的技能显得尤为关键。在教育过程中，如何有效地帮助学生将真实的问题转变为计算机可以辨识的语言符号的抽象思维，一直是教育领域的一个挑战。采用回归教学方法能够高效地应对这一难题。在计算机科学的研究中，许多理论都是基于实际应用场景而构建的。因此，回归教学法将这些理论与问题的本质紧密结合，通过理论教学和原型问题解决过程的讲解，引导学生去理解和认识计算机是如何分析和解决这些问题的，从而逐步培养学生的抽象思维、分析和建模能力。回归教学法构建了一个从实际操作到理论知识，再从理论知识到实际应用的连续流程，这有助于不断提高学生思考的抽象性。

五、教学考核评价机制

（一）完善理论教学的考核机制

1. 注重思辨能力考核

假如课程评估主要聚焦于批判性思维能力的评价，那么学生的学习焦点很可能会逐渐转移到对思考模式和方法的熟练掌握上。在进行课程评估时，我们应当重视提高主观题目的占比，特别是要关心学生处理典型案例的策略和方式，激励他们给出开放的答案，并鼓励他们从计算机与专业融合的视角来阐述自己的观点。

2. 调整各种题型的比例与考核重点

首先，我们在机器考试中提高了多选题的比例，并通过加入更多有助于培养计算机思维的题目，以帮助学生更好地掌握知识、思维方式和方法。另外，在设计填空题型时，我们必须高度重视思维与知识的融合，将包含思维元素的知识点作为题目的核心,并采用解决问题所需的正确思维来补充答案,从而实现思维和知识点的完美结合。最终,在对综合题型进行评估的过程中,我们应当更加注重知识点与思维方式与实际专业问题的紧密结合。

3. 布置课外大作业

大作业是教师根据教学进度和课程需求为学生分配的,并要求学生在规定的时间内完成的课程任务。大规模的作业主题应当是宽泛的,并且学生有责任产出与之相匹配的成果。为了确保作业的顺利完成,学生需要对大量的相关资料进行深入的研究,并掌握与这些资料相关的软件工具,比如创建一个网站,这意味着他们需要对网页制作有深刻的理解;为了构建一个高效运作的图书管理系统,你需要掌握与数据库相关的专门知识;若你有意开发一款网络通信软件,掌握与网络编程有关的专业技能是绝对必要的。学生拥有独立完成大规模作业或与他人协同完成任务的技能。大规模的作业不只是要展示学生已经掌握的计算机思维和解决问题的方法,还应该展示计算机思维在问题解决中的应用方式,同时也要考虑到各个专业领域的普遍需求。通过增加课外作业在学生课程评估中的占比,我们成功地激发了学生对团队合作和深度思考的热情。

(二)建立多元化综合评价体系

学生的学术之旅是一个持续进化和提高的过程,仅仅依赖期末考试的得分,并不能真实地反映出学生在学术上的真正成果。因此,我们应当摈弃过去主要依赖于总结性评价的评价方式,而应致力于构建一个多元化的学生综合评价体系,该体系应基于诊断性评价、过程性评价和总结性评价。在构建学生综合评价体系的过程中,除了需要对学生在学习热情、课堂参与度、表现、作业和考试成绩等多个方面进行全面评价之外,还应适当地加强对学生思维和创新能力的综合考核。为了不断提高和完善学生综合评价体系的建设质量,我们应当科学地调整各种考核的权重,并持续创新考核的策略和手段。

此外,在整体评价体系中,对教师教学成果的评估机制也被视为一个非常关键的环节。为了不断提升教师的教学能力并进一步提高教学品质,我们应当考虑强化教学的监督机制、学生的在线教学评估体系,并定期组织教学观摩活动和年轻教师的教学比赛。

六、教学师资队伍

考虑到学生在各自的专业背景中存在差异,我们应当邀请那些拥有丰富专业知识并专注于计算机教育和研究的教师,携手创建一个富有创意的教育团队。鉴于学生所处的不同专业背景,我们有责任制定具有针对性的教学计划,以确保学生能够深入地理解和掌握计算机在各个专业领域中的实际应用,以及解决专业问题时所需的计算机思维和策略。采用这种教学方法,学生可以更为高效地将计算机学习与他们的专业学习结合在一起,这不仅加深了他们对计算机在该领域应用的理解,还进一步提升了他们的应用技能和创新思维。

七、理论教材建设

教材作为推广和传播课程改革成果的最有效工具,不仅需要具有前瞻性和创新性,还应深入考虑其在实际应用中的价值。我们追求的目标不只是展现最新的教育思想和计算机基础理论教学的最新进展,更重要的是确保这些与我们学校在计算机基础理论教学上的真实成果保持一致。在强调计算机的基本知识和技能的同时,也应确保这些知识和技能与学生的专业学习紧密相连。受到"计算机思维能力培养"这一创新教育理念的推动,我们对教材结构进行了科学的调整,全面规划了教材内容,并编写了具有明确特色的高质量课程教材。

此外,我们还可以探索一种创新的教材编写方法,即在专业学科的知识结构中,以该专业的经典应用案例为切入点,详细解释该应用所反映的计算机知识内容,深入分析如何建立问题模型,提取算法,将问题抽象转化为计算机可以处理的形式。这一套教学材料的编纂方式为学生在计算机操作和思维能力方面带来了深刻而全面的改变。

第二节 以计算机思维能力培养为核心的计算机基础实践教学体系

2006年,北京航空航天大学有幸见证了我国第一个国家级计算机实验教学中心的建立。在2007年,九个单位,包括北京大学计算机实验教学中心、西安交通大学计算机实验教学中心、清华大学计算机实验教学中心、电子科技大学计算机实验教学中心、同济大学计算机与信息技术教学实验中心、兰州交通大学计算机科学与技术实验教学中心、哈尔滨工业大学计算机科学与技术实验中心、杭州电子科技大学计算机实验教学中心和东南大学计算机教学实验中心,被认定为第二批国家级计算机实验教学示范中心。

计算机科学是一个高度重视实际应用的学科，我们所有的创新思维和创意都必须依赖计算机来实现，否则它们将变得毫无意义，就像梦一样。在大学的计算机基础教育结构里，采用实验性的教学手段显得尤为关键。这个方法在培养学生的实际操作技能、问题的分析和解决能力、知识的综合应用能力以及创新思维等多个方面具有不可替代的重要性。我们的目标是培养顶尖的创新型人才，这意味着我们需要将他们与理论课程紧密结合，并在确保满足学生的专业应用需求的基础上，逐渐构建一个以培养计算机思维和创新能力为核心的多层次、立体化的计算机基础实验教学体系。

一、教学理念

实验教学不仅仅是一个将理论知识转化为实际操作的过程，它的目的是确保学生的知识和行为是一致的，同时也是一个旨在培养学生的全面素质和创新思维的过程。实验教学旨在培育能够为国家贡献力量的顶尖创新人才。我们始终遵循"理论与实践同等重要，专业知识与信息技术的融合，以及素质和能力的同步培养"的教育理念，并将"培养学生的实际操作和创新才能"作为我们的核心任务。我们的目标是紧密结合计算机基础实验教学与理论教学、实验教学与专业应用背景，以及科研与实验教学，旨在建立一个既科学又合理的分类分层实验课程体系。我们同样致力于对实验教学的模式和方法进行创新，优化实验教学环境，激发学生进行自我驱动的研学创新，重视学生个性的全面发展，并在实际操作中激发他们的创新精神，以持续提升学生在应用和应用创新方面的能力。

二、课程体系

我们将"培养计算机思维能力"确定为大学计算机基础教育改革的核心目标，并进行了深入的研究，目的是了解不同专业在人才培养目标和计算机应用需求方面的差异。鉴于各专业学生的独特性，我们构建了一个实验课程体系，该体系被分为三个不同的层次：基础通识、应用技能和专业技能。不同种类的课程都包括了基础型、综合型和研究创新型的实验项目，目的是满足不同水平人才的培训需求。在选择和设计实验项目时，我们必须确保它们与实际的应用场景紧密结合，并强调其趣味性和严谨性。此外，我们还需要考虑到不同学科领域的实际应用需求，这样可以激发学生的学习兴趣，扩大他们的创新思维范围，并培养他们的科学思维和创新意识。

基础通识类实验课程以基础验证型实验为核心，旨在协助学生验证他们所掌握的理论知识和基本操作技能,同时将"主题实践"的教学理念整合到整个实验教学过程中,确保基本操作和技能能够在具体的实验项目中得到综合应用。在技术应用相关的实验课程中,我们强调将所学知识应用到实际操作中,主要采用全面的实验技巧,强调实验在实际应用中的重要性,并在降低理论知识的重要性的同时,更多地采用计算机思维方式和方法,以培养学生的问题分析和解决能力。

在设计涉及专业技术的实验课程时,特别强调了计算机科学与学生所学专业的紧密结合,旨在培养学生运用计算机科学的思维方式和技能来解决实际的专业问题。在我们的课程设计过程中,综合性实验和研究创新型实验的占比显著增加,这是为了全方位培养学生在创新思维、科研技能、实际操作和团队合作等多个方面的能力,从而不断加强学生的自主学习、综合应用和创新精神。

为了更好地满足学生的学习兴趣和专业标准,我们为学生提供了他们可以自主选择的实验模块,并对各种实验的比例进行了深入的科学规划。我们对基础层次的实验进行了确保和优化,同时也强调了综合层次实验的重要性,并在研究创新层次的实验方面做了适当的扩充。在规划各类实验的过程中,我们应当致力于模块化和模块化的设计理念,以便更好地满足学生多样化的需求。此种教学方法让学生能够根据自己的专业背景自由选择实验内容,这不仅有助于他们的个性化成长,还能有效地培养出多层次、高素质的人才。

三、教学模式

依据高等学校计算机基础课程教学指导委员会所公布的"技能点"教学准则,我们致力于培育学生在计算机思维方面的能力,以便能够培育出具有多个层次和高素质的专业人才。考虑到学生的独特能力和他们的专业背景,我们精心策划了多个课程的实验教学大纲。为了满足不同专业的独特需求,我们精选了多种实验项目,并为它们设计了各种不同的实验时间。此外,我们也实施了多种独特的实验教学方法,并成功地将课堂实验与课外活动结合在一起,从而逐步完善了计算机基础实验的教学结构。

(一)分类分层次的实验教学模式

不同的专业对学生在计算机应用方面的技能有不同的需求,因此,计算机基础教学应该与这些需求保持一致。经过对多个需求的深度分析和分类,我们选择进一步将这些专业细分为理科、工科、文史类和经济管理医学艺术类等核心领域。接下来,我们根据学生的实际技能和他们的未来发展方向,进行了分层次的培训,并逐渐构建了一个与计算机基础理论相匹配的实验教学体系。

（二）开放式的实验教学模式

在教授计算机基础实验时，我们应当优先考虑采用开放性的学习方法，并在教师的指导下，致力于提高学生的自主学习能力。在一些高度综合性的实践教学活动中，学生通常会以小组形式讨论和分析问题，然后独立设计和实施解决方案，这样可以让每个学生都能充分表达自己的观点，激发他们的创新思维，并培养他们的创新能力。[①]

（三）任务驱动式教学模式

在计算机基础实验的教学环节中，任务驱动的教学方法展示了一种基于计算机思维的创新教学策略。在这一独特的教学模式里，教师的核心职责包括展示基本的教学操作、提出并呈现教学任务、引导实验活动，以及对这些任务进行全面的总结和概述。在教师的引导之下，学生们通过独立的学习旅程和相互之间的交流，采用计算机科学的思考模式和方法来进行问题的分析和解决。为了激发学生的学习兴趣，教师在实施任务驱动的教学策略时，应选择与学生日常生活紧密相连的计算机应用问题作为实验材料，例如开发图书馆管理系统、超市商品管理系统和电子商务网站等。在教师的引导下，学生可以通过自我探索、团队合作、选择适当的计算方法或编程工具，并在持续地调试和修改过程中完成这些任务。利用任务驱动的实验教学方法不仅极大地激发了学生的学习热情和主动性，而且在强调学生掌握基本操作技能的同时，也特别重视培养和提升学生的计算机思维能力。

四、教学内容

随着计算机技术的飞速进步，各种实验教学方法和工具也在不断地更新和创新。为了促进计算机基础实验教学的全面创新，我们必须以先进的教育观念为导向，将这些尖端的计算机技术与实验教学的具体内容、教学方法和所需工具紧密结合。

在开展计算机基础实验教学的过程中，我们应当将学生置于教学的核心地位，根据学生的不同需求和专业背景，选择合适的实验教学策略或结合多种教学方法，旨在激发学生的实践和创新热情，从而达到提高学生实践和创新能力的教学目的。例如，在进行基础层次的实验任务时，主导的教学方式是教师亲自在现场进行演示，并提供相应的指导；在这种多层次的实验教学项目中，学生可以通过小组的方式进行互动和讨论，从而进行有效的教学活动；在研究创新的实验项目中，采纳学生的开放式独立

---

① 饶国勇.计算机应用基础实验指导与习题集[M].北京:北京理工大学出版社,2017.

实践教学方法被看作是一个实际可操作的选择。除了这些,还有一些其他的教学方式,例如网络教学,这些方法可以被整合到学生的课外实践中;以目标导向的教学方法在多个实验项目的教育过程中都展现出了巨大的应用前景。在众多的实验教学活动中,我们经常结合各种独到的教学策略,目的是提升课堂教学的效果和品质。接下来,我们将对实验教学中经常使用的几种方法进行深入探讨。

(一)目标驱动式教学方法

教师为实验设定了明确的目标和项目,而学生则在教师的指导下独立完成实验的各个阶段,这包括但不仅限于查阅相关资料、制定设计方案、进行上机操作和调试、测试实验结果和编写实验报告等。这种教学方法有助于培养学生的自主学习能力,并加强他们在实际操作和独立创新方面的技能。

(二)开放式自主实验教学方法

鉴于目前的实验环境,学生可以依据自己的专业知识和兴趣来挑选最适合的指导教师和实验项目。在教师给予恰当的实验指导后,学生有能力独立地完成实验的全部步骤。开放式的独立实践教育方法着重于培养学生的独立学习和创新才能。

(三)小组互动讨论式教学方法

教师把学生划分为若干小组,并引导他们在教师、学生、小组成员和组内其他成员之间探讨实验设计的策略和手段。这样的方法不仅成功地激发了学生的参与激情,还提升了他们在语言交流方面的能力,并在这一过程中培养了他们的团队合作精神。

五、教学考核评价机制

当我们评估实验教学的效果时,必须高度重视学生的实际能力,密切关注他们的学习历程,并从多方面跟踪他们在实验活动中的表现,例如他们的参与热情和所做的贡献。教师不仅有能力使用实验课程管理系统来追踪学生的实验进度,还可以要求学生提交实验进度报告,这使得教师能够实时进行指导和检查,从而更有效地控制学生的实验进度。

在与程序设计和实际操作相关的实验课程中,我们应该逐步摒弃传统的书面考试方式,转而采用机器操作或编程的"机考"方式。这种教学方法有助于打破学生过度依赖死记硬背的传统考试方式,激发他们在日常生活中进行更深入地思考、实践和操作,从而有助于培养他们的科学思维和实践操作能力。

实验教学考核旨在对学生在实验流程和实验质量方面的表现进行客观和精确地

评估,以便更加有效地促进学生在实践和创新方面的能力提升。鉴于计算机基础实验教学在强调实验方法多样性和过程与结果平衡方面的重要性,我们认为有必要构建一个多元化的实验教学评价体系。在我们的评价体系里,四中运用了多样化的考核手段,这包括日常的实验评估、期末的机器测试、实验任务的评价,以及对研究创新能力的全面考核。在我们进行的常规实验评估活动中,我们特别关注学生在实验过程中的表现以及他们的出勤状况。期末机器考试的核心目标是对学生的基础操作能力和整体应用技能进行全面评估,以达到无纸化考试的标准要求。实验作业考核旨在从多个角度全面评估学生在自主学习、综合应用和创新能力方面的表现。学生们有权根据他们的专业领域选择合适的实验题目,并有机会自主组建一个团队,独立设计和执行解决方案。

最终,教师会根据学生提交的实验步骤、实验报告,以及他们在现场展示和答辩时的表现,给出相应的成绩。研究创新考核制度的创建目的是激励学生更加主动地参与各种科学研究和计算机竞赛活动,其核心目标是培养学生的探究精神、科学思维模式、实践操作技巧和创新思维。在建立实验考核体系的过程中,我们必须对实验教学的每一个环节进行深刻的思考,确保对学生的评价是全面的、客观的、精确的,这样才能加强学生对实验教学的关心和重视。

我们需要根据不同类型实验课程的具体需求和特性来选择合适的考核方式,并科学地调整这些考核方式之间的比例关系。例如,对于基础通识类的课程,可以采用平时实验占 10%、期末机考占 60%以及实验作业占 30%的考核体系;技术应用课程的评估体系可以是:日常实验占 10%,期末机器考试占 40%,以及实验作业占 50%;对于研究与创新相关的课程,可以实施一个考核体系,该体系包括日常实验占 10%、实验作业占 50%以及研究创新占 40%。

六、教学师资队伍

我们追求的教育目标是培养一个对实验教育充满热情,具备卓越的教育和研究能力,并在实验教学方面积累了丰富的经验,同时也勇于探索新的教学方法的教育团队;我们正逐渐完善和调整教师团队在学历、职称和年龄等多个方面的组成结构;我们始终鼓励并支持教师们参与到实验教学教材的撰写以及实验教学设备的独立研发中;我们鼓励从事教育的专业人士将他们在科学研究和开发领域的丰富经验与计算机基础实验教学相融合。在不断提升自己的科研能力的同时,我们也鼓励他们设计和开发一系列高品质的综合性实验项目,以丰富实验教学的内容;我们正逐渐优化教师培训和教育体制，以确保教育团队在专业知识和技术方面能与时代发展保持一致；为了进一步优化教师的管理体制，我们正在积极推动来自各种学科背景的高质量教师参与计算机基础实验的教育和改进工作。我们逐渐建立了一个以全职教师为中心，兼职教师为辅助的混合管理模式，以确保人才资源能够相互补充和整合。

七、实验教材建设

在高等教育中的计算机基础实验课程里，制定实验教材被视为核心任务之一。在编写实验教材的过程中，我们必须高度重视教材的"速度""创新性"和"全面性"这几个方面的特性。当我们谈及"快"的概念时，我们是在强调实验教材的编写必须与计算机技术的快速进步保持同步，并确保教材的内容能够持续更新；"新"的定义是将计算机科学的前沿研究和尖端技术整合到教学材料中，以确保实验教学的最新进展能够及时地体现在教材中；当我们谈到"全"这个词，意味着在大学的计算机基础实验课程中，每一门核心课程都配备了相应的实验教材或讲义。

有两种方法可以制定实验教材：一种是创建独立的实验教材，另一种是将理论知识和实验操作结合在一起的教材。在编写理论教材的过程中，前者也同步编制了相应的实验教材，目的是帮助学生在进行实验操作时，能够设定清晰的实验目标并提供详尽的实验参考资料。从另一个角度来看，教学资料应当确保理论知识与实际操作紧密相连，并在内容组织方面，特别强调对计算机操作能力的需求。鉴于实验课程所具有的独特性质，我们具备挑选最符合需求的教材编写方法的能力。对于那些强调实际操作和应用的课程，比如微机原理与接口技术、多媒体技术与应用、计算机网络技术与应用等，可以选择专门的实验教材。对于那些主要集中在基础知识和技术方面的课程，比如大学计算机基础和程序设计语言等，可以选择编写将理论知识和实验操作结合在一起的教材。

我们始终保持坚定的决心，沿着持续发展的实验教学改革之路前行，密切关注计算机技术的最新进展，以满足计算机技术不断更新的需求。我们积极地投身于全球前沿的理论与技术讨论与研究中，持续关注计算机科学的最新进展和发展方向，适时地对实验教学体系和课程内容进行调整，并努力将前沿的技术、工具、方法和平台融入实验教学的实践中。我们承担着推进计算机基础实验教学在观念、课程结构、教学内容、教学模式和方法，以及教学资源库建设等多个方面进行改革的责任。我们的目标是培养出具有高度创新意识、科学思维能力、坚实基础和广阔视野的多层次高素质创新人才。基于实验室的硬件和软件环境，我们一直在努力增强教学资源的共享能力和开放性。围绕着教学体系和管理体制的创新,我们持续提升实验教学团队的整体能力,并通过科研活动来加速实验教学的进展,目的是进一步提升计算机基础实验教学的整体质量。

第三节 理论教学与实践教学统筹协调

一、理论教学与实验教学统筹协调的教育理念

在计算机科学的研究中,理论知识与实践操作被视为两个突出的特点。因此,实验教学不仅构成了理论教学的一个组成部分,同时也被看作是一种关键手段,用于培养学生在计算机思维方面的能力。为了提高我们的计算机思维能力,我们需要进行大量的实践活动,这些活动是在不断地实践过程中逐步形成的。理论教育不仅仅是学生掌握核心知识和技巧的手段,它同样是他们深化科学思维、增强科学实践能力、塑造科学的品质和提升科学修养的关键路径。然而,如果仅仅将注意力集中在理论教育上,学生掌握的知识可能会变得毫无实际意义。只有当学生亲身参与并将所学应用到实践中,他们才能真正理解和掌握解决问题所需的思维模式和策略。结合理论学习,学生可以对计算机的思考方式有更深入的了解,并能吸收与之相关的思考技巧和方法。实验性的教学方法是大学计算机基础教育的核心部分,它在培养学生综合应用计算机技术和运用计算机思维解决问题的能力方面起到了极其重要的作用。因此,我们应该摈弃只将实验教学和理论教学结合的陈旧观点,而应该构建一个将理论教学和实验教学紧密结合的教育哲学体系。

(一)理论教学与实验教学的协调关系

在构建知识的过程中,教育的主要焦点集中在两个核心领域:最重要的是确保学生能够积累他们所需的各种知识;接下来,我们应当激励学生持续地将他们大脑中的知识积累和沉淀归零,使他们恢复到原始和空灵的状态,这样可以为大脑创造更多的空间来培养新的智慧。在理论教学过程中,最核心的目的是向学生"灌输"知识,确保学生能够持续地积累社会所需的知识,从而实现教育的基本目标。学生在掌握新知识的过程中,会因为他们的个体差异而展现出不同的能力,但这种差异是有其局限性的。因此,如果我们不能有效地"释放"我们所累积的知识储备,那么这些新知识将很难真正进入我们的大脑,这也是"填鸭式"教学方法效果不尽如人意的核心原因。实验教学的核心目标在于将学到的知识付诸实践,也即通过真实地体验、感知和实践来

"释放"那些已经积累和沉淀的综合知识。这种"释放"并不是指知识的减少,而是将知识转化为学习者的特定素质或能力,从而实现教育的第二个目标。

教学方法中的理论与实验构成了一个既存在冲突又相互对立的完整体系。在理论教学中,这种矛盾主要体现在如何将知识"传递"到大脑,以实现知识的持续增长。而在实验教学中,知识被"释放"到大脑,这导致大脑原有的知识储备和积累逐渐减少;在学习的旅程中,这种一致性主要体现在知识的传播、个人品质的增强和技能的培育上。当学生进入知识应用阶段,他们不仅会吸收新的知识,还会培养与之相关的思维能力,尤其是对知识的深度理解、实际应用和转化的能力。在整体教学活动中,理论教学和实验教学是两个相互独立的子系统,它们不仅各自具有独特的优势和内在规律,而且在一定程度上也存在着相互影响和联系。如果两种不同的教学策略都选择了各自独特的路径,并且彼此之间没有任何形式的联系,那么这无疑是对教育核心理念的违背。因此,我们有义务深入探讨这二者之间的密切关系,并致力于将它们整合为一个有机的整体,使得教学过程能够成为理论教学和实验教学相互影响和推动的有机整体。[①]

1. 传授知识与同化知识相互协调

尽管通过语言,理论教学为知识赋予了特定的外观并获得了广大的接受,但知识不能作为实体存在于个体之外,这并不代表学习者对同一知识持有一致的解读。只有当知识是在思考过程中获得的,而不是偶然获得的,它们才具有逻辑上的应用价值。当个体面临特定的问题场景时,他们会对现有的知识进行重新处理和创新,这个过程被称为实验教学与知识接收者的结合。在理论教学过程中,我们特别注重培养学生的描述性知识,特别是基础理论和基本规律的教授。我们追求的是从一个理性的视角深入挖掘学生的内在能力,让他们的思考模式更为科学化;实验性的教学方法主要集中在培养学生的程序性知识,并特别注重对理论教学内容的进一步拓展和验证。这种教学方式不仅直观和实用,还能有效地将抽象的知识转化为实用的技能和品质,从一个直观的视角出发,培养学生在实际操作、问题分析和解决方面的能力,从而全面提升学生的综合素质。从建构主义学习的视角来看,知识是学习者在特定的社会文化背景下,通过他人(如教师和学习者)的协助,利用必要的学习资源,并通过构建意义的方式获得的,这是通过人与人之间的合作活动来实现的。仅仅依靠理论教学是不足以全面掌握这种知识的,只有通过学生之间的实验教学和教师与学生的

---

① 张超.高校计算机基础教育研究[M].青岛:中国海洋大学出版社,2019.

合作才能实现这个目标。在高等教育机构进行人才培养的过程中,只有当理论教学和实验教学能够相互补充和协调时,学生才能更加有效地吸收和理解知识。

2. 提高素质与顺应素质相互协调

人的素质指的是组成人的基础元素的固有属性,这包括人的各种特质在实际生活中的具体表现,以及这些特质能够达到的质量和标准,这是人们参与各种社会活动所必需的核心条件。一个人所拥有的品质是其内在的属性,这种属性是难以用数字来衡量的,同时,一个人的品质也是决定知识处理和创新成果的关键因素。从教育功能的角度看,素质教育满足了人们的个人发展和社会进步的需求。它的主要目的是全方位地提高所有学生的基本能力,强调尊重学生的主体性和主动性,并以培养人的全面个性为其基本特征。在所有高等教育机构中,素质教育始终被认为是培养人才的重要环节。现在,高等教育机构的理论课程结构已经融合了大量与个人素质相关的专业知识。受限于高等教育机构的教学环境和教师资源,教师通常只能接受"批量化的套餐式"教学,这种固有的素质要求使得仅仅依赖理论教学很难真正提升学生的综合素质。在进行实验性教学时,学生能够模拟真实的经济环境,并根据他们的感知和理解,发现在理论教学框架下构建的知识与实际的经济环境存在差异,因此需要根据新的教学模式重新构建。这种新的构建方式会因应个体之间的素质差异而进行调整,它体现了一种"个性化自助"的素质适应过程。在教学活动的全过程中,从素质提升到适应素质,再到素质提升,最后达到适应素质,这是一个持续循环的过程。在这个过程中,起点和终点之间存在着一种难以明确的因果联系。只有当理论教育为学生提供了与其个人素质相匹配的教学资源,实验教学才能在素质教育体系中充分发挥其应有的作用。为了在素质教育体系中最大化理论与实验教学的效果,我们必须确保素质的提升和适应素质之间存在一个和谐的平衡,并从学生的认知发展角度出发,将这两方面有机地结合在一起。①

3. 培养能力与平衡能力相互协调

一个人的品质水平通常是根据他或她的实际能力来进行评价的。从建构主义的角度看,能力被定义为"完成特定任务所需的人的心理特质。"这句话有双重的意思:首先,它体现了已经展现出的实际技能和达到的某种熟练度,这可以通过成就测试来衡量;第二种观点主要集中在潜在的能力上,这是一种尚未充分体现的心理驱动力。通过系统地学习和培训,可能培养出的各种技能和潜在的熟练程度都可以通过可用

---

① 石忠.计算机应用基础[M].北京:北京理工大学出版社,2017.

性测试来进行全面评估。心理潜能通常被视为一个高度理论化的概念,它仅仅是展示多种能力的其中一种可能性。只有在遗传和成熟的基础上,通过不断地学习和探索,我们才能真正地将这些技能转化为实际的技能。虽然我们很难用具体的数字来评估能力,但它确实具有其独特的优点和缺点。在这样的大背景之下,培养能力的最终目的是塑造出具备创新思维能力的高级人才。为了真正达到创新的潜能,这并不是一蹴而就的过程,而是需要从基础技术逐步提升到更高级的技能水平。一旦学生掌握了某一基础技能,他们就会开始探索和追求更高级的技能。通过运用自我调节机制,学生的认知发展将会从一个技能状态转向另一个技能状态,这正是建构主义理论所追求的平衡状态。理论教学的目的是将能力型的知识融合到学生能力的培养过程中,这样他们在掌握了这些知识之后,可以将其转化为实际的操作能力;实验教学方法的目的是通过"实践中的学习"来引导学生从单一技能状态向更高层次的技能状态转变,而在这一探索之旅中,理论教学的辅助作用是绝对必要的。创新能力的塑造是一个持续不断的过程,从一个稳定的平衡状态逐步过渡到一个不稳定的状态,并最终实现平衡。

(二)理论教学与实验教学的统筹协调原则

高等教育机构在培养人才的质量方面,不仅需要从学校内部对其内部质量特点的评估中受益,还需要从社会对其外部质量特点的看法中获得反馈。以提升人才培养质量为中心的高等教育人才培养模式改革,必须严格遵守教育的外部和内部关系规律。在设计理论教学与实验教学的综合协调模式时,我们必须高度重视社会需求和人才培养计划之间的协调配合。在忠实于这一核心思想的前提下,我们还需确保实验教学和理论教学之间能够形成和谐的互动关系,以促进二者之间的高效合作和一致性。另外,教育的最终目标是培养个体的能力,因此,我们必须始终坚持传授知识、提高个人素质和能力的培养这一基本原则。

1. 社会需求与人才培养方案相协调

高等教育机构进行教学改革的核心目标是提升人才培养的整体质量。潘懋元,身为教育学领域的权威学者,他明确强调,教育应当与社会的进步保持同步,教育应该受到特定社会在经济、政治和文化方面的影响,并致力于为这些社会在经济、政治和文化方面的进步提供支持。在评价高等教育机构的人才培养质量时,存在两个主要的评价标准:一个是基于社会的评价标准。在对高等教育机构的人才培养质量进行评估时,社会的评价主要是基于高等教育的显著质量特点,即高校毕业生的素质。在对毕业生的综合素质进行评价时,我们更加重视他们是否能够满足国家、社会和市场的多元化需求;学校内部环境是另一套评估标准的制定背景。对于高等教育机构来说,评价其培养出的人才质量主要是依据高等教育本身所具有的质量特性来进行的。这意味着我们需要对学校培养的学生进行全面评估,看他们是否满足了学校设定的专业培养目标,以及学校的人才培养质量是否与这些目标保持一致。教育的内在规律受到外部规律的制约,要想实现这些外部规律,就必须依赖于内部的规律。因此,在高等教育机构中,提升人才培养的质量意味着需要加强人才培养与社会的匹配度,并确保其与社会的需求和培养目标保持一致。

2. 实验教学体系与理论教学体系相协调

实验性教学与理论性教学共同构筑了一个高度互联的有机教育体系。只有当我们对课程体系的总体结构、课程的种类以及内容等多个维度进行深入的思考和融合,我们才能达到最佳的教学效果。在传统的教育模式里,课堂教学与实验教学被清晰地区分为两个相互依赖和相互支持的有机部分,这样做是为了确保学生在实际操作中能够更好地吸收和提高课堂知识。在构建实验教学体系的过程中,我们必须根据人才培养目标和实验教学目标的形成机制和规律,确保实验教学与理论教学之间的紧密结合和配套,同时也要注意保持实验教学的完整性和独立性。在教育观念的引领之下,学校对全面人才的培养目标逐渐转向了理论和实验两个方面的教学目标。这些教学目标是在社会需求和人才培养计划相互协调的基础上建立的,从而构建了一个包括理论教学和实验教学的全面课程体系。在全面评估了多种影响因素之后,我们融合了理论与实验的教学手段,进而设计了一套旨在满足学生在职业、行业和个性方面多样化需求的专业教学计划。

3. 知识传授、素质提高以及能力培养

知识、个人素质以及技术能力共同构建了一个高度互联的体系。从柏拉图的时代开始,众多的教育思想家持续地提倡这样一个理念:教育不只是传递知识,更重要的是培养和塑造能力。瑞士知名的教育专家戈德·斯密德也强调,在高等教育体系中,传授知识的过程中,应特别注重培养学生在多个方面的能力。素质是知识内部化的体现,而教育和教学的最终目标是提升素质并将其转化为实际的能力。我们的目标是将知识转化为个人的特质,并将这些特质进一步转化为具体的能力,在知识融合和个人特质适应的过程中,达到能力的均衡。鉴于每个人在素质和技能上的差异,他们在知识的掌握和运用上可能会有一些明显的误解。在实际运用科学知识的过程中,许多学生产生了误解和错误,这不是因为他们的知识是准确的,而是因为他们的个人素质和能力还没有达到能够理解和应用这些知识的程度。因此,在构建人才培养模式的过程中,我们有责任确保知识的传播、个人素质的提升和能力的培养三者能够和谐统一,这样才能在多个方面实现共同的进步。

二、"厚基础、勤实践、善创新"的教学目标

与纯粹的理论教学相比,"精讲"这一教学理念要求教师精心挑选关键知识点,以便能够重新组织和构建教学资源。在进行教学活动时,我们必须高度重视教学的关键内容和难点,以"精髓"为中心思想,激发学生的思维潜力,并引导他们进行更深层次的思考。"多练"与实验教学是两个互为对立的理念,通过对理论教学和实验教学时间的适当调整,能为学生创造更多实践计算机相关技术和方法的机会。在教学观念方面,全面的指导方针是从无意识和不经意的方式转向有意识、有系统的计算机思维教学,这不仅传授了知识和操作技巧,也强调了背后的思考方式。在设计教学策略的过程中,我们特别强调对学生应用技能和思维能力的培养,并采用创新的教学手段来展示计算机学科的核心理念和计算机思维的吸引力。

(一)理论教学方面

理论教育的主要目的已经从单纯地传授知识转向了采纳基于知识的思维方式进行授课。当学生深入研究与计算机理论相关的主题,例如计算机系统的构成和数字在计算机中的表示方式时,他们可能会觉得这些概念过于抽象和难以理解,但这正是他们理解和认识计算机学科的基础。当教师教授这类内容时,他们应当精心策划教学资料和案例,深度探索知识背后的思考逻辑,并在授课时精简内容,重视问题解决的方法。教学模式已从传统的"先教后学"模式,演变为"先学后教"的新模式。对于大一的新生来说,他们在计算机基础课程中已经对许多方面有了不同层次的理解和掌握。在正式进入这些主题的学习阶段之前,教师可能会通过为学生分配特定的任务和作业,从而使他们能够根据这些任务或问题进行自我学习。在教学活动中,教师具备引导学生深入理解问题的能力,这不仅可以帮助学生对学习材料有更深入地认识,还可以培养他们的自主学习和思考能力。在某些特定的教学资源中,学生可以优先进行深入的前期准备。以课堂教学为例,当涉及计算机的历史发展、未来展望、其对人类社会的长远影响以及与之相关的新兴信息技术等议题时,教师通常会鼓励学生在课程开始前进行深入的思考和学习。在教室里,教师会引导学生进行深度地思考和交流,逐渐扩大他们的思维范围,并培养他们分析问题的能力。

(二)实践教学方面

在实际教学活动中,我们应该高度重视其在实际应用场景中的实用性、具有吸引

力的特质以及整体性的融合。在当前的计算机基础教育结构中,实践性的教学方式占据了中心位置,对于培养学生在实际场景中应用计算机的技能,它发挥了不可或缺的角色。在当前的计算机基础实践教学环境中,仍然面临着众多的挑战,例如教学内容的更新速度较慢,以及所教授的内容并不总是当前最核心的技术;选择的实践内容与学生的实际学习和生活经验有所出入,这与他们所学的专业领域不符,导致他们难以将所学知识应用到实际生活中,也难以激发他们的学习兴趣;在实际的教学过程中,内容的组织结构并不是特别紧凑,教师在解答问题的过程中给出的指导也缺乏迅速性;在执行计算机操作的过程中,我们观察到在监控和管理上有显著的短板。面对这些挑战,我们在日常的教学过程中应该高度关注以下几个关键领域的职责。

1. 紧跟计算机技术的发展,及时更新教学内容、实验环境

只有当学生真正掌握了当前的核心技术,他们的实际应用能力才会得到加强,并能够培养出具有实际技能的计算机应用专家。在设计实践内容的过程中,我们特别注重增加趣味性,确保实例与学生的实际需求紧密相连,并与学生的专业背景相结合,我们的目标是激发学生的学习兴趣并触动他们的情感。在设计实验内容时,除了要确保学生能够掌握基础知识和技能外,还需要加入一些更具综合性的题目,这样可以让学生感觉到所学的内容不仅实用,还能帮助他们解决在学习和生活中遇到的实际问题。

2. 规范上机实训流程,强化总结反思环节

标准的上机实训教学流程可以按照"学生实际完成任务、教师进行巡回指导——然后进行讲解和总结"的顺序进行。在实训开始之前,教师会首先为学生分配上机任务,并对上机的目的、内容、方法和需要注意的事项进行详细的说明和解释。只有当任务的定义明确并选择了适当的方法时,学生才有可能按照预定的规则完成计算机作业。通过巡回指导,我们具备了及时识别学生在使用计算机时可能遇到的各种问题的能力,并能为他们提供实时的答案和指导,以确保练习能够顺利进行。除此之外,我们还能对学生在实际训练过程中的表现有更深入地了解,这将使我们在后续的教学讲解和总结环节中能更有目的性地进行教学活动。在计算机的实际操作过程中,解释和总结不仅仅是最后一个环节,它也是一个极其关键的环节。通过教师的深度讲解和总结,我们不仅希望学生能够掌握解决具体问题的技巧,更希望他们能够理解解决问题的方法,培养他们的举一反三的思维能力,引导他们拓展知识和迁移,并帮助他们进行深度的反思和内化。

从将理论教学与实验教学紧密结合的角度来看,深化计算机基础教学的改革实

质上是对理论教学和实验教学的组织结构进行了深度整合。此项措施的目标是在制度上确保所有的改革行动都能得到有力地实施，以实现教学资源的最佳配置和整合，创建一个能将教学和实验完美结合的"生态环境"，从而真正提升计算机基础教学的总体品质，并达到最佳的教学效果。为了确保理论教学与实验教学能够无缝地结合在一起，并进一步提升教学流程的有效性以及教学成果的显著提升，我们有必要对计算机基础教学的管理架构和操作手法进行创新性的改进。

第十章　微课教学模式下的计算机教育教学

当人类步入 21 世纪的第二个十年,"微潮流"开始兴起于网络。微博、微信、微视频大行其道。这是网络技术与现代生活方式不断调适的结果。在教育领域,基于微视频作用的深刻认知,可汗学院以精炼简洁的小视频重新表达基础教育中科学类课程的关键知识点,使视频教学的魅力再现。同样引人注目的是,深悉短小视频与名人讲演结合传播优势的 TED 讲座,以 18 分钟为上限,让技术、娱乐、艺术等热门领域的名人的精悍演讲风靡世界。多媒体时代,微课教学模式成为网络时代媒体创新的典范。

第一节　微课资源开发

一、微课的开发

微课是指为使学习者自主学习获得最佳效果,经过精心的信息化教学设计,以流媒体形式展示的围绕某个知识点或教学环节开展的简短、完整的教学活动。后又经过完善将定义改为:微课是以微型教学视频为载体,针对某个学科知识点(如重点、难点、疑点、考点等)或教学环节(如学习活动、主题、实验、任务等)而设计开发的一种情景化、支持多种学习方式的新型在线网络视频课程。

微课相对视频公开课、精品资源共享课、网络课程来讲,视频长度短,注重细分知识点的完整性。如今,在国内微课刚刚发展且存在着不同的认识,微课作品的表现形式就会有多种多样的形态。为了能更加深入地推广微课的开发技术,更好地体现微课的特征,掌握与微课相关的学习理论、传播理论、教学设计与开发流程就很有必要。了解优秀微课的特征,解决微课教学设计制作过程中的各类问题,对于开发高质量的微课具有很强的实际意义。

(一)微课的开发流程设计

微课的开发流程包括微课选题、教学设计、课件的制作(搜索资料、文本图片、视频、音频、动画等资源)、视频录制(PPT 的播放讲解、录屏软件的录制、视频的拍摄等)、后期加工(视频剪辑、特效制作、字幕添加等)、视频输出等环节。

(二)微课选题

微课的选题要切合实际,最好是教学重点、难点和关键点。为知识点取一个响亮的名字(最好是问题),就能很直观的表达出制作的微课想要讲解的内容。例如,近因原则是"汽车保险与理赔"课程的重点内容,其中近因原则的判断是难点内容,所以,可以将这个难点内容作为选题。为此,可以将微课的名字叫作:"汽车保险赔不赔?近因原则告诉你!"

(三)教学设计

教学设计包括确定教学设计思路、确定教学目标与重难点、教学过程设计,当然,撰写脚本的开发路线不同,脚本撰写的方法也不同。

1. 教学设计思路

以"汽车保险赔不赔?近因原则告诉你!"为例,讲述教学设计思路。本课采用基于问题的教学模式,为激发学生的学习兴趣,通过视频案例,采用"提出问题—分析问题—解决问题"的教学思路,教学过程注重学生自主分析问题能力的培养。

首先,通过视频,引出问题,"暴雨"—"车被浸泡"—"启动发动机"—"汽车损坏"—"保险公司赔不赔"。其次,通过讲授,学习近因原则中重要知识点——近因的判断。掌握近因的判断方法,分四种情况介绍,每种情况都以一个案例进行解释,最后一种情况以"车被浸泡"(视频引入)为例,首尾呼应,引导学生运用近因原则进行分析,揭晓答案。最后,通过典型案例,强化近因判断的应用效果,引导学生运用近因判断方法自己分析案例,实现学以致用。

2. 教学目标与重难点

微课的制作首先要了解本节微课设计的教学目标是什么,侧重于哪个知识点。在明确教学目标的同时,也要指出知识点中的教学重难点,教师要进行重点讲解,培养学生理解和应用的能力。

3. 教学过程设计

教学过程分为问题引入、概念学习、核心知识学习、概念界定、解决问题、新案例拓展、案例分析与解决、知识总结等。

问题导入的设计是为了激发学生对学习知识点的兴趣,在一个微课视频中大概占用40~60秒,常用的教学方法是引导启发法。概念学习是对该节微课中讲解的知识点的概念进行理解,知识点概念不同,讲解的时间也不尽相同,通常为2~3分钟。核心知识学习是指本节微课重点要讲授的知识点,当然,微课中的核心知识有可能是一个，也有可能是多个，所以，这也是微课设计的核心问题。核心知识学习常用的教学方法是案例演示法和归纳分析法。知识总结是对本节微课所讲授的知识点进行总结，重点强调知识点的解决思路和方法。

（四）课件的制作

课件的制作主要分为课件模板的制作、Flash 动画的制作、PPT 动画的制作等。开发课件之前，首先确定使用哪些素材，具体包括文字、图形、动画制作、视频等，是使用搜索引擎搜索（百度、谷歌、搜狗），还是自主开发。微课需要的动画制作，可以网络下载，也可以自己使用 Flash 或其他软件进行制作。

（五）视频录制

视频的录制方式主要包括以下三种方式。

1. 视频拍摄工具拍摄

通过 DV、摄像机、智能手机、网络摄像头、数码相机等一切具有摄像功能的设备进行拍摄。当然，有条件的学校也可以采用专业的录播教室进行拍摄。通过这些设备对教师及讲解的内容教学过程进行全程的记录拍摄，这样，真实的教学情境能给人以亲切感。使用视频拍摄工具拍摄可以使情境真实，充分展示教师的教学水平与能力，但是，这也使微课的制作成本增加，有些拍摄工具还需系统学习，不利于大部分教师的使用。在视频拍摄完成后，视频后期编辑工作量大，这些缺点仍需克服。

2. 录屏软件录制

在教师自己的计算机上安装录屏软件进行录制，结合 PPT 与其他软件或者工具呈现教学过程。使用录屏软件成本低，只需下载安装即可，人人都可操作，但需要在 PPT 的制作和微资源的收集与制作上下功夫，才能制作出高质量的微课。

3. 混合式录制

运用实拍式、录屏式合成等多种方式的整合，最终的视频既有拍摄，也有录屏，还有软件开发的各种资源等。也可以采用软件与硬件一体专业级录播或者演播系统。这种方式形式多元、教学主线清晰、信息量大、质量高，具有很好的交互性、学习性和观赏性，是高质量微课的首选方案。但这种方式制作时需要专业的设备与软件，需要专业人员进行拍摄与后期编辑，制作成本高，花费精力大，在脚本设计时需要更加细致。

（六）后期加工

最后进行视频的整合处理，软件主要用到 Flash、Photoshop、QQ 影音、美图秀秀、GIF Animator、电子杂志、会声会影、Camtasia Studio 等。专业级非编软件可以使用 Premiere、Vegas、Canopus Edius 等,也可以使用 After Effects 进行后期特效合成。

专业的后期加工包括三部分。首先,组接镜头,也就是平时所说的剪辑,具体来讲,就是将电影或者电视里面单独的画面有逻辑、有构思、有意识、有创意和有规律地连贯在一起,形成镜头组接。一部好的微课是由许多镜头合乎逻辑地、有节奏地组接在一起的,从而阐释或叙述某件事情的发生和发展的技巧。当然,在电影和电视的组接过程当中还有很多专业的术语,如"电影蒙太奇手法",动接动、静接静、声画统一画面组接的一般规律等。其次,特效的制作,如镜头的特殊转场效果、淡入淡出以及圈出圈入等,还包括动画以及 3D 特殊效果的使用。最后,声音的出现和立体声的出现进到视频以后,还应该考虑后期的声音制作问题,包括后来电影理论中出现的垂直蒙太奇等。

制作者可以进行简单的后期处理,具体包括组接镜头、转场处理、字幕添加等。

(七)视频输出

微课通过录播系统录制后,又使用视频编辑软件进行剪辑,最后通过 Camtasia Studio 添加字幕。需要注意的是:第一,在录播系统的使用中,应注意教师在场景中出现的频率与时间的长短,区分微课与常规课堂。第二,在微课的 PPT 或者动画中,尽量保证是动态的,回避长时间静态帧的出现。

(八)微课开发团队的组建

微课开发的核心应当说是主持老师的创意,就是将知识进行数字化的重构。如果要进行构建系列微课或者构建微课程,则需要进行系统化考虑,即如何整合微课与相关的资源包,使用什么平台,以及如何更新与动态管理等。

开发团队主要包括三类人员:课程策划与教学团队、技术实现团队、界面设计团队。课程策划与教学团队主要包括主持教师、主讲教师、教学策划与设计者等,体现教学设计的心智模式,他们是微课的核心;技术实现团队包括媒体元素设计、编导、摄像、软件技术、影视编辑等技术人员,他们是实现设计的核心;界面设计团队包括 PPT 制作与美工等人员,他们是微课视觉呈现美观规范的核心。

二、微课开发的注意事项

微课最后是以视频的形式展现的,通常需要注意以下几方面的内容。

(一)声音清晰

从微课的主要元素(即教师与教学内容)来讲,优秀的微课在"教师声音的清晰度与感染力""教师体态的语言丰富性、恰当性""教育内容的清晰完整性""整体教学效果"方面都较好。其中,教师的声音是否清晰且具有感染力,不仅与教师本身有关,也与录制的环境有关。在体态语言方面,教师不必过于拘谨,但也不要过于懒散。

(二)教学内容的呈现画面清晰

在教学内容的呈现方面,优秀的微课能够清晰地呈现教师所讲的教学内容,如PPT、动画、视频、教师的操作演示等。整体教学效果则是在前几个要素的基础上体现出来的。

此外,混合录制的方式比摄像机录制的整体效果要好,全部添加字幕比添加部分字幕或者没有字幕的整体效果要好。字幕能够保证在嘈杂的环境(如公交车、地铁等)里也能顺利浏览视频,同时字幕还能够补充微课程不容易说清楚的内容。

(三)片头设计简洁清晰

从视频的设计与录制的角度来讲,优秀的微课在"片头设计""背景声音的纯净度""镜头组接的逻辑性"方面都较好。其中,片头具有"第一印象"的作用,优秀微课的片头大都较为简洁美观。背景声音效果较为嘈杂,如汽车、鸣笛声、教室的回音,会影响教学内容的传播质量,因此优秀的微课在背景声音方面较为纯净。

(四)镜头组接的逻辑性好

镜头组接的逻辑性也是整个微课教学内容逻辑性的一个重要影响因素。比如,根据教师的教学流程,画面中应该出现的是教学内容,那么当前画面就应该展示相应的教学内容,而非停留在教师讲授的画面。

(五)混合式录制

在众多微课的形式中混合式录制的视频质量相对较高,可以多次使用。

三、微课教学设计需避免的问题

从教学设计的角度,针对微课选题、表现形式、教学逻辑、微课定位及教学表达等方面,需要避免出现如下问题。

(一)命题不得当

微课选题是微课开发的第一步,是从总体上考虑微课"做什么""为什么做"的问题。"做什么"就是要通过对教学内容和学习对象的分析,确定微课教学内容的侧重点;"为什么做"就是要考虑微课的应用模式,在此基础上确定微课的题目。

在微课命名方面,微课名字最好不要以课程名字作为微课的名字,如"法律基础""思想道德""体育"这些主题所包含的内容都太大,不可能在15分钟内将内容全部讲述清楚,因此很容易导致标题与内容偏离,造成题大而内容少的情况。

在内容选取上,不能在 15～20 分钟内谈及多个知识点。并且教学方法单调、平铺直叙,很难将众多的知识展示清楚,也很难保持学习者的学习兴趣与注意力。

另外,针对一些概念与理论性的陈述也不建议制作微课。这些概念本身并不是能引起学生认知冲突的内容,教学过程也没有要对概念之间的关系进行辨析,这些教学内容与其做成微课,倒不如让学生看书、查文献,这样学生可能收获得更多。有些知识点并非重点、难点或疑点,内容一般也没有必要制作成微课。

微课选题不仅要"小而精",还要"微而全"。这里的"全"并不是指教师需要在单一的微课里把知识点的前世今生说得一清二楚,而是指微课的内容也要自成体系,教学过程完整、逻辑性强,符合学习认知的规律,不宜跳跃教学步骤,以免学习者产生思维跳跃,影响对知识点的完整理解,也就是所谓的"麻雀虽小,五脏俱全"。

(二)表现形式单一

在学校教师所做的微课中,有部分理论性的教学内容的表现形式主要采用了文字配以教师的讲解,而非用一些相关的图片、视频、音频、动画或者对操作的演示来辅助教学。这些内容本身是较为枯燥的,如果能用多样化的媒体形式展现来加深学习者对其的理解,将有利于提升学生观看视频的兴趣与教学效果。教学内容表现形式是否恰当,也是微课成败的一个重要影响因素。尤其是在微课中如何使用多媒体元素十分重要。

(三)教学逻辑含糊

除了要丰富教学内容的表现形式以外,教学内容的逻辑性也非常重要。如果微课在教学内容的组织与表达方面逻辑性差,将导致学习者在学习完毕不知其教学的主线是什么,主要想讲授、解决的重点是什么,媒体素材的组织与教学内容之间的关系是什么。例如,在讲解过程中,对于主要的内容没有在视频中清晰地呈现;讲到另一个知识点时,没有明确的语言说明与前一知识点的关系以及本知识点的主题,并配以相应的语调加以强调;在利用媒体素材来引入、补充说明教学内容、案例分析时,没有加入过渡性的话语,或者缺少对于这个视频的简单介绍,或者未解释在观看视频时的学习活动安排。最终导致给观看者的感觉就是一堆视频素材的简单罗列。

因此,建议老师在利用多媒体素材时,要先简单地引入、说明素材,并对学生的学习活动进行指导;或者在一个视频演示完毕,配以教师的讲解。在整个教学过程中,也要注意通过讲授的语音语调、PPT 中重点内容的标注、字幕等方式突出所讲的重点与主线。

(四)定位错误

微课作品不是面授,一般不需要有学生集体站起来向老师问好。还有的错将微课当作"说课",展示并解说整堂课的教学阶段。微课虽然时间较短,但是必要的教学环节还是不可或缺的。其中,微课的引入就非常重要,它是能否吸引学习者进行学习与思考的一个重要环节。一节微课的引入方式有很多种,通常采用动画引入、开门见山、游戏引入等。

(五)教学平铺直叙

教学策略是否运用恰当决定了一节微课的整体教学效果。实践证明,有效的教学策略能提升学生的学习兴趣;而教学过程平铺直叙,课堂学习氛围沉闷,缺少案例,没有起伏与高潮,将难以吸引学生。

(六)教学表达欠佳

教学表达是教师利用口语和肢体语言将教学内容传达给学生的过程。教学表达内容是否准确,方式是否恰当,形式是否具有艺术性,直接影响到教学内容的传播。

四、微课开发策略

微课资源的建设要采用多种方式、多种途径,要吸引不同角色的人群参与,而且已建设好的微课资源应该采取开发的资源权限,允许不同的学习者和教师对其进行编辑、再生和更新。具体来说,可以从如下几个方面进行。

(一)多种方式开发微课资源

微课资源开发,可以采取"加工改造原有的课堂教学视频录像""重新选择教学内容,采用摄像机手机等工具重新拍摄""使用录屏软件录制""使用PPT、Flash等软件工具合成""可汗学院的微课录制模式(配备手写板)"等多种途径。不同的方式有不同的资源开发特色,在丰富微课资源的同时,也增加了微课特色和类型。

(二)采取征集评审式和专业拍摄式相结合的策略

征集评审式是指教育行政单位(如学校、教育局等)定期开展微课竞赛、活动等多种形式,从基层中小学教师中征集微课作品到微课资源库平台。这种方式的优势是征集的微课资源数量较多,涉及教师和学科的面较广,但存在制作质量不高、微课资源不成体系等问题。为了制作一批精品优质示范课,教育行政单位可以以项目的形式外包,聘请视频拍摄制作公司和教育教学专家,从全市范围内挑选各年级各学科的名教师、学科骨干教师到专业演播室拍摄,专业公司对教师微课的设计、资源准备、现场拍摄、后期加工、共享发布等环节,进行专业指导和操作。为鼓励名师积极拍摄,教育行政单位可以为拍摄教师提供继续教育学时学分,赠送自己教学的精美 DVD 光盘,并对所拍摄的微课进行评比评奖、提高教师的积极性。

(三)开放微课的编辑权限

已经建设好的微课资源应该采取开放的资源权限,允许世界各地不同的学习者和教师对其进行编辑、再生和更新,当然为了不造成微课资源的混乱,每次编辑之后均需要管理者或者是资源的所有者去确认。百度百科采用的就是这种资源更新模式,效果良好。在教育领域,美国的 TED 课程就将视频、字幕、交互式问答系统融为一体,允许世界各地的教师与学生都能自由编辑视频,得到了学习者和资源建设者的一致认同。

第二节 微课在翻转课堂与混合学习中的应用

翻转课堂颠覆了传统的教学模式,知识传授通过信息技术的辅助在课后完成,知识内化则在课堂中经老师的帮助与同学的协助而完成。混合学习是在线学习和面授相结合的学习方式。与传统的课堂教学模式不同,翻转课堂与混合学习模式下,学生在家完成知识的学习,课堂变成了老师和学生之间以及学生和学生之间互动的场所,包括答疑解惑、知识的运用等。课堂因此变为学生消化知识的场所,从而达到更好的教育效果。

一、翻转课堂中微课的应用

传统教学过程通常包括知识传授和知识内化两个阶段。知识传授是通过教师在课堂中的讲授来完成,知识内化则需要学生在课后通过作业、操作或者实践来完成的。在翻转课堂上,这种形式被颠覆。随着教学过程的颠倒,课堂学习过程中的各个环节也随之发生了变化。

(一)翻转课堂教学模式的步骤

越来越多的学校开始根据本学校的特色开创出符合本校特色的翻转课堂教学模式。所实施的翻转课堂教学模式在某些方面有些区别,但是都存在共同的地方。

1.课前准备阶段

(1)教师活动

①分析教学目标

当我们一谈到翻转课堂,人们的第一反应就是制作教学视频。但是在制作教学视频之前,我们需要分析教学目标。教学目标就是通过教学活动期望达到预期的结果。明确教学目标,我们期望学生通过教学知道什么、获取什么,这是任何教学所要明确的首要关键的事情。只有教学前确定清晰的教学目标,我们的教学才有针对性,才能明确我们要采用的具体的教学方法,如哪些内容需要探究式的教学方式,哪些内容需要直接的讲授,等等。实施翻转课堂教学模式之前的教学目标的分析,有利于我们分析什么内容适合通过视频的方式直接讲授给学生,哪些内容适合课堂上通过师生的合作探究获得最佳的教学效果。明确教学目标,才能避免教学中的盲目性和无目的性。

②制作教学视频

在翻转课堂中,知识的传递是通过视频来完成的。教学视频可以是教师自己录制,也可使用其他教师制作的教学视频或者网络上优秀的视频资源。制作教学视频是翻转课堂教学模式的首要部分。乔纳森·伯格曼和亚伦·萨姆斯总结出制作教学视频的以下步骤。

第一,做好课程安排。明确课堂教学的目标,决定视频是不是合适的教学工具来完成课堂的教育性目标。如果教学内容不适合通过教学视频直接讲授的方式,那么不要仅仅因为要实施翻转课堂而去使用视频。翻转课堂并不仅仅是为课堂制作教学视频。

第二,做好视频录制。在录制教学视频过程中应考虑学生的想法,以适应不同学生的学习方法和习惯。美国大部分实施翻转课堂的学校在录制教学视频中并不呈现教师的整个形象,而是呈现一双手和一个交互式白板,在白板上有教师所讲授内容的概要。录制教学视频必须选择一个安静的地方,这样制作出来的视频才能保证学生在观看教学视频时不受视频中噪声的干扰。

第三,做好视频编辑。林地公园高中的两位教师在实施翻转课堂的初级阶段在录制完教学视频以后分发给学生,但是他们逐渐发现视频后期制作的价值。它可以让教师改正视频制作中的错误,避免重新制作视频。

第四,做好视频发布。发布视频是为了让学生能够观看到教师制作出来的视频。在此阶段对于教师来说,最大的问题在于把视频放在什么地方以使学生都能够观看视频。不同的学校会根据本地区、本学校和本校学生的具体情况来确定视频发布的地方。林地公园高中会把制作出来的教学视频发布到一个在线托管站点,也会为家里没有网络或者电脑的学生制作DVD。为了让学生都能够观看到视频,美国克林戴尔高中把校园多媒体中心的开放时间延长了两个小时,在这里学习的学生可以使用属于自己的账户登录到校园多媒体中心观看教学视频。总之,学校可以选择一到两种方法满足学生的需要。

(2)学生活动

①观看教学视频

教师通过对教学内容的分析,把适合直接讲授的内容的部分用教学视频的形式交给学生,在一定程度上避免了课堂时间的浪费。学习速度快的学生可以快速地进行知识的学习。对于学习进度慢的学生,他们不用担心传统课堂上跟不上教师节奏的问题。他们可以根据自己的实际学习情况对教师讲授的内容做适时的停顿。在观看教学视频的过程中,学生遇到不懂的地方可以做笔记,把自己不懂的问题带到课堂,这样学生可以完全掌控自己学习的步调。在此过程中,学生需要对观看的教学视频里所讲授的知识做一定程度上的梳理和总结,明确自己的收获和困惑的地方。

②做适量练习

学生观看完教学视频后需要完成教师布置的针对性课堂练习。这些练习是教师针对教学视频中所讲的知识,为了加强学生对学习内容的巩固并发现学生的疑难之处所设置的。根据"最近发展区理论",教师需要对课前练习的数量和难易程度做出合理设计,明确让学生做练习的目的是帮助学生利用旧知识完成向新知识的过渡,加深对教学视频中知识的巩固与深化。学校可以通过网络交流平台与学生进行互动,了解学生在观看教学视频和做练习过程中遇到的问题。教师可以通过学生所做的练习的反馈情况时刻了解学生实际的学习情况。与此同时,学生与学生之间也可以进行互动,彼此交流收获,进行互动解答。

2. 课中教学活动设计阶段

(1)确定问题,交流解疑

人是社会中的人,在交流中才能实现成长。传统的课堂教学教师主宰着课堂,师生之间的交流是建立在师生地位不平等的基础上的。课堂中要实现真正的交流,要一种融洽的环境做保障。学生在观看教学视频的过程中,由于本身的知识结构以及看问题的角度不一样,因此对事物的理解也会不同,这样学生之间会产生一种认知的不平衡,学生之间认知的不平衡会导致学生新的认知结构的产生。在课中活动开始阶段的交流中,教师需要针对学生观看视频的情况和通过网络交流平台所反映出的问题进行解疑。学生也可以提出自己在观看教学视频中存在的疑惑点,与教师和同学共同探讨。这种交流本身就是一种学习资源。

(2)独立探索,完成作业

独立学习的能力是学生必备的能力之一。一个没有独立学习能力的人,必然无法在社会中生存。独立性是个体存在的主要方式。在传统的课堂中,教师一手包办学生的学习。课堂的大部分时间用来讲授知识,学生课下时间被大量的机械性的作业所填满,学生独立学习和探索的能力越来越被压制。学生是独立的个体,他们本身有着独立学习的能力。学生知识结构的内化需要经过学生独立的思考,而教师只能从方法上引导学生,而不能代替学生完成学习。

翻转课堂为学生提供了个性化的学习环境,学生在课堂中独立完成教师所布置的作业,独立进行科学实验。在学生独立完成作业的过程中,学生审视自己理解知识的角度,建构知识的结构,完成知识的进一步学习。教师要在刚开始时给予学生一定的指导,帮助学生完成任务。待学生有一定独立解决问题能力的时候,教师要"放手",逐渐让学生在独立学习中构建自己的知识体系。

(3)合作交流,深度内化

学生在独立探索学习阶段,已建立了自己的知识体系。但是要完成知C识的深度内化,需要在交流合作中完成。人是社会中的人,交往是人与人之间直接的相互作用的过程。哈贝·马斯把交往行为定义为:一种主体之间通过符号相互协调的相互作用,它以语言为媒介,通过对话,达到人与人之间的相互理解和一致。交往学习是学生在与他人的对话、交流、讨论等学习活动中所开展的学习过程,学生在此过程中实现自身的发展。

教师不是站在讲台上,俯视着课堂里所发生的一切,而是走下讲台,走进学生的探讨中,真正地融入学生的小组合作活动中。当学生在讨论中遇到问题时,教师可以给予及时的帮助,引导学生澄清对知识的错误认知。在此过程中,学生的批判性思维、课堂参与能力以及对待学习的态度都会发生很大的改变。教师适时将学生真正推到学习的主体地位。当学习本身成为学生自身需要的时候,学生就会成为真正的学习的主人,变"要我学"为"我要学"。教师也从说教、传授的角色转变为学生学习的引导者和促进者。在合作学习越来越受到教育界的关注下,现今学校很多课堂教学都采用合作学习、小组学习等方式。但是在传统课堂里,合作学习只是课堂教学的"微弱"的补充,难以真正发挥学生探索的积极性,合作学习只是流于形式。而在翻转课堂教学模式下,学生与学生之间、学生与教师之间的合作学习是一种真正意义上的合作学习。

(4)成果展示,分享交流

学生在经过独立探索和合作交流后,完成个人或者小组的成果。学生可以通过报告会、展示会、辩论赛或者小型的比赛等形式交流学习心得、体会。在成果展示过程中,学生或小组可以通过教师与学生的点评获得更深的了解。同时,学生还可以通过观看其他学生或小组的展示,学习到他人的优点,明确自己的优势与不足。学生在此过程中不断领略学习给他们带来的乐趣,更以一种积极的乐观心态面对以后的学习,增强自身的自信心。这也是一个交流的平台,学生在交流中彼此的智慧火花得以展现。教师在分享交流环节可以通过学生或者小组的汇报,明确学生知识的掌握水平,有针对性地进行后期的"补救"工作。当然,在学生展示的环节,教师所做的是为学生创设一个民主、平等、和谐、自由的课堂环境,适时调控学生学习的进程和发展方向。

实施翻转课堂教学模式的学校在成果展示环节,教师不仅鼓励学生在课堂上进行展示,还鼓励学生在课下通过制作微视频的方式把自己的汇报上传至网络交流区,供教师和同学讨论和交流。翻转课堂教学的成败并不在于视频的制作,而是在于课堂学习活动的设计。如何改变传统的教师主宰课堂的局面,让学生真正成为自己学习的主人,是翻转课堂教学模式的关键点。

(二)微课程与翻转课堂

1. 微课程是翻转课堂的基础

翻转课堂主要分为课外、课内两大学习环节,即课外自学、课内消化。微课程正是课外自学的核心,通过微课程将课堂知识点清晰明了地呈现给学习者,学习者可根据自身具体情况自定步调展开自学,只有在有效完成微课程学习的前提下,翻转课堂的教学才能顺利实施并发挥积极作用。

2. 翻转课堂成为微课程发展的胚体

教学设计时要依据翻转课堂的需要来设计微课程,分化知识点,将学习目标分解为若干个小目标,每一个微课程就只针对一个主题,解决一个难题。翻转课堂式教学的开展成为微课程发展的胚体,微课程只有根植于翻转课堂教学模式中,才能真正发挥微课程的力量,许多零散的微课程才能成为一个体系。因此,基于翻转课堂教学模式的微课程将具有系统化、专题化、可持续修订、可分解等特性。

3. 微课程质量决定翻转课堂的教学效果

翻转课堂在课内解决对知识的理解、对知识的反思等一系列有意义的学习,而基础知识的掌握完全依靠课外学习,课外学习的核心便是微课程。所以,必须精心设计微课程,从课程目标分解、微课程教案设计、微课程教学分析(包括学习者、学习活动等要素)、微课程摄像、微课程后期制作、微课程生成等多个环节提升微课程的设计、制作水平,以优良的微课程质量确保翻转课堂教学效果的优化。

4. 翻转课堂是微课程的评价实体

微课程质量的高低可以在翻转课堂上得到验证和评价,在团体预备知识评测和反馈的环节,可以评价学生微课程学习的效果,翻转课堂上教师通过设计答疑解惑、反思知识点、问题大讨论等活动来充分检验学生课外的学习效果,及时发现问题并反馈信息,有助于微课程的不断改进。

围绕教学目标,学生课外展开微课程学习,可以自定步调、自主学习、积累知识。课堂上学生在教师引导下进行知识的整理和消化,通过提出问题、反思问题、解答问题等多种形式促进学生知识的内化。

二、混合学习中微课的应用

所谓混合学习(Blended Learning),就是要把传统学习方式的优势和 E－Learning(即数字化或网络化学习)的优势结合起来。也就是说,既要发挥教师引导、启发、监控教学过程的主导作用,又要体现学生作为学习过程主体的主动性、积极性与创造性。只有将这二者结合起来,使二者优势互补,才能获得最佳的学习效果。微课可以作为网络化学习的核心资源供学生学习,结合面授可以获得最佳效果。

(一)混合学习及其学习模式

国内外学者从不同角度阐述了混合学习:柯蒂斯·邦克认为,混合学习是面对面教学和计算机辅助学习的结合;黎加厚教授认为,混合式学习指的是对所有的教学要素进行优化选择和组合,以达到教学目标。从中不难发现,混合学习的内涵很广泛:从形式上看,混合学习不仅是线上线下的结合,更是不同学习理论、学习方式及评价方式的整合;从资源角度看,混合学习有机地组合了教学视频资源、辅助教学资源、多媒体资源和学习活动资源等;从有效性角度看,混合学习体现了以学生为主体、以教师为主导的双主体教育思想,强调以教为中心和以学为中心的教学模式的融合。

如何"混合"是混合学习的关键问题。对于怎样"混合",没有统一的标准,这给我们带来了更多实践和探索空间。混合学习的模式,是指用来清晰地展示混合学习过程,明确混合学习的各个环节的一种描述方式。混合学习的模式有很多,外国专家学者将其分为技能驱动型模式、态度驱动型模式、能力驱动型模式以及巴纳姆模式。不同的混合学习模式,混合时机不同,学习资源设计不同,学习内容分配存在差异。因此,我们可以结合实际教学情境,设计出满足学习对象需要的混合学习模式。

1. 以融合的学习理论为指导

行为主义、认知主义和建构主义等理论为混合学习实践提供了理论基础。在混合学习环境下,更需要将多种学习理论进行融合。

2. 设计建构性的学习环境

建构性的学习环境有助于学习者利用其认知结构自我建构。要以学习者特征分析为起点,选择合适的课程资源、媒体资源、认知工具和交互工具。

3. 加强学习资源设计

通过适当的教学策略,对混合学习中的资源进行精心设计与合理整合,使其协同作用,最大限度地发挥作用。

4. 突出评价和反馈

学习资源设计是否科学、媒体运用是否恰当、混合学习效果是否显著等问题需要进行评估。对教师而言,通过评价和反馈,可以调整教学策略,了解学习者状况,为其提供个性化指导;对学习者而言,即时的反馈可以使其纠正学习态度和调整学习方法。

(二)基于混合学习的微课教学模式设计

通过分析混合学习及其学习模式,学者从资源角度出发,在融合的学习理论指导下,以学习者为中心,提出了基于混合学习的微课教学设计模式。该模式重视学习资源的设计,通过微策略、微反馈、微反思和微评价将资源紧密联系,有效地保证了混合学习的效果。

1. 做好前端分析

混合学习中,学习者有较高的自主性,作为教学设计者,要分析学习者特征,重点把握学习者的认知特点、知识储备及在线学习习惯。在此基础上,要分析学习环境,考虑学习者处于什么样的混合环境中,是否有利于其通过网络平台开展学习。对学习者特征和学习环境分析,一方面可以确定教学目标,另一方面为教学内容和教学策略的选择及学习资源的设计提供依据。

2. 分析教学内容

选择针对性强的教学内容,以单个知识点为教学单元,突出讲解重难点。在分割内容时,不能损害微课的系统性和完整性,不仅要保证知识点相对独立,而且要保证内容结构化,使学习者体验一个完整的学习过程。作为教学内容的载体,教学视频的设计要清晰明了,图文并茂,化抽象为形象,在相对短的时间内,传递完整的教学内容。

3. 优化学习资源

在设计资源时,要面向微课视频资源、辅助资源、微媒体资源和微学习活动等进行设计。微反馈、微反思及微评价以即时、便捷、交互的特点贯穿其中，使不同的资源紧密联系。以知识点为基础的切片化的视频有利于学习者个性化学习，根据单个结构化的切片视频，学习者有选择地进行重难点的学习。辅助资源作为教学资源的补充，一方面能为学习者拓展知识提供资料，另一方面能为学习者探究学习提供支架。教学设计 C 者要选择合适的微媒体资源，尽量降低学习者的认识负荷，同时要能高效地传递知识。微学习活动是学习者交流的途径，其设计不仅要有利于学习者进行个体学习，更要多方位地引导学习者展开讨论和交流。要善于利用数据挖掘技术追踪学习者学习过程，更好地为学习者提供个性化辅导。

4. 重视交互和评价

通过社会化网络交互基于混合学习的微课教学设计模式工具和对视频资源的设计，引导学习者讨论和分享知识。

混合学习下的微课教学设计是以学习者为中心的，通过过程性评价掌握学习者学习进度，及时提供指导，学习者互评、自评及教师评价等使评价方式更加客观，同时学习者可以对微课的设计进行评价，以帮助教师进行更加合理的设计。

第三节　微课教学模式的开发和应用

互联网时代的到来打破了商业格局，颠覆了传统行业，产生了一系列变革。身边的变化在不断影响我们每一个人。每一个职业人都需要快速成长，适应变化，为自己和企业创造更多价值。无处不在的大变革背景下，职业人学习需求也变得更加时效化和碎片化。但是很多企业的培训工作还在做着所谓的系统化建设，投入大量的人力、物力、时间，按部就班地组织实施传统培训学习项目。这些方式早已不能适应需求，投入产出比也越来越低。此时，微学习和微课应运而生，成为众多培训从业者追捧的形式。

一、情境微课的开发

情境微课是指根据特定的环境、任务、场景展开的微课教学活动。情境微课分为情境类电子微课和情境类面授微课。它主要用来传授企业特定任务、场景中需要的整合性知识、技巧，学习者可以直接模仿和借鉴，容易转化和应用。这就要求情境微课开发者需要有丰富的实践经验，能结合企业特定情境中的挑战点、痛点、难点提炼出有针对性的知识，因此适合由企业内部的专家来开发。

（一）情境微课开发的目的

情境微课不是传授通用知识，而是传授解决特定问题或挑战的策略、技巧和方法。这就需要把专家头脑中的丰富经验（隐性知识）显性化，通过深度分析提炼成有价值的组织经验。这些知识传授给一般员工或新员工，他们就不需要自己琢磨，可以直接模仿应用，加速成长。因此，微课的选题和内容萃取对组织和个人都有重要意义。

情境微课的核心问题是解决如何从我（专家）掌握到你（学习者）收获的过程。培训的目的是提高学习者能力，因此课程开发就包含了这个关键过程。好的教学设计要使学习者喜欢学、听得懂、学得会、记得牢、会应用，最终提升个人和组织绩效。

（二）情境微课开发的独特性

情境微课开发比标准课程开发难度更大，难就难在必须像做精致小菜一样保证每一门微课的内容和形式都要有独特价值。因此，情境微课看起来小，做起来容易，但要做好则很难。

情境微课开发者大部分是各领域专家。常规做法是在企业培训部门统一规划下，较为系统地开发相关主题课程，不同主题由不同的专家承担。在互联网时代，随着企业快速发展，越来越多的企业鼓励员工分享知识，员工也乐于奉献自己的经验和智慧。通过自主开发电子微课，人人都可以成为微课开发者。

业务专家一般都参加过很多培训。其中，大部分培训是传统面授课程，时间长、内容多；可能有少部分是电子微课，而情境微课的学习体验就更少了，好的体验就基本没有了。这就导致他们对于什么是微课、什么是情境微课、什么是好的情境微课都缺乏体验，这时候还要他们以课程开发者的身份进行课程的开发、制作，那更是不知从何处下手了。具体来说，作为情境微课的开发者，他们面临着如下几方面的挑战。

1. 萃取难

许多专家都有这样的体会，工作中的难题自己处理起来很轻松，但是要清楚地把自己是如何做到的讲给其他人听很不容易。情境微课要求在很短的时间内讲清楚，更是难上加难。

2. 设计难

教学设计是一项专业工作，业务专家基本是门外汉。诸如系统化教学设计、敏捷式课程开发，他们都不是十分了解。

3. 成果繁

培训部门对课程成果的要求程度不同。许多企业要求一门课程要提供课程大纲、授课PPT、讲师手册、案例、练习和学员手册六项要件，写作量巨大。如果要制作成电子微课，还需要进行电子化设计。

4.时间紧

作为业务骨干，本职工作已经非常繁重，开发课程需要占用许多时间。还有一个问题是，占用工作时间过长会带来与本职工作的冲突，占用业余时间过多会带来与家庭生活的冲突。同时，情境微课是为了解决企业热点和痛点问题，过长的开发时间也会降低课程的时效性。

这些问题事实上是对开发方法提出了挑战，具体来说，就是业务专家在开发情境微课时需要简化的流程步骤、通俗易懂的开发方法、可以直接套用的模板工具和可以直接参考的典型范例。这也正是情境微课开发需要解决的问题。

(三)情境微课开发的三种驱动

情境微课开发主要有三种驱动力，或者称为三种应用方向，也就是"新""关""痛"。新是指企业需要推广新产品、新政策、新技术等，结合员工应用场景来开发对应的情境微课可以助力学习落地，如新产品推广。"关"是指即使没有业务政策变化，在企业日常生产经营活动中同样存在关键客户开拓与服务、关键流程执行、关键项目管理等任务场景，这些场景除了标准作业流程和方法之外，还会有许多关键环节需要强化，这也可以开发出对应情境微课，如关键客户服务。"痛"是指在日常经营活动中会出现一些业务痛点，例如，关键客户流失、瓶颈工序严重影响产量和质量、某个设备故障引起整个系统问题等。企业内部有专家，也有力挽狂澜转危为安的案例，通过梳理这些典型案例开发出相关情境微课就可以助力消除痛点。

(四)情境微课的开发模式

在情境微课开发过程中，企业一般会采取两种模式。

1.个人经验分享式

常见模式是专家案例分享课程，这种模式简单易于操作。通常是一个业务专家结合自身典型案例进行个人复盘，总结其经验教训或方法窍门后，利用简单课件工具就可以制作完成。企业通过鼓励专家和更多人分享，经过简单制作就可以获得大量微课。尽管质量参差不齐，但是可以通过评价、点赞等机制筛选出一批有水准的课程，然后进行深度萃取。

2.组织经验萃取式

常见模式是组织一批专家通过头脑风暴、焦点小组、世界咖啡等多种形式对组织经验进行深度萃取，最终形成可以复制的策略、方法、工具、诀窍等，同时输出具有典范和对比效应的正、反案例。这种情境微课质量高,但是开发难度明显比第一种大。

企业可以结合内部专家数量和现有知识积累程度来决定采取哪种模式。

(五)情境微课模式开发流程

情境微课模式开发流程一般包括四个阶段。首先要理解每个阶段要完成的任务,然后在每个阶段内展开具体行动。

1. 聚焦情境

聚焦情境这个阶段核心任务是考虑清楚课程要聚焦在哪个热点问题或者痛点问题上进行开发。聚焦是核心,选择的情境、问题、挑战越具体,提炼的"干货"才越有针对性,授课者才能在短时间内讲清楚、讲透彻,学习者才能有收获。

2. 萃取知识

萃取知识这个阶段核心任务是提炼"干货",也就是解决特定情境下痛点或挑战的策略、方法、工具。萃取的关键是要围绕挑战和痛点展开。因为挑战和痛点背后隐藏着专家的经验和知识,这些内容才是真正的"干货"。提炼的逻辑是先明确挑战、分析成功或失败个案背后的经验教训,再将其提炼成结构化的工作方法。

3. 设计大纲

设计大纲这个阶段核心任务是解决转化问题,就是想清楚如何把提炼好的知识从专家转移到学习者上。相关学者提出了运用一勾(勾兴趣)、二学(学方法)、三练(练本领)、四查(查收获)的快速设计套路来实现这个目的。

4. 开发课件

开发课件这个阶段核心任务是把设计的教学活动开发出来,也就是如何勾、如何学、如何练、如何查。相关学者也提出了许多标准模板和范例,可供业务专家直接使用和模仿。

(六)规划情境的策略

规划情境通常有两种策略。

1. 自发方式

业务专家根据自己特长和兴趣爱好直接选择情境进行开发,开发了大量微课后,通过内部员工学习和点评筛选后进行梳理整合。

2. 定向招募

业务部门或培训部门主动策划微课主题,然后定向招募或组织业务专家进行深度开发,在碎片化学习的同时保证内容的系统性和价值性。

二、微课教学模式的应用

(一)开门见山式微课教学模式应用

1. 开门见山式微课简介

开门见山式表示直接点明主题,不拐弯抹角。开门见山式微课表示教师在微课开始直接介绍本节微课的主要内容与学习目标。这种开讲方法能够引起学生的足够注意,便于其抓住本节课的知识脉络。通过对本节重点概念或关键问题的简介,引入知识内容,既突出了授课的重难点,又是一种微课知识引入的良好方式。

开门见山式微课即在视频刚开始就直接阐述微课题目,如"今天我们一起来学习'二进制与八进制、十六进制的数值转换'"。简洁明了,这一点微课与传统授课的过程还是有区别的,即略去课堂语言。开门见山式微课主要针对学习兴趣比较浓厚、积极性较强的学习对象。

2. 开门见山式微课教学模式设计

开门见山式微课通常教学内容简洁明了,直接切入主题。开门见山式微课教学设计中,知识点的引入要能直接引起学习者的关注;知识的讲解要紧凑;教学媒体的选择要适合表现形式,注重直观形象,通俗易懂;教学总结要突出重点,还可以设置一些问题,以检验学习者的学习效果。

3. 开门见山式微课的适用场合

开门见山式微课直接点明主题,明示讲解的主要内容与学习目标。这种方法能够引起学习者的足够注意,便于其抓住本节课的知识脉络。这种方式适用于主动学习的,或者是目标明确、积极向上的学习对象。

开门见山式微课适用于课程的概念阐述、重难点解析和疑惑点解析。此类微课适合在教材配套的数字资源中使用。

(二)情境式微课教学模式应用

1. 情境式微课简介

情境即情景、境地,也就是在一定时间内各种情况的相对的或结合的境况。从社会学角度讲,情境指与个体直接联系着的社会环境,与个体心理相关的全部社会事实的一种组织状态;从心理学角度讲,情境指对象和时间等多种刺激模式,对人有直接刺激作用,有一定的社会学意义和生物学意义的具体环境。综上所述,情境是指能引起人情感变化的具体的自然环境或社会环境。建构主义强调用真实背景中的问题启发学生的思维,其所指的真实背景就是情境。从学生角度看,情境可以理解为促使学生产生学习行为或从事学习活动的环境和背景,它是提供给学生思考空间的智力背景,能产生某种情感体验并诱发学生提出问题和解决问题的一种刺激事件或信息材料。

情境可分为三类:一是真实的情境,指人们身边真实而具体存在的群体和环境;二是想象的情境,指在人的意识中有的群体和环境,人与意识通过各种媒介互相影响和作用;三是暗含的情境,指某人或群体某种行为中包含的某种象征意义。构成情境的要素有目标、角色、时空、设施、阻碍因素等。

教学情境通常指具有一定情感氛围的教学活动。孔子说:"不愤不启,不悱不发,举一隅不以三隅反,则不复也。"孔子的这段话,在肯定启发作用的情况下,尤其强调了启发前学生进入学习情境的重要性。所以,良好的教学情境能充分调动学生的学习主动性和积极性,激发学生思维,开发学生智力,是提高教学效果的重要途径。教学情境是指教师在教学过程中运用各种手段与方式创设的一种适教和适学的情感氛围,从而完成教学目标和任务。良好的情境可以使教学内容触及学生的情绪和意志领域,使学生的学习活动变为自己的精神需要,从而使课堂教学充满生命力。教学情境是课堂教学的基本要素,是教师教学意图的体现,而创设有价值的教学情境则是教学改革的重要追求。情境可以贯穿于整个微课,也可以是在课的开始、课的中间或课的结束。

一个好的教学情境应具备的条件:①生活性,要注重联系学生的现实生活,要充分挖掘和利用学生的经验;②问题性,提出的问题要具有一定的挑战性,以利于学生创造能力的培养;③形象性,要适合不同认知水平的学生学习,以引起学生的学习动机和兴趣;④情感性,具有激发学生情感的功效;⑤学科性,符合教学目标、教学内容、教学要求。

情境教学是指在教学过程中,依据教育学和心理学的基本原理,根据学生年龄和认知特点的不同,通过建立师生之间、认知客体与认知主体之间的情感氛围,创设适合的学习环境,使教学在积极的情感和优化的环境中开展,让学习者的情感活动参与认知活动,以期激活学习者的情境思维,从而在情境思维中获得知识、培养能力、发展智力的一种教学活动。它是利用具体的场景或所提供的学习资源以激起学习者主动学习的兴趣、提高学习效率的一种教学方法。

传统教学与情境教学的区别在于:传统教学是把存在于自然状态中,时间和空间上零散存在的知识本身抽取出来,直接呈现和传授给学生去理解记忆;情境教学是教师把自然状态的,在时间和空间上分散存在的情境,有目的地进行加工并组成有机的学习情境来组织课堂教学,学生在情境中发现问题和获取知识。不同的教学方式会产生完全不同的教学效果。传统教学中学生完全脱离知识和应用的背景,无法发现知识形成的途径,获得的知识难以应用于解决实际问题;而情境教学中的学生得到的是学习策略和方法的锻炼,获得的知识与实践紧密结合。

课堂引入重视创设情境、设置任务,以激发兴趣,关注学生的内心体验与主动参与,把学生带入与教学内容有关的情境,让他们在情境中捕捉各种信息、产生疑问、分析信息并引出各种设想,引导他们在亲身体验中探求新知,开发潜能。为此,可从以下几方面进行实践。

(1)生活实例式

从学生熟悉的生产与生活的实际问题引入新课,能使学生感知书本知识和生活实际的紧密联系,从而激发学生的求知欲望。例如,在学习数据库时,可以让学生思考如何整理归纳班级学籍信息,如姓名、年龄、性别、籍贯和科目成绩等,从而引出建立学籍管理数据库。

(2)创设悬念式

针对微课内容精心创设任务情境,让学生的思维在情景中尽情展开,并适时设疑,利用学生的好奇心、好胜心引入新课。例如,在一场暴雨之后,汽车被大雨浸泡,车主启动发动机,发现汽车损坏,那么保险公司赔不赔车主的损失呢?带着这种悬念,学生开始学习"汽车保险与理赔"课程的"近因原则"。

(3)实验演示式

英国教育心理学家托尼·斯托克维尔说:"要想快速而有效地学习任何东西,你必须去看它、听它、感觉它。"通过实验演示或实物展示,把抽象、枯燥的内容具体化、形象化,可以使学生获得直观的感性认识,加深对学习对象的理解。例如,课前准备了废旧的硬盘、光盘、U盘和移动硬盘等,让学生从存储介质、组成材料、容量、存取速度等各方面分辨这几种外存的区别,从而引入"外存储器"的学习。再如,请学生动手交换A、B杯中的可乐和橙汁,出现第3个空杯子的必然性,为本节课讲解数据交换中的"中间变量"的作用打下坚实的基础。

2.情境式微课教学模式设计

在情境式微课中,情境的创设要贴近生活,以吸引学习者,与学习者产生共鸣,增加关注度。知识的讲解要注意层次性,注重引导学习者思考。教学媒体的选择要适合表现形式,注重直观形象、通俗易懂。问题的讲解要注重情境的延续性,最终要解决情境中的问题。总结考核最好设置一些问题,以检验学生的学习效果,如果存在没有掌握的知识,可重新学习。

3. 情境式微课的适用场合

生活展现情境能使学习者直接、鲜明地感知目标,易于在观察中启发想象,比较适合认知类、思政类和素养类课程。实物演示情境具体直观,易于展示现场观摩、操作,适用于汽车、机床等实践操作类的实践操作演示。图画视频再现情境易于发现问题、分析问题、解决问题,适用于案例分析类课程,如会计、心理健康、法律基础等。虚拟仿真情境可以描述成本较高、难以演示、有安全隐患的场景,适用于医学类、SMT、网络基础、通信类、电子与电气类、数控加工模拟等课程。音乐渲染情境适用于语文、美育、体育类课程。表演体会情境可分为进入角色和扮演角色,适用于情景剧式微课的制作。语言描绘情境中,语言要具有主导性、形象性、启发性和可知性,比较适用于素养类、讨论式的课程。情境的创设要选择适合的老师、恰当的数字媒体资源,表现力较强的老师可以使用语言描绘情境。

(三)探究式微课教学模式应用

1. 探究式微课简介

《辞海》将"探究"一词解释为"深入探讨,反复研究"。探究有广义与狭义之分。广义的探究是一种积极主动的思维方式,泛指一切独立解决问题的活动;狭义的探究是专指科学探究或科学研究。简单地讲,探究就是努力寻找答案,解决问题。

科学探究是一种系统的调查研究活动,其目的在于发现并描述物体和事物之间的关系。其特点是:采用有秩序的和可重复的过程;简化调查研究对象的规模和形式;运用逻辑框架做解释和预测。探究的操作活动包括观察、提问、实验、比较、推理、概括、表达、运用及其他活动。

探究式教学,就是以探究为主的教学。具体地说,它是指教学过程中,在教师的启发诱导下,以学生独立自主学习和合作讨论为前提,以某个知识点或者技能点为基本探究内容,以学生周围的世界和生活实际为参照对象,为学生提供充分自由的表达、质疑、探究、讨论问题的机会,让学生通过个人、小组、集体等多种解难释疑尝试活动,将自己所学的知识应用于解决实际问题的一种教学形式。探究式教学就是将科学作为探究过程来讲授,让学生像科学家进行科学探究一样在探究过程中发现科学概念、科学规律,培养学生的探究能力和科学精神,找到解决问题的方法。具体包含两层意思:一是从教师角度——教学方面的研究,即探究式教学;二是从学生角度——学习层面的研究,即探究性学习。在教学过程中,教师和学生的作用是相互的,不能分开的。

探究教学模式,就是在探究教学理论的指导下,在探究教学实践经验的基础上,为发展学生的探究能力,培养其科学态度和精神,按照模式分析等方法建构起来的一种教学活动结构与策略体系。一般来说,探究教学模式包含理论基础、教学目标、操作程序与实施条件。探究教学模式表现为教学活动结构和教学策略体系的四大要素,即可操作性、顺序性、阶段性、程序性。之所以这样理解,是由于探究教学模式从发展之初就是作为教学策略出现的,更注重微观层面,因而具有可操作性;同时,探究教学模式具有特定的顺序性和阶段性,因此形成了一定的教学活动结构。教学模式的本质是程序,是对教学设计、实施、评价与反思等程序的说明。

由于探究教学是师生共同开展的教学与探究活动,因此强调教师要创设一个以"学"为中心的智力和社会交往情境,让学生通过探索发现来解决问题。探索的目的不是把少数学生培养成科学精英,而是要使学生成为有科学素养的公民。它既重视结果又强调知识获得的过程,突出以学生为中心和全体参与。因而,探究式教学更利于素质教育、创新教育的有效实施,它符合自然科学的认知规律。

2. 探究式教学的特点

(1)教学过程的主体性。探究式教学是学生在教师指导下的自主探究,在教学过程中突出了学生的主体性,教师的主导完全是为了更好地发挥学生的主体作用,并通过学生主体的充分参与、主动探究和主体的发展反映出来。

(2)探究学习的自主性。在探究式教学中,学生是在教师的指导下自主参与教学的全过程,要获取知识,靠的是自己的主动探究,而不是填鸭式地接受灌输。

(3)情境创设的问题性。问题是科学探究的动力、起点,教学中若不能提出富有吸引力和挑战性的问题,学生就很难形成强烈的问题意识,也就很难有认知的冲动性和思维的积极性。因此,问题是探究教学的关键和核心。创设的具体问题既要充分关注学生的兴趣所在,又要处理好学生倾向与教学目标之间的关系,使二者有机结合。

(4)信息交流的互动性。探究式教学强调在自主探究的基础上进行小组或班级的合作学习探究。与传统模式由教师单向的信息传递所不同的是:在课堂上师生之间、学生之间进行动态的信息交流,实现师生之间、学生之间的相互沟通、相互影响、相互补充,师生在互教互学中,形成学习的共同体;每个学生都能发挥各自的优势,获得表现的机会,从而激起探究性学习的热情。

(5)师生关系的和谐性。探究式教学尊重学生的主体地位,通过师生互动,创建活泼、积极主动的课堂教学气氛。教师的教完全是为了学生的学。师生之间民主平等,易于形成具有感染力和催人向上的教学情境,学生受到熏陶,由此激发出学习的无限热情和积极性。而缺乏交流的师生之间甚至产生严重对立的课堂教学气氛,则会抑制学生的学习热情,更甚者则使学生产生厌学情绪。

(6)教学要求的针对性。由于环境、教育、经历、主观努力和先天遗传等的不同,学生之间具有较大的个体差异,传统的教学模式无视其差异,一部分学生感到要求过低,另一部分学生又感到要求过高,造成两极分化。而探究式教学对不同层次的学生提出不同的教学要求和不同的学习任务,因材施教,教学要求有针对性,更为实现有效的课堂教学创造了条件。

(7)教学评价的激励性。探究式教学变教师独自评价为师生共同评价,自评、互评、组评、师评、综合评价相结合,既重结果又重过程。由于探究式教学分层次要求,学生在原有基础上取得不同程度的进步,既累积了知识,又开发了潜能,因而都有机会受到表扬激励,获得成功的体验,从而满足自我实现的需要。

总之,探究式微课教学设计就是指结合知识点与技能点相适应的学习内容,创设生活中的尤其与专业相关的教学情境,以问题为中心,采取合作交流的方式,在教师的引导下,学生通过实验、观察、操作、调查、信息搜索等方式,实现自主解决问题的一种教学设计。

3.探究式微课教学设计模式

探究式教学是一种以学生为中心的教学模式,主要强调学生的主体地位,倡导学生自主、合作、科学思维的学习方式与策略。然而,在微课的教学设计中,主要以教师为主要讲解者,所以在强调师生的角色扮演方面,既可以采用学生提出问题的方式,也可以采用教师扮演学生角色提出问题的方式。探究式微课的教学设计包括提出问题、产生假设、验证假设、总结结论四个环节。

4.探究式微课的适用场合

探究式微课适用于理论性与实践性并重的工科类课程,如数据结构、数控机床的维修、机电设备故障诊断与维修、计算机的维修、网络故障的诊断与维修等。例如,在"数据结构"或者"C语言程序设计"课中,为了更好地发挥实践教学对算法学习的促进作用,在探究式学习理论的指导下,研究并实践以学生为本,以团队协作为载体,融合任务驱动式、启发式等教学方法的教学模式,提高学生调试代码的能力。又如,在"机电设备故障诊断与维修"微课中,呈现某种故障现象可能是由哪些因素导致的,就是一个"排除假设—缩小范围—找到故障"的过程。

(四)抛锚式微课教学模式应用

1. 抛锚式微课简介

建构主义"以学为主"的教学策略有支架式教学、抛锚式教学和随机进入教学三种。这三种教学策略都体现了以学生为中心的教学设计,能有效地促进学生的自主学习和对知识意义的主动建构。

抛锚式教学是指在多样化的现实生活背景中或在利用技术虚拟的情境中运用情境化教学技术以促进学生反思提高迁移能力和解决复杂问题能力的一种教学方法。抛锚式教学是一种学习框架,它主张学习者在基于技术整合的学习环境中学会解决复杂问题。在这种学习环境中,学生的学习内容和学习过程是真实的,所学结果具有较高的迁移性,从而使学生的学习变得有意义。

抛锚式教学要求建立在有感染力的真实事件或真实问题的基础上。确定这类真实事件或问题被形象地比喻为"抛锚",因为一旦这类事件或问题被确定了,整个教学内容和教学进程也就被确定了(就像轮船被锚固定一样)。建构主义认为,学习者要想完成对所学知识的意义建构,即达到对该知识所反映事物的性质、规律以及该事物与其他事物之间联系的深刻理解,最好的办法是让学习者到现实世界的真实环境中去感受、去体验(即通过获取直接经验来学习),而不是仅仅聆听别人(如教师)关于这种经验的介绍和讲解。

由于抛锚式教学要以真实事例或问题为基础(作为"锚"),所以有时也被称为"实例式教学"或"基于问题的教学"。

抛锚式教学中的核心要素是"锚",学习与教学活动都要围绕着"锚"来进行设计。教学中使用的"锚"一般是有情节的故事,而且这些故事要设计得有助于教师和学生进行探索。在进行教学时,这些故事可作为"宏观背景"提供给师生。由于该模式在全球范围内产生较大的影响,已得到广泛认可和应用。

抛锚式教学的基本环节包括创设情境、确定问题、自主学习、协作学习、效果评价。然而,基于微课本身是一种单向的教学,所以它在基于抛锚式微课开发时,更多的是基于真实事例或问题为基础的实例式教学。

2. 抛锚式微课教学设计模式

抛锚式教学的主要目的是使学生在一个完整、真实的问题、事件或环境(具体来讲就是一个事件、一个真实的设备场景,或者是一个真实的项目)中产生学习的需要,并通过学习者共同体中成员间的互动、交流,即合作学习,凭借自己的主动学习、生成学习,亲身体验从识别目标到提出和达到目标的全过程。总之,抛锚式教学是使学生适应日常生活,学会独立识别问题、提出问题、解决真实问题的一个十分重要的途径。

3.抛锚式微课的适用场合

抛锚式微课适用于思想政治类、财经类等文科,或者素养类讲事实、说道理的系列专题微课开发。因为这种类型的课程通常能以视频、动画、图片的方式把学生引入相关的事件当中,表达方式相对单一。如果针对工科类课程,则涉及相关的实践项目,具体包括项目的展示、问题的分析、教师的相关操作与演示等。

(五)理实一体式微课教学模式应用

1.理实一体式微课简介

理实一体式微课即理论实践一体式的微课教学设计模式。其突破以往理论与实践相脱节的现象,教学环节相对集中。它强调充分发挥教师的主导作用,通过设定教学任务和教学目标,让师生双方边教、边学、边做,全程构建素质和技能培养框架,丰富理论教学与实践教学环节,提高教学质量。在整个教学环节中,理论和实践交替进行,直观和抽象交错出现,没有固定的先实后理或先理后实,而是理论中有实践演示,实践中有理论的应用,突出学生动手能力和专业技能的培养,可充分调动和激发学生的学习兴趣。理实一体式教学中主要运用讲授法、演示法、练习法。

(1)讲授法

讲授法重点在课堂上,将项目展开并通过演示操作及相关内容的讲解后进行总结,从而引出一些概念、原理,并进行解释、分析和论证,根据教学内容,既突出重点,又系统地传授知识,使学生在较短的时间内获得构建的系统知识。讲授要求有系统性,重点突出,条理清楚。讲授的过程是说理的过程,即"提出问题—分析问题—解决问题",做到由浅入深,由易到难,既符合知识本身的系统,又符合学生的认识规律,使学生逐步掌握专业知识。

(2)演示法

演示法是教师在理实一体教学中通过教师进行示范性实验及示范性操作等手段使学生通过观察获得感性知识的一种好方法。它可以使学生获得具体、清晰、生动、形象的感性知识,加深对所学知识点与技能点的理解,把抽象理论和实际事物及现象联系起来,帮助学生形成正确的概念,掌握正确的操作技能。教师要根据课题选择好设备,如软件、工具、量具等。

(3)练习法

练习法是指学生学习完理论课之后,在教师的指导下进行操作练习,从而掌握一定的技能和技巧,对理论知识通过操作练习进行验证,系统地了解所学的知识。练习时一定要掌握正确的练习方法,强调操作安全,提高练习的效果。教师要认真巡回指导,加强监督,发现错误动作立即纠正,保证练习的准确性。教师要对每名学生的操作次数及质量做好记录,以提高学生练习的自觉性,促进练习效果的提高。对于不好好操作的学生,教师要在旁边认真观摩,指出操作中的错误,及时提问,并作为平时的考核分。

理实一体式教学模式旨在使理论教学与实践教学交互进行,融为一体。采用该教学模式:一方面,可提高理论教师的实践能力和实训教师的理论水平;另一方面,教师将理论知识融于实践教学中,让学生在学中做、做中学,在学与做中理解理论知识、掌握技能,打破教师和学生的界限(教师就在学生中间,就在学生身边),能大大激发学生的学习热忱,增强学生的学习兴趣,学生边学、边练、边积极总结,能达到事半功倍的教学效果。

基于理实一体式的微课教学设计注重讲授与演示,练习环节要结合学生所学专业的情况而定。

2. 理实一体式微课教学设计模式

理实一体式微课突破理论与实践相脱节的现象,教学环节相对集中。如果实训项目过大,建议开发系列微课或者专题微课,通过实训类微课加强知识的联系与应用,也可以结合抛锚式或者探究式使用。

3. 理实一体化微课的适用场合

职业教育的特点是以学生的生活、生存技能的培养为根本目的,更多强调实践技能的训练。理实一体式微课适合职业教育电子类、电气类、机械类、汽车维修类、计算机类、机电一体化、经管类实训、物流类等众多实践性较强的专业使用,也非常适合开发系列化的专题微课。它不仅能将现场操作演示、虚拟展示、桌面操作过程等记录下来,同时也便于模仿与推广。

第四节 微课教学资源的整合

伴随终身学习的理念日益深入人心,学习型社会的日趋蓬勃发展,加之信息化社会的日新月异,现代课程的学习生命的存在及其活动的本质逐步显露出来了,作为新的课程形态的学习化课程(Curriculum for Learning)也逐步被孕育。这种学习化课程的实质是一种新型的整合课程形态,它是围绕课程的学习生命的存在及其优化活动的本质,不断超越已有的信息化微课,追求信息通信技术与课程开发的双向整合。

为此,微课的整合模式逐渐生成和发展起来。

一、国外微课的资源整合

国外微课程应用平台的内容呈现形式纷繁多样,如卡通动画、现场演示、录屏讲课、真人演讲等,课程面向不同专业和年龄的学习者,时间一般为5分钟,并配有相应的字幕,方便不同国家的学习者学习。在国外,最具代表性的微课程应用平台是可汗学院和TED。

可汗学院网站为学习者提供的微课程包括数学、科学、金融学、人文科学、计算机编程、医学和实验等,其内容主要以电子黑板和教师旁白相结合的形式讲授,通常以专题的形式呈现,没有过多的导入,直接进入主题。可汗学院网站还根据不同学科设有相应的功能满足学习者的学习需要。例如,在计算机编程中,学习者除了学习基本的理论知识,还可以在线编程、新建项目、创建程序、运行项目等。

TED网站的微课程包含更多领域,分别有艺术、设计、文学、数学、哲学、宗教、科学、金融、心理学、教育、社会学和人体健康等主题和系列。内容主要以卡通动画或现场演讲的形式呈现。视频配有知识介绍和作者介绍,并被翻译成不同语言,方便更多地区的学习者使用。网站界面颜色搭配合理、内容精练扼要、知识点明确。

国外的微课程应用平台除了能播放微课程,还配有比较完善的学习支持服务,而且各具特色。

可汗学院为学习者提供的学习服务包括知识地图、自定学习计划、数据分析和在线测试。知识地图将专题知识点以地图的形式连接起来,学习者可以根据知识地图的提示由浅层次向深层次递进学习。知识地图的存在:一方面避免了因知识点的碎片化导致的学习迷航,为学习者指明了学习路径;另一方面明确指出学习知识点所需的必备技能,为学习者指明了学习任务。可汗学院为学习者提供的第二个特色功能就是在线测试。界面内容包括成绩区、作答区和帮助区,成绩区记录学习者的正确次数或积分,当学习者作答遇到困难时,可以在帮助区寻求帮助。可汗学院网站记录了学习者的测试情况并进行数据统计,将数据结果以可视化图表反馈给学习者,并根据测试结果颁发对应的"勋章"。学习者可以通过测试结果选择重新学习微课程,教师也可以查看测试数据,掌握学生的学习情况。除此之外,可汗学院网站还为学习者提供了指导和讨论服务。学习者可以在个人页面中将其他用户设置为自己的教练,学习者还可以就学习当中遇到的问题在视频播放页面发起讨论。

TED为学习者提供的学习支持服务包括即时练习、深入挖掘、讨论、分享最有特色的个性化定制。TED 网站的个性化定制功能契合翻转课堂的教学思想。允许学习者从自身应用需求出发，修改微课程的名称、课程概况、在线配套资源等内容。把自己定制的课程页面发给朋友或学生，这样学习者就成为讲课者和动画设计师之外的第三贡献者。事实上，用户不仅仅可以定制任何一个在线的视频，还可以定制任何一个上传的视频。个性化定制课程功能使学习者不仅是课程的受益者，也是课程的贡献者。

二、国内微课的资源整合

国内微课应用平台开始于各种微课程比赛。如佛山市教育局启动的首届中小学新课程"微课"征集评审活动、教育部教育管理信息中心主办开展的中国微课大赛，这些平台中的微课程主要利用录播设备、电子白板等多媒体的教师讲授或课堂实录片段。目前，我国的微课程平台针对用户为基础教育中小学群体。

中国微课网通过组织比赛的形式向全国各省市、地区的中小学教师征集作品，内容包含语文、数学、英语、物理、化学等基础学科领域，讲授时间被控制在 10～15 分钟，微课程内容主要是以中小学课程为教学内容的传统课堂实录，除此之外还包括教师结合课件的讲解、教学设计、教学素材等资源。

微课网是北京微课创景教育科技公司联合四大教研机构，即北京市中学教研室、海淀教师进修学校、西城教研中心、东城教研中心和十余所顶级名校名师打造的专业化中小学学习网站。该网站的微课程经公司统一制作发布，针对知识点进行单独讲解，时长在 10 分钟左右。把时间充分控制在有效学习时间内，提升学习效率。

中国微课网的功能偏向于教师专业发展，为教师提供了微课制作交流区，通过评比的方式提高教师制作微课程的水平。为学生提供的学习支持服务有评论、问答、分享、收藏。整体来讲，中国微课网适合于教师群体，不适合学生使用，对学生的自主学习支持服务远远不够。

学习者可以根据自己的兴趣新建群组，可以加入其他的群组，在同一群组中，组员可以交流讨论、分享图片和视频。群组功能可以有效弥补自主学习中团队协作能力训练的缺憾，有助于提高学习者主动参与学习的主观能动性。

国内的微课程教育网站目前还处于蓬勃发展阶段，微课程应用平台的功能还不够完善，亟待解决的问题还很多。

第五节　微课教学的理念设计及实践

从微课本质构成上讲主要以微视频为主,辅助的有微教案、微课件、微练习、微点评、微反馈和微反思。对基础教育来讲,微课主要以基础的学科知识与常识学习为主。例如,安全常识的学习可以通过讲解安全知识并配合微练习达到微课教学的目的,学科知识则通过理论的讲解,结合微课件、微练习、微反馈以及微反思达到教学效果。

一、微课教学的理念设计

(一)微课教学模式理念

1.教学模式基本概念

教学模式是在一定教学思想或教学理论指导下建立起来的较为稳定的教学活动结构框架和活动程序。作为结构框架,其突出了教学模式从宏观上把握教学活动整体及各要素之间内部的关系和功能。作为活动程序,其突出了教学模式的有序性和可操作性。"教学模式"一词最早由美国的乔伊斯和威尔提出。

2.教学理念设计的类型

教学模式是教学理论的具体化,是教学实践概括化的形式和系统,具有多样性和可操作性。因此,教学模式必须与教学目标契合,考虑实际的教学条件。对不同的教学内容选择不同的教学模式。美国学者乔伊斯和威尔根据教学模式是指向人类自身还是指向人类学习,把它们分成了四大类:信息加工类、社会类、个体类、行为类。

(1)信息加工模式

信息加工模式就是按认知方式和认知发展调整教学,其目标是帮助学生成为更有能力的学习者,教学的最终目的是要揭示大脑记忆、学习、思维、创造等的机制。此模式包括归纳思维模式、概念获得模式、图文归纳模式、科学探究及其训练模式、记忆模式、讲授模式。

(2)社会模式

社会类模式以不同的思想和个性相互作用而产生的协同作用为依据,强调人的社会属性,使人习得社会行为及社会交往,提高人的学习能力,利用合作产生的整合能量来构建学习型社会。此模式包括合作学习模式、价值观学习模式以及角色扮演模式等。

(3)个体模式

个体模式试图帮助学习者把握他们自己的成长,强调人自出生就受到各方面的影响,形成人类的语言和为人处世,而且人自己进行积极的建构组合。因此,人们要积极地关注周围的环境和人,以得到更好的发展。此模式包括非指导性教学模式与自我认知发展模式。

(4)行为模式

以行为模式建立的教学,强调调节学习速度、任务难度以及先前的成绩与能力,而教育者的任务则是设计出能够鼓励积极学习的教学材料和教学活动,避免消极的环境变量。此模式包括掌握学习模式、直接指导模式、模拟训练模式。

国内对教学模式的分类也很多,一般把教学模式分成三类:一类是师生系统地传授和学习书本知识的教学模式,一类是教师辅导学生从活动中自己学习的教学模式,还有一类是折中于二者之间的教学模式。

(二)信息化环境下的教学理念设计

1. 探索型教学模式

探索型教学模式主要适用于重要知识点的讲解和章节知识的梳理,是指在教师教学目标的指引下,将教学内容进行数字化处理,使学生在体验学习情境之后,以理顺知识的方式提出问题并作答。通过"情境—质疑—释疑—知新"的方式来建构当前知识。其主要步骤如下:

(1)根据学习需要,确立教学目标。

(2)将教学内容利用信息处理技术情境化。

(3)学生根据情境体验对情境信息进行初步加工。

(4)针对加工过程中的问题质疑。

(5)根据问题情境进行知识联系和梳理。

(6)深入理解,解答问题。

(7)指导学生进行评价,获取反馈信息。

2. 任务驱动型教学模式

根据奥苏贝尔的"学习动机内驱力"理论,先对学习者进行分析,然后以网页或课件等形式设置情境,诱发其学习动机。学习者有针对性地选择任务进行自主探究、建构知识体系。其过程大致如下:

(1)获取刺激,诱发动机。由教师进行学习者分析后,创设反差性情境,激发学生的学习动机。

(2)理性思考,查找反差。学生通过对比、交流等进行反省剖析,找准缺陷。

(3)深入探究,寻找答案。

(4)知识迁移,巩固经验。

(5)反思评价,形成体系。

(6)交流应用。

3.专题研究型教学模式

专题研究型教学模式是指在教师的指导下,学生以科研、实践等方式对某一问题进行专门探讨,最终形成结论。这种模式有利于提高学生的创新能力和实践水平,要求学生自主地搜集资料、探索规律、建构知识,以专题研究的深度、学生获取新知识的多少以及科研能力的提高程度为主要评价标准。专题研究的问题一般是课堂知识的延伸,知识跨度比较大,需要学生具有较强的综合能力和推断能力。教师应指导学生根据自己的兴趣和特长来选定主题,题目不宜过大,要有一定的事实基础或理论依据,研究要具有可行性。学生在研究过程中要分工合作,敢于提出自己的观点,要充分利用便捷的网络资源,借鉴已有经验,要满怀信心,深入研究。整个研究过程都由学生自主完成,教师仅对选题、资源等进行一般性的介入。

4.知识创新型教学模式

知识创新型教学模式是基于建构主义和人本主义学习理论的教学模式,充分体现学生的"自主"和"中心"地位,从信息获取到问题探索再到意义建构都由学生独立完成,教师只给出方向性的建议,但最终的规律体系应由教师和学生共同评议。学生的探索路径可概括为选择、揣摩、摸索、揭示、扩充。

二、微课教学理念的实践

(一)微课教学理念的实践原则

微课是借助先进的信息技术和网络平台实现的,其积极作用不能低估。它首先表现在优质资源共享和自学的灵活性上。目前传统课堂的小班上课,由于一个学校教师水平的参差不齐,一些优秀教师所教的班有限,别的班的学生没法享受优秀教师的资源,更别说学校之间的差距更大。多年来屡禁不止的择校问题,与其说是择校,不如说是择师。虽然优质学校的硬件设施好于薄弱学校,但家长更看重的是优质学校的师资水平。而传统的手工式的教学方式,再优秀的教师也只能教几个班的课,不可能让外班外校的学生享受到这种优质资源。对于如何发挥优秀教师的讲课资源,微课可以部分解决这一问题。

1. 吸引原则

教师所开发的微课要能对"消费者"——学生形成一定的吸引力。要想让微课能够成为资源建设的一支生力军,作为微课开发者,一定要站在学生的角度来下功夫。这方面可以从微课的易学性和趣味性上"做文章",所开发的微课应该使"消费者"流连忘返,教师要放下开发者的骄傲姿态,使得开发的微课符合学生的认知特点。"消费者"不停地反复点击观看,只有这样才能发挥出这种学习资源的效力,使学习者满载而归。

2. 效用原则

教师开发的微课要在保证"微小"的前提下,能够使得学生觉得这些微小的学习资源有用。微课开发者不要为了赶时髦或者为了哗众取宠,而在一些没有教育或者学习价值但表面漂亮的资源上做文章。这是一切微课都要参照的原则,如果没有这个原则,必然会搁浅。

3. 灵活原则

微课被引入课程教学过程中,可以是在课前、课中或者课后等节点灵活应用。在课前,学生个体自主学习微课,预先了解授课内容,便于师生在课堂上探讨问题,直至学习者掌握该知识点或技能。在课中应用微课,教师把微课当作纯粹的教学资源,在教学需要时,集中播放给学生观看,帮助学生更加形象和直观地理解重难点知识。在课后应用微课,教师课后发放微课,为学生提供可以反复学习的课程视频,保证每一个学生都能掌握课堂知识。这种方式可以帮助学生自主补习,反复学习,直到学会为止。

4. 反馈原则

微课开发、应用与交流共享之后,需要对微课程进行多元评价和微课程的教学与应用评价,为接下来微课程内容的设计与开发提供指导和参考意见。教育评价、多元评价等多种评价方法都可以用于微课程的评价,及时的评价与教学反思可以促进优秀微课的开发与共享。

(二)微课应用的范围

1. 适于教师在备课时借鉴学习

通过微课可以募集到许多优秀教师的讲课课件,这些优秀教师对课程标准的理解、对教材的分析、对课堂教学的设计都是难得的课程资源。如果教师在备课时能学习借鉴这些优秀资源,一方面可以提高个人的专业素养,另一方面可以直接借鉴学习,提高自己的教学水平。因为微视频不同于过去网上的课堂实录和优秀教案,它是以 PPT 课件的形式配以教师的讲解,对教师的备课能起到直接的启迪借鉴作用。

2.适于转化学习困难的学生

在课堂上同样的授课时间,学习困难的学生并不能完全掌握,教师也没有时间专门去照顾这些学生。过去靠课堂笔记难以复现教师讲课的情境,现在有了微视频,学生在课后复习时可以反复观看,加深理解。学生还可以根据"微课"提出的练习题进行变式练习。由此可见,微课的应用有助于转化学习困难的学生。

3.适于家长辅导孩子

现在家长普遍重视孩子的学习,有的家长想辅导自己的孩子苦于不能了解教师的讲课进度和要点,也有的限于文化水平而辅导不了。现在有了微课,家长在家也可以反复观看,首先自己明白,然后检查和辅导自己的孩子就方便多了。家长甚至可以通过智能手机在上班的地铁上或中午休息时间下载观看老师的微视频,提前学习,回家辅导孩子时做到心中有数。

4.适于学生的课后复习

根据艾宾浩斯的遗忘规律,学生在课堂上学得再扎实过后不复习也会遗忘,而学生在复习时如果能够观看老师的微视频,会加深自己对教材的理解,会复现老师讲课的情景,激活记忆的细胞,提高复习的效果。所以老师在课后可以把自己的微视频放到网络上,供学生复习时参考。

5.适于缺课学生的补课和异地学习

有些学生因病因事缺课,过后找老师补课,此时就要面对这样的情况:一方面老师不可能有时间及时给学生补课,另一方面老师补课时也不会完全像在课堂上讲得那么具体。如果有了微视频,学生即使在外地,也可以通过网络下载老师的微课自学,及时补上所缺的课程,使"固定学习"变为"移动学习"。现在笔记本电脑、平板电脑、智能手机比较普遍,携带方便,都能实现这种移动学习。

6.适于假期学生的自学

中小学生每年的寒暑假时间都比较长,除了参加一些必要的社会实践活动外,一般老师都会布置一些预习和复习作业。如果老师能够根据学生的需要事先录制一些微课帮助学生预习或复习,也能够提高学生的自学效果。当然,用于预习的视频要区别于教师讲课的视频,不然又变成了"先教后练"的接受性学习。

(三)微课教学实践活动的策略

微课作为一个新事物,需要综合考虑学科特点、知识类型、学习者特征等影响因素,其在教学实践中的效果也需进一步探索。

1. 微课教学应突破传统教学模式的思维怪圈

微课教学不必遵循传统教学线性的设计过程,它可以是一个动态的、网状的、循序渐进的、形散而神不散的教与学的过程。一个完美的教学过程应体现出控制性和释放性的统一。因此,微课应突破传统教学模式的思想怪圈,做到教师教学与学生学习的"学教并重"的统一步调,"以教师为主导,学生为主体"的"双主结合",从而实现学生、教师、微课和技术四个实体要素动态交互的过程。

2. 微课教学应打破等同于微视频教学的思想偏见

有很多教育工作者片面地认为,微课等同于包含某个知识点或者教学环节的微视频。其实不然,微课不仅包含微视频,也包括音频及多媒体文件的形式,同时还包含与教学主题相关的教学设计、素材课件、教学反思、练习测试及学生反馈、教学点评等教学支持资源。微课在教学实践中,应注重的是利用信息技术手段与某个知识点或教学环节进行深度融合,而不是拘泥于信息技术媒介的外在表现形式。

3. 微课教学应注重时间与空间的连续与统一

微课为符合学习者的视觉驻留规律及其认知特点,将教学内容以片段化的方式呈现,虽有助于学习者的深度学习,但碎片化的知识对课堂内容的统一、系统化整合带来了巨大的挑战。因此,微课的设计并不是对课堂教学内容盲目地切割,而是对课程中所出现的重点、疑点、难点进行精心地信息化教学设计:在把握好知识粒度的同时,又必须确定好时间单元;在保持知识相对独立性的同时,又与实际教学内容的整体性相联系。此外,学习者应有效地使用教学支持工具,充分利用零散时间开展移动学习,做到课内正式学习与课外非正式学习的统一与连续。

4. 微课教学应用于具体的教学情境

微课教学模式设计是否科学,应用效果如何,不是通过简单理论归因、专家评判就能得出的,而是需要将其应用到具体的教学情境中,对教与学的环境、条件、因素等各方面开展实证研究,才能更加科学、客观地设计、开发以及实施微课,从而提高学习者的学习效果。

因此,微课的制作与教学应用要注意以下三个方面。

(1)要与常规课程相结合。微课是对重点、难点或某个知识的解释,是常规课程的有益补充,使用时必须与课程相结合。

(2)要与课程特色相结合。微课表现的内容必须体现课程的特色,用微课作为课程的名片。

(3)要与学生的学习兴趣相结合。将学生感兴趣的、关注的知识内容用微课展示出来,这样才能吸引学生,才能获得好的学习效果。

(四)微课教学实践对多媒体的要求

1. 视频技术要求

微课一般采用流媒体格式。微课码流在128kbps～2Mbps,帧速大于或等于25FPS,电脑屏幕颜色设置为16位。微课启动时间要短,片头设计一目了然,进入主题快捷。微课应插入一定的字幕,一是解决教师语言表达和视频表达的难点问题,二是用文字加强对学生知识的记忆。微课进程节奏要快,片头和片尾要简短,主题部分要丰满,镜头切换和"蒙太奇"手法运用合理。视频素材不应有抖动或镜头焦距不准的情况,镜头推拉要稳定,要保证主体的亮度。背景音乐和解说要清晰,解说要用普通话,音量和混响时间适当,音乐体裁与内容要协调。微课播放时要稳定性好、容错性好、安全性好、无意外中断、无链接错误。要对微课设计相应的控制功能,使其操作方便、灵活,交互性强,人机界面简单快捷。

2. 动画技术要求

除与视频技术要求相似外,动画中的配色方案要协调,颜色不夸张、不暗淡。用二维空间表现的立体层次要分明,进场和出场前后顺序不能颠倒,动画运动速度合理,视觉不应产生错觉。动画中的字幕规范,字号不宜过大或过小,字体运用合理,字幕不宜过多,以防干扰学生的注意力。动画所演示的概念、原理、结构及其他信息不应让学生产生理解错误和理解误会。动画设计应有必要的交互和连接,播放时尽量不用特殊的插件。

3. 课件技术要求

课件中文字大小应符合人体工程学的要求,文字配色要与课件配色方案相符合,每个幻灯片中的文字不宜过多,只能用提纲式的文字,不能用过多的文字来代替教学内容。图形或图像应采用JPG、GIF、PNG等常用格式,彩色图像的颜色数不少于256色,对色彩要求较高的图像建议使用全真彩,灰度图像的灰度级不低于128级,合理使用照片和剪贴画,照片不宜占满屏幕。课件应尽可能利用图片、图表、表格、流程图、双向表、插画等。课件中动画效果不宜过多过杂,避免转移学生的注意力。

4. 艺术性标准

微课界面布局要合理、新颖、活泼、有创意,整体风格统一,色彩搭配协调、效果好,符合视觉心理。在构图上要合理组织画面,合理分割画面,主体元素突出。在色彩设计上要处理好对比与协调、变化与统一的关系。颜色不宜过多和过杂,在统一的色调中寻求变化。文字要简明扼要,提纲要突出,字体、字号和字形要与微课协调,不使用繁体字或变形字。视频拍摄的角度、视距和镜头推拉要合理,主体、光照条件和背景亮度要协调好。解说、背景音乐和音响效果要搭配好,并与视频或动画主体的时间合拍,不得相互干扰。

(五)微课教学实践活动的标准

1. 微课应符合课程教学大纲要求

微课内容要与教学内容匹配,反映教学重点、难点或关键知识点。微课要有一定的思想性、启发性和引导性,具有很好的辅助教学效果。微课要表述准确,无科学性、知识性、文字性错误。微课的教学目标不能超过教学大纲的要求,不能包括过多的教学内容,要符合课程要求及专业教学标准,符合学生认知能力水平。微课整体设计要新颖且有创意,具有较大的推广价值。

2. 微课应符合学习者的学习心理

微课应减少学生学习时间,提高学生的学习信心和兴趣,创造良好的学习情境。微课的内容要难易适中,深入浅出,适于相应认知水平的学生,要有利于激发学生学习热情,有利于学习理解,注重能力培养,注重学生的素质教育。微课应注重教学互动,能起到启发学生思考、激发学生主动学习的效果。

3. 微课应表现教师的教学艺术和教学风格

教师的教学语言要规范、清晰、准确、简明。教师的仪表要得当,教师要严守职业规范,要能展现良好的教学风貌和个人魅力。微课教学应有创意,应充分表现教师的教学艺术和教学风格。

4. 微课应提供完整的教学资源

除了微课本身要有主题明确的微课程名称、片头、内容、片尾、字幕等完整的媒体文件外,微课开发者还应提供教学设计、教学课件、学生作业等其他教学资源。

第十一章　慕课教学模式下的计算机教育教学

自21世纪初以来,信息技术的迅猛发展不仅对人们的日常生活方式产生了深远的影响,而且对全球教育结构也带来了持久和重大的变革。慕课作为一种与信息技术深度结合的教学模式,已经逐步成为全球教育界的关注中心,慕课的诞生也标志着教育领域面临的新时代挑战。

第一节　慕课的产生及发展

随着信息技术的持续进步和互联网的广泛应用,人们在工作、学习和日常生活中逐步实现了网络化,这为我们提供了强大的技术支持。在线教育这一领域,得益于信息技术的快速进步和互联网的广泛应用,大量的学习者得以跨越地理界限,接触到更加丰富的教育资源,这也极大地方便了他们之间的交流和讨论。斯坦福大学的计算机科学专家达芙妮·科勒指出,随着科技的不断进步,课程的制作成本已经降低,这不仅使得在线教学变得更为简便和经济,还实现了之前不太现实的教学理念。

一、慕课的产生

虽然慕课的发展历程相对较短,但它已经经历了一个漫长的孕育和成长时期,这都是互联网教育经过长时间沉淀下来的成就。更准确地说,它的根源可以追溯到20世纪60年代。在1962年,美国的发明家和知识创新者道格拉斯·恩格尔巴特提出了一个研究计划,他呼吁人们将计算机技术作为一种改革"破碎的教育系统"的方法,应用于学习过程中。从那个时刻开始,类似的努力和尝试一直在进行。

2007年对慕课而言,无疑是其孕育历程中最具决定性的一年。在那一年的秋天,美国学者戴维·维利运用维基技术,推出了一门名为"开放教育导论"的开放性课程。这是一门研究生级别的开放在线课程,拥有3个学分,其突出的特性是全球各地的参与者(学习者)为这门课程提供了丰富的材料和内容。换句话说,学习者追求的不只是购置这门课程,他们更希望在学习的旅程中与他人共同搭建和掌握这门课程。

这样的设计不只是充满了趣味性,同时也展现了极高的科学依据。从某种视角出发,鉴于这门课程的独特性,教师与学生都应持有一个开放的思维,并将其付诸实践;从一个不同的视角出发,戴维·维利所选择的 Wiki 技术平台为这种合作建设和资源共享奠定了稳固的基础。

在 MOOC 的课程设计里,RSSFeed 是一个可订阅所有课程内容的工具。学习者有机会利用他们自主选择的各种工具进行学习活动,这包括但不限于使用 Moodle 进行在线论坛的讨论、撰写博客文章、在第二人生(Second Life)环境中进行学习,以及参与之同步的在线会议等。从那一刻开始,包括玛丽华盛顿大学的吉姆·格姆教授和纽约城市大学约克学院的迈克尔·布兰森·史密斯教授在内的许多教育工作者,都开始接受这种课程模式,并在全球各地的大学成功举办了他们的慕课活动。这种慕课模式是基于连通主义学习理论构建的,也被称为 cMOOC,并在随后的时间里逐步普及,例如 eduMOOC 和 MobiMOOC 等。

二、开放教育资源运动的发展

通过观察开放教育资源运动的历史演变,我们可以发现慕课的出现并不是一个偶然的事件,而是在开放教育资源运动中不可避免地出现的一种创新的课程模式。在教育逐渐走向全球化和信息化的大环境下,"开放教育资源"(Open Educational Resources,OER)运动,其核心思想是"开放共享",已经变成了全球教育发展的一个关键方向。从 2001 年开始,由美国麻省理工学院(MIT)推动的开放式课程(Open Course Ware,OCW)项目已经催生了一个全球性的开放教育资源运动。在 OCW 的引导和示范作用下,开放教育资源的活动经历了不断的进步和变革。同时,随着云计算和社交网络媒体的不断发展和完善,为我们带来了一个创新的信息技术环境和强大的支持,这也显著地降低了教育资源的建设和分享成本。随着时间的流逝,开放教育资源的新理念和实践方法都在不断地进化和完善,这进一步推动了开放教育领域的研究和应用。在当前的大环境下,慕课为教育资源运动带来了新的突破和进展,这无疑会为人类的文化遗产和知识学习方式带来深刻的改变。

(一)开放式课程(OCW)

2001 年 4 月,美国麻省理工学院(MIT)的校长查尔斯·韦斯特在《时代》杂志上正式公布了开放式课程(MIT Open Course Ware,MITOCW)项目的启动。MIT 有意在接下来的几年里,将其下属的 5 个二级学院所提供的 3300 个课程上传到互联网,以供全球各地的居民免费学习和使用。MITOCW 项目的核心目标是为在线学习建立一个既高效又标准化的教学模式。我们希望其他对在线学习有兴趣的学员能够借鉴这一模式,并为他们提供有价值的实践经验和支持。同时,我们也愿意公开分享他们的课程资源,以共同推动课程创新的进程。

接着,在美国,多个高等教育机构,包括犹他州立大学、约翰·霍普金斯大学、塔夫斯大学、卡耐基梅隆大学、加利福尼亚大学尔湾分校和圣母大学等,也纷纷加入了这个联盟。许多国家的全球高等教育机构开始模仿这种方法,纷纷在网络上分享一些课程,比如法国巴黎高科推出的开放型课程方案。

开放课程的迅速发展与许多因素有着紧密的联系。首先,随着科学和技术的不断进步,创建和提供教育资源变得更为简单,同时也减少了过高的成本负担。此外,鉴于全球化和高龄化社会带来的挑战,以及高等教育机构之间的激烈竞争,高等教育机构需要实施多样化的教学策略,以吸引更多学生的参与。最后,随着数字一代逐渐适应网络环境的人口数量的增加,愿意利用和分享各种网络资源的观点也变得越来越普遍。

这一系列的开放课程呈现出了几个类似的性质。

1. 在设计和开发课程资源的过程中,我们实施了一种自下而上的方法,这一方法得到了基金会和各大学的强烈支持,并且是由专业的教师来完成的。

2. 资源的知识产权是清晰的,并且普遍遵守"知识共享协议"(Creative Commons,CC),这意味着所有人都可以通过互联网进行全球访问。

3. 除标准浏览器外,这项技术的要求相对简单。

4. 这组大学只向全球的学生和教育者提供免费的教学资源,不涉及任何注册或注册程序,也不收取额外费用,并且不颁发学分或学位证书。

(二)开放教育资源(OER)

2002年,联合国教科文组织在巴黎举办了一场题为"开放式课程对发展中国家高等教育的影响"的专题研讨会。在这次集会上,我们首次提出了"开放教育资源"(Open Educational Resources,OER)这一创新理念,并清晰地定义了"开放教育资源"为那些通过信息通信技术为特定群体提供的,能够自由地访问、更改或利用的开放性教育资源。这些建议的教育资源可以在互联网上免费获得,旨在支持教育机构的教师授课和学生的学习过程。从那个时刻开始,联合国教科文组织对OER的定义及其意义进行了深度的研究和修正。联合国教科文组织对OER的解释是:OER代表一种基于网络的数字化教学资源,在教育、学习和研究的全过程中,人们可以自由且开放地利用这些资源。

随着科技的不断发展和人们对该议题更深入地认识，开放和共享的理念已经逐渐赢得了大众的接受，全球范围内的开放教育资源运动也逐渐形成了一股热潮。除了像MITOCW这样的开放性课程外，其他资源，如开放式教科书、流媒体、测试工具和软件，以及一些旨在帮助学生获取知识的工具、材料和技术，也都被整合进了开放教育资源中。

从OER的分类视角来看，联合国教科文组织认为开放教育资源是由三个主要部分构成：学习资源、支持教师的资源和质量保证的资源。所提供的学习资源包括了全面的课程设计、教学课件、教学内容模块、学习目标群体、学习辅助工具以及在线学习社群。而为教师提供支持的资源则涵盖了为教师设计、修改和应用开放教育资源的工具、辅助材料、教师培训资源以及其他的教学资源。所谓的质量保证资源，是指那些能够确保教育及其实践品质的资源。

有学者提出，从OER的内容和种类来看，开放教育资源可以分为三个部分："开放存取的教育内容""开放的标准和协议"以及开放的工具和平台。

OER的核心属性主要体现在以下几个方面。

第一，OER是一个为教育者、学生和自学者量身定做的资源，其主要目的是激励人们投身于学习、教学或研究活动，以实现教育资源的最大程度共享。

第二，OER代表了依赖信息通信技术的数字资源，而互联网为OER的实施提供了关键的技术支持和操作环境。

第三，OER的内容非常丰富，它不仅涵盖了公开的课程资源和学习材料，还包括了用于支持学习和教学的各种工具、软件和技术。

第四 OER代表的是不需要支付费用的公开资源，并且这些资源是基于开放许可协议提供的。需要特别指出的是，OER中的"开放"（Open）并不意味着放弃或免费获得著作权，而是基于遵守知识共享协议的前提下进行的开放，这意味着在某些特定的条件下，部分权利可能会授予公共领域的用户。

（三）公开课

在开放教育资源的演变过程中，视频公开课被认为是一种至关重要的在线教学方法。这种教学方法要求教师在实际环境中进行授课，与学生互动，并结合视频和字幕来记录完整的课程内容，然后通过互联网进行传播和分享。随着网络技术的持续发展，人们对在线高清视频点播的需求也日益增长，这使得高质量高清视频课程的开发逐步成为公众的关注中心。现阶段，主要的公共课程资源主要分为以下几个类别。

1. 可汗学院

萨尔受·可汗是一名孟加拉裔的美国公民,他在 2006 年成立了可汗学院,这是一个专注于教育的非营利性机构。比尔、梅琳达·盖茨基金和谷歌等著名企业都为其提供了财务支持。该学院致力于通过在线视频教程,为世界各地的居民提供免费且高品质的教育服务。

可汗学院覆盖了从幼儿园到大学的所有教育时期,涵盖了数学、物理、生物、化学、计算机科学、金融和美术等多个学科,并且已经制作了超过 5000 段的教学视频。此外,这个网站还为学生们提供了各式各样的练习、评价工具,以及教师在课堂或学校环境中所需的各种辅助工具,其中也涵盖了专为教育指导者(如父母、教师、教练等)设计的界面工具和游戏奖励机制。

可汗学院的一个突出特点是:每门课程的电影时长约为 10 分钟,内容从基础部分开始,并按照从简单到复杂的顺序逐步连接;这段视频使用了先进的电子黑板技术,从而避免了教学者在影片中直接出现;在这套适应性学习系统里,学习者可以根据自己的学习进展来选择他们希望学习的课程内容;每个问题都是随机产生的,如果学习者需要帮助,每个问题都可以分解成多个小步骤;知识地图的构建是基于各个知识点之间的相互依存关系以及它们各自的难度级别;通过实施勋章制度,我们为学习者提供了丰富的勋章选项。当他们完成特定任务时,这些勋章将被授予他们,这不仅提升了他们的学习满意度,还增强了他们的学习积极性;这个练习系统为学习者提供了针对每一个问题的详细练习材料;为了帮助教师更好地识别和诊断他们所面临的问题,我们为他们提供了大量的课程教学材料和分析报告,这有助于他们更加高效地采用因材施教的教学策略。

2. TED

TED(Technology Entertainment Design,TED)是一家位于美国的私营非营利组织。这个组织因其组织的 TED 大会而声名远扬,该大会的核心目标是"运用思维力量来塑造世界"。TED 成立于 1984 年,其创始人是理查德·沃曼。自 2002 年起,克里斯·安德森接管了 TED,并创办了种子基金会,同时也承担了 TED 大会的日常运作。每年 3 月,TED 大会都会在美国召集来自科学、设计、文学和音乐等多个领域的杰出人才,以分享他们在技术、社会和人类方面的深刻思考和探索。

由于 TED 大会的发言主要采用英语,这造成了与非英语使用者在语言表达上的明显差异。因此,TED 在 2009 年推出了一个开放的翻译项目。该项目为志愿者们提供了英文字幕,以便他们能够将其翻译成多种语言,目前已经有超过 100 种不同的语言版本。

3. iTunes U

iTunes U 是苹果公司在 2006 年推出的一个面向全球的在线教育平台,它为用户在移动环境中提供了丰富的公开课资源。众多知名的教育机构,如哈佛、MIT、牛津等,都已经在互联网上公开了他们的课堂音频、视频和文件,用户可以通过 iTunes U 平台进行免费下载。

iTunes U 的突出特点在于:它提供了丰富的免费教育资源,这些资源涵盖了超过 500000 个来自数千个不同学科的免费讲座、视频、电子书和其他多种形式的资料;这部著作汇集了一个课程的所有教学资源,包括音频、视频、电子书、教学大纲、课堂作业、教师发布的公告、PDF 文件和演示文稿等;用户只需轻轻点击手指,便可以在 iPad、iPhone 或 iPad touch 上体验丰富的课堂内容;这个设备具有卓越的笔记功能,用户可以通过"添加笔记"功能来输入他们记录的内容,无论是观看视频、听音频还是阅读,iTunes U 会详细记录笔记在音频、视频或文本中的具体位置;为了更高效地分享知识,你可以选择发送电子邮件或其他形式的信息,把课程的详细内容或课堂笔记分享给你的朋友们,然后点击"共享"按钮来分享你的资源;我们提供全面的课程信息推送通知和信息同步功能,能在新消息发布后迅速推送给用户,同时确保用户的文件、笔记、重点内容和书签在现有设备上保持同步更新。

苹果公司的教育生态系统也包括了 iTunes U Course Manager(一种课程制作工具)和 iBooks Textbooks(一种互动出版物)等多个方面。iTunes U Course Manager 已经在全球 70 个国家推出,为教育工作者提供了一个在 iTunes U 环境中设计课程、分发给学生或进行公开分享的平台。iBooks Textbooks 是一种专门为 iPad 用户和教育界设计的电子出版物,它为用户提供了丰富多彩的阅读体验,并允许用户进行如笔记标记和添加书签等多种操作。

4. 网易的公开课程

2010 年网易推出了名为"全球名校视频公开课项目"的项目,首批 1200 集的课程视频正式上线,其中超过 200 集都配备了中文字幕。到目前为止,网易已经开设了多个公开课程板块,包括国际著名大学的公开课、中国大学的视频公开课、TED、可汗学院和 Coursera 等,用户可以在线免费欣赏来自国内外的公开课。

5. 精品视频公开课

在 2011 年教育部根据国家精品课程建设项目的实施情况,决定开展国家精品开放课程的建设工作。国家级的精品开放课程包括了高质量的视频公开课和资源共享课程,其目的是推广和共享高品质的课程资源,体现现代教育理念和教学规律,展示教师的先进教学理念和方法,服务于学习者的自主学习,并通过网络进行传播。2013年首批120门的中国大学资源共享课程在爱课程网上向广大的社会公众免费开放。

三、慕课在中国的出现及发展

虽然慕课运动在我国的普及时间相对较晚,但从2013年起,它的影响也开始逐步显现。某些人把这个特定的年代称作中国的"慕课元年"。学堂在线是清华大学推出的一个在线的开放式课程平台。学堂在线平台与多所联盟大学建立了合作关系,其中包括北京大学、浙江大学、南京大学以及上海交通大学。学堂在线不只是提供了edX的基础视频和考试功能,还为国内学生提供了本土化的服务,比如引入edX的热门课程,配备中文字幕,以及在检索关键词时可以直接定位到视频内容等。除了在国内提供大学课程外,与国外合作的教育机构还涵盖了哈佛大学、麻省理工学院、康奈尔大学以及加州大学伯克利分校等,这些教育机构都为学生提供了相应的课程。

MOOC学院,隶属于果壳网,是一个专为慕课课程设计的学习社区。MOOC学院成功地融合了Coursera、Udacity、edX这三大美国顶尖课程供应商所提供的所有课程,并将这些课程的核心内容翻译成了中文版本。在MOOC学院,学生们可以对他们之前参与的慕课进行深入的评估和评分,并在学习的旅程中与他们讨论与课程有关的各种问题,同时也有机会做下自己的课堂笔记。果壳网得到了国家相关机构的鼎力支持,并由中国教育电视台创立,它是一个国家级的教育新媒体云计算服务平台。这一系统是在云计算、语义网络以及新媒体技术的基础上搭建的,它象征着以个体学习为中心的新一代网络教育平台。果壳网是一个立足于国家战略视角的平台,它的目标是实现全面覆盖,通过卫星双向网络传输来解决西部和偏远地区的教育资源短缺问题,从而最大限度地发挥国家公共教育的规模效益,实现全民终身教育的目标。

慕课网(IMOOC)是由北京慕课科技中心创建的,并被公认为是目前国内慕课行业的领军企业之一。这门课程包括了初级、中级以及高级这三个独特的学习时期。此外,上海交通大学有意与北京大学、清华大学、复旦大学、浙江大学、南京大学、中国科学技术大学、哈尔滨工业大学、西安交通大学、同济大学、大连理工大学、重庆大学等著名教育机构建立合作关系,以共同打造中文慕课平台。同时,该大学也在探索跨学校合作的辅修专业培养模式,以便为社会提供多样化的在线开放课程资源。

除此之外,大量的商业网站也相继推出了他们的在线课程内容或者在线慕课平台。淘宝推出了一个名为"淘宝同学"的在线平台,而人人网则对"万门大学"进行了资金投入。YY还提供了"100教育"的选项,除此之外,还有沪江网和腾讯教育等多个平台。最近,新东方有意与教育考试服务供应商ATA联手,共同创建了一家合资企业。这家公司计划充分发挥新东方在内容和平台上的强项,同时结合ATA在考试方法和评价工具上的深厚经验,打造一个创新的在线职业教育平台。新东方正在秘密地涉足K12教育领域,并在新东方在线平台上建立了一个名为"教育信息化普及联盟"的组织。据了解,该联盟已经成功地吸引了近千所位于偏远地区的学校参与,并且预测在未来每年还将有大约2000所学校加入。虽然这些网站提供的大多数产品并不直接与正规教育体系有关,但它们在国际竞争中展示了强大的实力。最具深度的比赛方式是跨多个领域的角逐。我们绝对不能忽视那些建立在商业基础上的机构,因为它们具有巨大的商业潜力和利益,很可能会把慕课推广到社会的每一个角落,并在慕课市场中赚取财富以保持其生存。

第二节 慕课的教学形式

从教育视角出发,慕课作为一种创新的在线教育方式,决定了何种课程布局?这项研究深入探讨了在传统教学流程中,如何确保教师在教学、课堂实践、作业完成、考试参与以及互动交流等关键环节能够得到有效的执行?慕课在其发展过程中,是如何塑造其独特的教育方法的?慕课背后的教学设计所包含的核心教育理念是什么?自从慕课面世以后,参与这门课程教学的教师们是如何进行全方位的评估和评价的呢?

一、关于慕课的授课方式

2014年,贝涅和罗斯,两位来自英国爱丁堡大学的学者,在他们的研究报告中指出,在过去几年里,慕课在学术和教育领域都得到了广泛的关注,大量的新闻报道、辩论和研究成果纷纷出现。然而,在这一系列的讨论和论证活动中,有一个特定领域并未受到应有的关注和重视。在这个特定的领域里,慕课所采用的教学策略正是如此。

那么,慕课的授课方式到底是什么样的呢?慕课所采用的学习方式究竟如何呢?到目前为止,慕课采用了什么样的教学策略呢?焦建利教授根据他在过去几年里对慕课及其相关研究报告的学习、体验和持续追踪的经验,从多方面对慕课的教学方法进行了全面的总结。

(一)分布式学习与开放教学

慕课采用的教学模式是基于互联网的,因此,慕课的教学方式深受互联网思维方式的影响。Web2.0、分众、众筹、分布式学习、开放内容以及开放教学,这些都被认为是慕课教学中的特有方法和亮点。

事实上,当我们回顾慕课的发展历程时,会发现分布式学习和开放教学的思想始终是其核心理念。在2007年,科罗拉多州立大学的戴维·威利运用Wiki技术推出了一门在线开放课程,该课程吸引了来自8个不同国家的60名学生共同参与课程的开发和建设。这个课程的学习更多的是一种创造性的学习方式,而不是消费性地学习,因为学习者的学习过程在本质上是课程建设的一部分。因此,这门课程最引人注目的特质无疑是其内容具有高度的开放性。

2007年,来自加拿大里贾纳大学的亚历克·克洛斯教授推出了一门名为"社会性媒介与开放教育"的新课程。这个课程邀请了来自世界各地的著名专家和学者作为客座教授,在线参与各种课程和研讨活动。因此,这门课程最引人注目的特质无疑是其采用的开放教学模式。

截至2008年,加拿大学者斯蒂芬·唐斯与乔治·西蒙斯联手推出了一门题为"连通主义与关联知识"的新课程。这个课程被广泛视为历史上的第一个慕课,因为它不仅融合了戴维·威利的开放教学思想,同时也吸纳了亚历克·克洛斯的开放教育思想。更加重要的一点是,这门课程采纳了连通主义的教学思想和框架,鼓励学生广泛参与。

当我们深入探讨慕课的初始阶段,并对当前主流的慕课平台上的课程进行研究时,可以清晰地看到慕课教学实践中的开放内容、开放教学和分布式学习的Web2.0理念,这也使得慕课在教学方法上与过去的大学课程、在线课程和网络课程存在显著的差异。

(二)带有测验题的、短小精悍的视频

视频作为一种宝贵的教育资源,在远程和开放教育实践中具有深远的历史意义。但是,过去的视频教学资源因为缺少交互性和播放时间过长,这与现代互联网时代人们的认知方式和"注意力模式"有很大的不同。因此,简洁而高效的在线教学视频逐渐赢得了广泛的公众喜爱,这也构成了微课能够流行的根本原因。

实际上,在当前热门的慕课平台和实际的课程操作中,人们观看的课程视频不仅仅是简单和有深度,更有一个显著的特点,那就是视频内容中融入了测试题。整合了测试题元素的课程视频展示了更为简洁和有力的特质。这套测试题目不仅仅是为了

评价学习者在线学习的成效,它还有助于让课程视频更加用户友好和具有更高的互动性。

在构建慕课课程视频的过程中,一个显著的特点是,绝大多数的慕课都为学生提供了清晰而有力的课程概览视频,这有助于学生在确定课程内容、目标、形式和学习效果之前有一个清晰和明确的理解。这些建立在简明基础上并具有深远影响的课程视频,其实也是一种对这门慕课进行推广和市场营销的策略。

实际上,在传统的大学教育模式中,大部分的课程大纲通常是由高年级学生通过口头和听觉的方式传达给低年级学生的。这种口头和听觉的交流方式往往与高年级学生的个人认知和理解能力有关,因此它可能并不是全面的、精确的或精确的。在高等教育机构中,如果我们能将慕课的课程简介视频整合到实际的大学课程和教学过程中,我相信这将极大地推进高等教育的混合学习模式。

(三)同伴评分与评估

对于学习者来说,这份资料具有非常高的学习价值。慕课作为一个庞大的在线教育平台,成功地吸引了大量的学习者。这些学习者的数量从几千人激增到几万人,有时甚至达到了数十万人的规模。如果我们仍然采用传统的学校作业批改和评价方式,那么哪怕教师每天都在忙于批改学生的作业,完成所有学生的作业,也可能需要长达150年的时间。

因此,在目前的慕课平台和课程设计中,使用同伴评分和评估方法是对学习者学业表现进行评价和打分的最常见方法。尽管慕课平台和教师团队面对着高达十五六万的学习者,但实际上他们并未发现更为理想的解决策略。这不只是慕课平台和教师团队不得不做出的选择,同时也可以被看作是慕课教学组织在创新和创新方面采取的一个关键行动。这种伙伴之间的相互评价和评价,从更深的角度看,实质上是一种"伙伴间的互助学习"。

在众多的在线课程平台中,那些负责管理这些平台或组织课程的人员,经常为学生间的同伴评价和评价制定了明确、详细和基础的准则。

慕课不仅具备吸引众多学生的特性,其中还涵盖了一些拥有丰富实践经验和高品质的学习者。这批学习者拥有为那些经验不足的学习者提供指导和支援的技能。在特定的环境条件下,学生间的同伴评价活动完全有能力协助教师进行课程教学,并能确保批改作业的个体和被批改作业的个体都能从这种相互支持的关系中获益。很明显,在慕课的同伴评估和评价环节中,每位参与者都拥有自己独特的见解和理解。在慕课成功吸引了众多学生的背景下,部分学者持有这样的观点:采用这种"次优选择"的同伴评价方法似乎已成为一种不得已的应对策略。在慕课的教学过程中,学生之间的互相评价不可避免地会涉及来自不同文化背景的人是如何为学生设定文化预设的。相较于经验丰富的教授,年轻学生在文化观念上往往显得更为保守。

(四)实践社群中知识的建构

无论参与慕课的人数如何,为全球的学习者所设计的每一种慕课都在实质上形成了一个具有国际影响力和独特专业特点的实践社区。

在真实的社区背景下,学习者如何进行知识的学习和构建,已逐渐成为慕课教育和学习方法的核心议题。如果这样的观点是对的,并且实践社群中的学习者如何构建他们的知识是慕课教学方法的核心组成部分,那么,这些学习者在实践社群中是如何进行知识构建的呢?

来自世界各地的学习者自发地聚集在一个在线课程平台上,他们为了共同的学习目标和兴趣,在课程论坛上建立了相互的信任。针对课程的主题和内容,他们实施了基于互联网的合作与协同学习模式。通过这样的对话、交流和沟通,他们互相分享了隐性知识,并建立了实践经验,将这些在线学习的隐性知识转化为每位学习者的显性知识,并将其应用于他们的学习、生活、工作和日常生活中。这个全球性的在线实践社区吸引了众多有共同兴趣的人,他们共同创建了一个庞大的在线实践社群,吸引了来自全球各地的学习者来此分享和构建他们的知识体系。

阿加瓦尔教授在他的描述中,从慕课教师的视角深入探讨了在线实践社区中学习者间的互助行为,并为我们描绘了在全球范围内的在线实践社区中,慕课教学中学习者如何进行学习和知识构建的过程。一门慕课通常以简洁有力的讲座视频和多种选择题作为其核心内容。然而,随着时间的推移,人文科学、艺术和自然科学的慕课逐渐更加强调社群的构建和与社会的互动。对教师而言,在这门课程里,他们的主要任务是创建一个学习社群。对学习者来说,慕课学习的核心部分是在实践社区中的互动和交流。因此,在实践社区中,知识的构建被视为慕课教学方法的核心部分。①

(五)精熟学习

精熟学习为我们提供了一种将"教"与"学"相结合的方法,以实现高效地学习。通过精细的教学流程、丰富的实践机会、充足的学习时间以及有效的补救措施,确保学生对每一个学习环节都有深刻的认识和理解。布鲁姆的看法是,学生在学业上的差异主要源于我们为每个学生提供了统一的教学内容和学习时长,但没有提供具体

---

① 唐中剑,王建中,袁明锋.计算机应用基础[M].北京:人民邮电出版社,2016.

的纠正措施,这导致随着年龄的增加,学生间的学习成果差异逐步加大。因此,深度学习被认为是一种充满个性的学习方法。

在基于精熟学习理论的教学活动中,教师通常需要把课程内容细分为多个小模块,而每一个模块都应该包含一系列经过精心设计的具体教学目标。教师会为学生明确规定每一单元的明确目的和准则。如果学生没有达到基础的技能水平,或者虽然已经达到了,但仍然希望进一步提升,那么可以重新学习这个单元。一旦他们完成了所有必要的准备工作,就有资格对这个单元进行复本测试。精熟学习可以分为三个主要阶段:首先是明确教学目标,接着是在整个班级中进行教学活动,最终是进行各种测验。

慕课学习被认为是一种深度的学习方法。在慕课的教学过程中,熟练掌握无疑成为最常见的教学策略之一。慕课是一种将远程教育与开放教育相结合的教学模式,它的教学内容通常包括学习者每周提交的阅读材料、嵌入测试题的视频教程,以及教师推荐的其他学习活动;在大量的在线慕课活动中,每周都会有 2~3 次由特别邀请的嘉宾同步进行的在线发言,同时每周也会组织实时的在线讨论活动。这些建立在明确目标之上的细微学习步骤,实质上是对学习理论的深度应用。

(六)技术支持的在线学习

慕课,作为一个大规模且开放的在线教育平台,与传统的在线和网络课程一样,也是一种受到技术支持的学习模式。在慕课的学习过程中,我们可以明确地看到,学习者在技术和信息素养、学习的主动性和自控性、学习的欲望和成就的驱动力方面,都是不可或缺的,也是基础的。在慕课教学活动中,学习者的技术能力和信息处理技巧被视为决定教学成败的关键要素。

慕课的构建不只是建立在开放学习和分布式认知的基础上,它还深受连通主义学习观念及其整体框架的影响。只有当学习者完全依赖于连通主义的教育观念和结构时,他们才能实现高水平的互动和广泛地参与。在线教育中的技术支持与所有这些因素之间存在着密切的关联。因此,在慕课的授课方式里,利用技术辅助进行在线学习被看作是关键策略之一。

二、慕课的课程模式

在慕课的发展过程中,有基于连通主义学习理论的 cMOOC 和基于行为主义学习理论的 xMOOC 两种不同教学理念和特征的课程模式。

(一)cMOOC课程模式

cMOOC 的核心思想建立在连通主义的学习观念上,这代表知识是通过网络进行连接的,而学习则是一个将特定节点与信息来源连接起来的过程。西蒙斯清晰地阐述了 cMOOC 的核心思想,这包括了连通主义、知识的建构、教师与学生之间的合作、分散式的多空间互动、创新的重视、同步与共感,以及学习者的自我调整等多个方面。cMOOC 的设计初衷是为了将全球各地的教师和学生通过一个统一的主题或话题紧密地联系在一起,学生可以通过相互交流、合作、建立学习网络和积累知识来实现这个目标。

在 cMOOC 的教育模式中,学生的基本学习流程涵盖了:仔细研究课程的详细内容与结构,并完成课程的注册过程;搜集教师在学习网站上提供的各种学习资料;积极参与各种活动,例如讨论组和在线讲座,深度探索学习主题,并与他人分享个人见解;构建个人的学习资源,如音频、视频等,并与他人分享这些资源;最大限度地利用社交网络的各种特性,如微博、博客和其他社交平台,来组织学习活动并搭建学习的网络环境。cMOOC 课程的设计展现了几个突出的特性。

1. 在 cMOOC 的教学过程中,教师提供的各种资源已经变成了知识研究的初始点。相较于传统的课堂教学模式,教师更多的是课程的创办者和协调者,而非课程的主导者。课程的策划者有责任明确学习的核心内容,促进专家间的交流互动,并推广各类学习资料,旨在加强知识的交流和团队协作。

2. 在 cMOOC 的学习环境下,学习者表现出了极高的自主性,他们的学习进程高度依赖于自我调节机制。学习者积极地参与交流、合作、建立联系,并构建学习网络。

3. 学习者有机会在各种社交平台上,如讨论组、微博、社交标签和社交网络等,进行交互式的学习体验,通过资源共享和多角度的互动交流,进一步拓宽他们的知识视野。

4. 学习者有能力通过有效的沟通、团队合作、建立联系以及搭建学习网络,在社群中进行各种不同的认知互动,进而掌握新的知识。

(二)xMOOC课程模式

xMOOC 是慕课创新发展战略的一个代表,其中 Coursera、Udacity、edX 等在 2012 年迅速崭露头角的机构成为这一战略的标志性代表。xMOOC 和 cMOOC 都是基于网络的在线课程形式,但它们分别代表了两种不同的应用模式的开放课程。与 cMOOC 相比,xMOOC 在其教学流程和观念上更偏向于传统的授课方式。

一般来说,一门 xMOOC 会在规定的时间内启动,为了能够及时参与课程,学习者需要提前熟悉课程的介绍和安排,并完成课程的注册。在你的学习之旅中,你可以根据自己的学习进展,决定是否退出某门课程的选修部分。相较于传统的授课方法,每个课程的时长通常都更短,大概仅为 10 周。慕课平台为课程实施提供了多种课程模块,这些模块涵盖了但不仅限于课程视频、讨论区、电子教学资源和各类测试。

一旦课程开始,教师将会按时发布教学材料、作业和教学视频。这组视频不是专门为学校教室制作的,而是专门为 xMOOC 录制的。众多的视频都附带了各种语言的字幕,如中文,这对于全球的学习者来说,有助于他们更深入地学习并增强课程的开放性。

在 xMOOC 的环境中,用于学习的视频内容通常都是简洁的,并且会在这些视频中加入实时问题和测试环节。采取这种方式的初衷是为了更加高效地保障学习成果的实现。视频学习,作为一种单向的信息传递手段,要求学习者在一个无人监管的环境中,始终保持对学习材料的高度关注和积极互动。通过使用短视频段的辅助工具和实时问题测试,学习者可以更有效地集中精力并深入掌握所学的知识。此外,采用这种短视频的教学方式也能帮助学习者更精准地掌握自己的学习节奏,进而更容易地确定自己在学习过程中的角色和位置。

课程结束后,学生通常需要完成一系列的阅读和作业,这些作业通常都有一个明确的截止日期,因此,学习者应当自觉地并且准时地完成所有课程相关的作业。学生的作业得分可以通过在线自动评分、自我评价评分、与学习者的同伴互评等多种方式来评估。

这门课程会安排小规模的测试,并进行期中与期末的评估。学习者有义务在规定的时间内完成考试,并获得相应的考试分数。在完成学业、完成作业和参加考试的过程中,学习者必须严格遵守诚信的基本原则,并始终保持一种诚实和独立的心态。edX、Udacity 等主要的 xMOOC 项目也与培生等企业建立了合作关系,旨在为学习者提供一个在全球范围内的培生考试中心参与考试的机会。

该课程的在线平台为学习者创建了一个讨论组,让他们有机会在线学习和交流。这门课程还计划了线下的面对面活动,以确保学习者可以进行面对面的交流和互动。例如,Coursera 已经在全球超过 3000 个城市组织了线下的课程见面会,学习者可以根据自己的地理位置选择加入附近的线下见面会,进行面对面的学习交流,从而形成地区性的学习小组。

一旦学生完成了课程并通过了考试,他们将有资格获得特定的证书或获得相应的学分。

(三)cMOOC 与 xMOOC 的比较

在教育哲学方面,cMOOC 与 xMOOC 这两种教学策略存在明显的差异。在 cMOOC 方面,我们采纳了一种基于连通主义的知识构建策略,目的是帮助学习者更有效地掌握和创新他们的知识;xMOOC 更偏向于使用传统的授课方式,以确保学生能够熟练地使用课堂教学资源。随着慕课的持续发展,xMOOC 开始逐步展现其潜力。

三、关于教学模式的设计方案

慕课的教学模式主要分为两大类:一是学习者自主学习的模式,二是教师根据慕课设计的翻转课堂模式。

(一)自主学习模式

在开放教育和终身学习的大环境下,慕课为用户展示了一个既高效又具有灵活性的独立学习途径。这个课程凭借其权威性、高品质的教学资源、出色的组织结构和用户的积极参与,为学生的自主学习方式打下了稳固的基石。

在这样的学习模式中,学习者可以根据自己的实际需求,独立地组织学习活动,挑选合适的课程,并通过有组织的视频观赏、有指导意义的主动阅读、有针对性的系统性练习和个人参与产生的思维互动,来完成整个课程的学习过程。在目前的阶段,慕课的授课方法主要是基于这种模式进行的。利用独立的学习策略,学习者能够迅速地丰富和完善他们的知识结构,进而更为高效地满足社会的各种需求。

(二)翻转课堂模式

随着信息技术的不断进步,尤其是在线视频内容日益丰富,翻转课堂这种教学策略也逐渐得到了广大的认可和普及。这种教学方法的核心思想与传统的"学生在白天学习时吸收新的知识,放学后通过完成作业来加强学习"的教学方式是完全不同的。学生们利用课余时间观看教学视频,前往学校加深学习和理解,遇到问题时,他们会向教师和同学们寻求建议和交流。

慕课为翻转课堂模式带来了丰富的视频资源和其他高质量的教学资源,这使得科技成为推动有效教学的一个重要因素。

在这一教学模式中,教师有效地运用了慕课提供的高质量在线教学资源,并将这些资源与自己的实际教学经验相融合,从而构建了一套全面的学习策略。在学生们的课外时光中,他们不仅仅是学习视频素材,还会进行各类习题的练习,并积极参与各种论坛的互动活动;在教学环境里,我们对学习的核心环节进行了深入的研究和知识融合,为学生遇到的难题提供了有效的解决方案,并给予了他们必要的反馈和评估。翻转课堂作为一种教学策略,为学生提供了更为广阔的学习途径,它使得知识的传递不再仅仅局限于课堂,而是为学生创造了一个选择最能满足其学习需求的方法来获取新知识的平台;将知识的吸纳过程整合进教室环境,能够促进学生间以及学生与教师之间更加深入的交流和对话。翻转课堂的教学模式彻底颠覆了传统教育模式,它不仅加强了教师与学生之间的互动和个性化交流,还更有效地激发了学生的学习热情,并提升了他们的学习成效。[1]

第三节 慕课在大数据中的应用

大数据的出现标志着一个深刻的时代变革,它正在重塑人们的日常生活和对世界的认知方式,这无疑将为各个行业的发展策略和决策带来前所未有的创新和挑战,教育领域也不是例外。我们已经步入了一个大数据驱动的新纪元,在这个时代的大背景下,学校的运营是由数据驱动的,而教育体系则是由数据分析和持续的变革推动的。

一、大数据与教育大数据

(一)什么是大数据

根据 Wiki 的阐释,大数据是指"涉及的数据量如此庞大,以至于无法通过人为的干预,在一个合理的时间范围内完成截取、管理、处理,并将其整合为人类可以理解的信息"。在这个信息泛滥的年代,这个工具被用来描述和定义大量生成的数据,并为与这些数据有关的技术进步和创新命名。哈佛大学的社会学权威加里·金指出:"这绝对是一场深刻的社会变革,大量的数据资源催生了多个行业的发展,无论是学术界、商界还是政府部门,都已经启动了这一量化进程。"大众普遍持有的观点是,大数据实际上是一个与"4V"特性高度匹配的数据集合,它涵盖了海量数据、高速数据传输、不断演变的数据结构、多样化的数据类型以及巨大的数据价值。

(二)教育大数据

在教育领域中,大数据不只是展现了认知的高度创新,还揭示了它在实际中的应用潜力。随着大数据技术的发展,目前的教育结构将面临深远的改变。通过对教育

---

[1] 吴方,谭忠兵.大学计算机应用基础[M].北京:北京理工大学出版社,2016.

领域的大数据进行细致的收集、储存和深度分析,我们有能力识别出在教学活动中出现的各种问题,并据此来进一步完善和优化我们的教学策略。我们也有能力创建一个与学习者的学习行为相关的模型,深度研究学习者目前的学习行为模式,并预测他们未来可能的学习路径。

二、大数据与学习分析

(一)什么是学习分析

这些数据就像是一座充满神秘的钻石矿,其真实价值就像是漂浮在海洋深处的冰山,乍一看只能捕捉到冰山的一小部分,而大部分实际上都隐藏在海洋的深处。

学习分析技术是一种专为教育领域设计的大数据处理手段。学习分析技术被描述为"一种专门用于量化、收集、解析以及报告与学生及其学习环境有关的数据的手段,其主要目标是为了更深入地理解和优化学习过程以及由此产生的学习环境"。

学习分析是指"对学习者及其学习环境的数据进行测量、收集、分析和综合展示,以便更好地理解和优化他们的学习和学习环境"。

通过深度分析学习者及其学习环境的数据,并运用适当的分析方法和数据模型,我们能够对这些数据进行解读和深度挖掘,从而利用这些分析结果来探索和预测学习的效果和表现。在大数据环境中,学习分析被视为一种对学习系统进行高效研究的方法。

(二)慕课的学习分析

慕课的应用为我们提供了众多的数据资料,这为教育数据挖掘和学习分析的深入研究打下了稳固的基石。Coursera 在搭建这一系统时,已经深入地研究了大量数据的采集和解析,并在课程执行过程中对每个变量进行了持续的跟踪。以 Coursera 的数据库为例,当学生决定暂停视频播放、加快播放速度,或者在回答测试题、修改作业或在论坛上留下评论时,这些行为都会被记录下来。这种从细微之处收集的学生行为信息,为我们深入了解学习的全过程开辟了全新的途径。edX 项目不只是专注于构建网络教学平台,它还深入研究教学方法,目标是将 edX 转变为教育研究中的高效工具。edX 的研究团队已经开始采用系统数据来验证关于人们学习方式的假设,并且随着课程内容的逐渐增多,研究的范围也将逐渐扩大。通过对数以百万计的学生在线学习活动的持续追踪研究,并搜集大量有关学生学习模式的资料,进一步进行自动化的实时分析,我们有可能识别出人类学习的新方向,从而在个人层面上实现课程的个性化设计,并提升学习系统的适应性。

1. 吴恩达的"机器学习"课程

在 Coursera 主持的"机器学习"课程里，吴恩达教授注意到大概 2000 名学生提交的课外作业答案存在错误，令人震惊的是，这些错误的答案居然是相同的。很显然，他们犯下了相同的错误。什么叫做错误呢？通过吴教授的深度剖析，他观察到这批学生在单一算法里不小心将两个代数方程搞得错误。他调整了课程的内容，如果其他学习者也犯了同样的错误，系统不仅会通知他们犯了错误，还会建议他们检查算法。

2. edX 课程可视化

哈佛大学和麻省理工学院对 edX 平台两所课程的平台数据进行了分析，发布了一系列研究数据集和互动可视化工具。

3. 慕课完成率可视化

英国开放大学的科研团队凯蒂·乔丹对 155 门慕课的数据进行了深度分析，探讨了课程的完成率和评价方法，并据此设计了一个交互式的慕课信息图。信息图向我们揭示了两种独特的表示方式：一种是采用课程注册人数作为横坐标，另一种是采用课程完成率作为纵坐标，还有一种是利用不同的颜色来表示课程考核的方法；课程的授课周数代表了一种不同的横向坐标方法。纵坐标是课程完成率的指标，而每个数据点则代表一个特定的课程。当鼠标悬停在该数据点上时，它将展示该课程的详细信息。通过这些图表，我们可以直观地看到与慕课相关的数据分析，从而为慕课的未来优化和进一步发展提供科学的依据。

三、大数据与自适应学习系统

（一）什么是自适应学习系统

通过运用先进的教育数据挖掘和学习分析方法，我们具备推动自适应学习系统建设和更广泛应用的巨大潜力。"自适应学习"代表了一种借助计算机技术进行学习的新颖方法，此系统可以实时地评估学生的思考方式，并为每个学生量身打造专属的学习材料和路径。在他们的学习旅程中，每两名学习者都展示出各自独特的特点，例如他们的教育经历、智慧水平、集中力和学习策略都存在差异，同时他们的学习节奏和遗忘技巧也有显著的不同。因此，一个高效的学习方法应当是为每位学习者提供独一无二的学习体验。在执行自适应学习策略时，我们具备针对每位学习者独特需求进行适当调整和完善的能力。学习不仅仅是被动地吸收知识，它更是一个在解决实际问题时，主动去探索和发现知识的过程。

在这个标准化的自适应学习环境里,学生将有机会在电脑上查阅教材并完成各种练习题,完成后,计算机将会把学生的学习进度记录在数据库中。该预测模型将对这些学习数据进行深入的分析,并借助学校或学区内保存的学生背景资料,以预估学生在课堂表现方面的表现。在这个操作界面里,不分是教师还是管理员,他们都被赋予了查看学生学习进度的权利。这一预测模型还将向自适应系统传输数据,以便更方便地对现有的教学方法进行必要的调整。当有需要时,教育者和管理团队可以跳过自适应系统,直接融入学生的学习过程中。Knewton是一个致力于提供个性化教育的在线教育平台,它的核心技术是自适应学习方法,该方法通过数据收集、推理和个性化学习三个阶段来实现个性化的教学体验。在数据搜集的过程中,我们首先与学生建立了学习内容中的各种概念的联系,接着将这些类别和学习目标与学生进行了互动和整合,最终利用模型计算引擎对这些数据进行了进一步的处理,以便为后续阶段提供参考;在进行数据推导时,我们计划利用心理测试引擎、策略引擎和反馈引擎来深度分析收集到的信息,并将这些分析结果展示给推荐阶段,目的是为学生提供更加个性化的学习建议;在为学生提供个性化学习建议的过程中,教师和学生不仅可以使用建议引擎和预测性分析引擎来收集学习建议,还可以整理出一个统一且综合的学习历史记录。

对学习者而言,适应性学习能够通过多种途径,如实时反馈、社群协作和游戏化教学等,助力他们提升自信心,缓解不适感和挫败感,增强参与度,并激发他们养成高效学习的习惯。对教育者而言,适应性学习不仅仅是帮助他们更深入地理解学生在课堂上的各种活动和他们的表现,它还可以帮助他们进一步探索学生的学习背景,从而更深入地理解哪些因素使学生的学习过程变得更加困难,并进一步了解学习者的学习效率、参与度和记忆能力。[①]

(二)慕课进化

颠覆性创新这一理念是由 Innosight 公司的创始人、哈佛大学商学院的商业管理教授和创新领域的权威克莱顿·克里斯坦森共同提出的。该理论的核心目标是深入探讨新技术对革命性变革产生的深远影响。其核心操作流程基于创新思维和技术手段,目的是用全新的产品或服务来替代传统的产品或服务,并在相关行业内触发革命性的变革,从而催生新的业务领域的拓展。

克莱顿·克里斯坦森和迈克尔·霍恩在深入研究慕课之后,都一致认为慕课象

---

① 田春尧,赵书慧.计算机应用基础[M].北京:北京理工大学出版社,2017.

征着一场颠覆性的改变。历史上的革命性改变往往是由利益的基础链条触发的,而这一次则是由利益的受益者,也就是知名学校,发起的。其革命性主要在以下三个方面得到体现。

1. 非目标客户终于被包括进来

尽管慕课与传统的大学教育服务相比存在诸多不足,但由于慕课的无费特性,它能够影响到那些原先不能接受高等教育的大量用户群体。

2. 逐渐向中高端市场挺进

颠覆性创新通常不是一开始就与既得利益者竞争客户,而是随着时间的推移不断优化,逐步进入中高端市场。最后,具有颠覆性的产品将展现出卓越的性能,这将促使市场上的现有客户主动选择这些产品。

3. 新定义什么叫"好"

颠覆性的创新最终会改变市场对"品质"这一概念的传统定义。在现行的大学体制下,大部分教师的评估准则更多的是基于他们的学术研究能力,而非他们的教学质量。但是,伴随着互联网媒体的迅速崛起和大规模扩张,一场新的社会变革即将拉开帷幕。未来,选择提供哪种课程的决策将是基于雇主(特别是付费学生)的选择,而不是基于教师的研究兴趣。目前,慕课已经成功地在多个方面摆脱了传统教育模式的束缚,并持续地取得了发展。例如,Udacity 的课程已经开始充分发挥在线媒体的优势,从一个以时间为中心的学习模式转变为一个更加注重个人能力的学习模式,即根据学生的实际掌握程度,而不是仅仅根据学时来安排课程内容。

克里斯坦森和霍恩的看法是,早期的慕课仍然受到"流程化商业模式"的影响,也就是说,教育公司会将所有内容集中输入一端,然后将这些内容转化为更有价值的输出,供应给另一端的客户。这与零售业和制造业的状况有着相似之处。慕课的真正价值在于它具有成为"大型商业活动"的巨大潜力。利用网络教育和教育数据,这个平台能够为成千上万的学生带来最高品质和最具个性的学习体验。这样的方式与仅仅在互联网上发布教授讲座的视频是截然不同的。因此,在慕课的演变过程中,我们追求的目标是设计一个互动性极强的课程。这不仅是为了向学生传授知识,更是为了从他们那里获得宝贵的反馈,这样可以根据学生的实际能力和需求调整课程内容,实现真正的自主学习效果。在将来的成长过程中,个体的学习方式将会逐步转变为一个持续并伴随一生的旅程,这无疑会增加对个性化学习的需求。在当前的教育环境下,像 Knewton 这样的网络促进和自适应学习平台,如果能为学生提供更加个性化的学习指导,那么它可能会比现有的在线课程更有效地服务学生并推动他们的学习进程。

第四节　慕课在大学计算机教学中的应用

随着慕课的出现,许多人都感到震惊,教育领域的风暴正在逼近,传统的大学正面对前所未有的挑战。有观点认为,慕课的到来意味着"象牙塔"已经不再存在。edX公司的总裁阿南特·阿加瓦尔表示,慕课是自印刷技术问世以来,人类教育历史上最重大的一次变革。面对慕课,我们应当持有一颗敬畏的心。在学习慕课的旅程中,我们应当持续地探索和感受,深入剖析慕课的深奥之处,并识别其与传统的网络和在线课程的不同之处和它们之间的联系。我们应当持有一种谦逊、审慎和理智的心态,去深入体验、研究和学习慕课。

一、慕课对大学的影响

在慕课的发展历程中,它从最初的不发放证书的方式,逐步转变为提供证书的方式。慕课平台 Coursera 采纳了一个与社会标准相吻合的方法,那就是学习者只需支付 30 至 100 美元的费用,就可以获得知名大学的在线课程认证。此外,在美国,众多的高等教育机构已经开始接纳学生在慕课中所获得的学分。传统的高层次教育正在面临前所未有的挑战。我们深信,慕课将在大学课程的设计、开发、教学组织、学分认证和师资队伍建设等多个方面产生深远和关键的影响。

对传统大学来说,当前的一个核心挑战是如何充分利用信息和通信技术,为学生创造更多的课程和学习机会,同时解决教育资源和机会的不平衡问题。在美国,众多的高等教育机构正在实施传统的面对面教学模式,为学生提供了一个在线学习的平台,允许学生选择在学校或在线完成他们的学业。

慕课将在推动高等教育走向信息化、国际化和民主化的道路上产生深远且极其重要的影响。利用互联网技术,为学生提供在线学习的机会,扩大高等教育的可能性,进一步深化大学课程和教学方法的改革,从而提高人才培训的效果,这是当前大学面临的核心议题。慕课作为在线教育的一部分,不仅有助于提升大学的知名度和社会影响力,同时也为其他高等教育机构提供了一个"草船借箭"的机会,从而有助于优化教师队伍的结构。

随着高等教育体系的不断发展,大学对于招生方法和资源的最优分配的需求变得越来越紧迫。在探讨全球顶尖大学时,简单来说,教师团队的国际化和学生来源的国际化可能是一个极其重要的评估标准。当一所大学的教职人员分布在全球各地，而学生则分布在世界的各个角落时，这样的大学通常被视为具有国际视野、极具吸引力，或者可以说是顶尖的学府。对大学来说，若想增加学生在市场上的份额并扩大他们的影响力，提供慕课绝对是一种非常有效的方法。利用互联网技术在高等教育界确立了领导地位，这已经变成了全球顶尖大学的主要战略举措。

慕课在推动大学间以及大学与政府、社会及企业间的合作与创新方面起到了积极作用。慕课的真正创新之处不只是让学生能在线与大学教授互动，也不仅仅是与同龄人互动，更不是像 Wiki 那样的在线论坛或自动化评估系统。在过去的数十年中，众多大学已经成功地利用互联网和远程教学方法达成了他们的教育愿景。慕课的独特之处在于，它将学生在接受高等教育过程中的个人费用转移到了大学和他们未来的雇主身上。

从一个相对的角度看，慕课对大学的影响很可能主要体现在其独有的教学策略和方法上。慕课展示了一种创新的课程展示方式，通过这种方式，大学的课堂教学将更加强调互动性和问题的解决，而不仅仅是知识的传递。慕课以其开放的性质展示了其独到的设计思想、结构框架和实施方式，这为传统大学在课程设计、教学组织和执行方面提供了全新的视角。慕课的教学方法强调知识是在消费过程中产生的，这种新知识的出现将有助于保护和推进慕课的知识生态环境的持续发展。展望将来，随着更多的大学开始发放慕课学分，慕课的完成率将会显著增加。

在中国推行慕课教育模式的过程中，可能会遇到哪些复杂的问题和挑战？焦建利教授持有这样的观点：实际上，所有存在的问题并不是真正的难题，真正的难题不是资金不足、教师团队的问题，也不是技术平台和方法的问题，而是与"软"技术相关的问题。首先，我们必须对学习背后的推动因素和动力进行深入的思考，这无疑是最大的挑战。目前，我们提供了国家级的高质量课程、由网易提供的公开课，以及正在建设中的中国大学的视频公开课。毫不过分地讲，全球开放教育资源的发展已经接近于一个教育资源共享的新时代。然而，在实际生活中，仍然有大量的人对这些专业知识一无所知，更别提如何将这些知识有效地应用到实践中了，同时也缺乏学习的积极性。接下来，我们需要掌握在线学习和参与的有效方法。不是所有人都能完全掌握在线参与式学习的技巧，这就要求我们进行深度的指导和研究，并努力将其推广和普及。我们有义务确保每个人都能清晰地知道哪里可以找到相关的课程，找到他们所需的资源，并能够有效地利用技术来支持他们的学习和进步。最终，这一机制相关的议题显然变成了一个极其关键的讨论点。这里提到的"机制"实际上涉及政府、大学、教师、学习者、基金会和企业之间的利益平衡问题,这些议题仍然需要深入地探讨和研究才能找到解决方案。

以复旦大学作为案例进行说明。复旦大学在慕课的进展中采用了 iMOOC 的模式。所指的"i"实际上是 internal,"iMOOC",也就是具有内在需求和内在驱动力的慕课。简而言之,iMOOC 的核心理念是把学生放在首位,并将慕课作为自己的教学资源。复旦大学的 iMOOC 主要聚焦于以下四个方面。

第一,复旦大学的慕课主要集中在课程的内容上。复旦大学在推进慕课的发展时,并不仅仅是简单地将课程内容上传到网络上,更注重其核心内容,而非仅仅是平台或市场。虽然内容需要技术支持,但更应重视课程内容的设计,强调教与学的结合方式,突出线上线下的融合、教师授课与学生探究的结合,以消除传统教学模式的缺点。"要想让中国的大学在全球的慕课环境中获得一席之地,它们必须在互联网经济的浪潮中稳固自己的地位,而这一切都依赖于高品质的课程设计。"

第二,复旦大学的慕课主要关注学生的学习效果。传统的教育方式通常是设定时间、地点和学习内容。上一轮的在线教育热潮视频公开课培养出了一批杰出的教师,但这轮慕课的主要目标是提升学生的学习效果,而不是展示教师的个人魅力。"在创建在线课程时,我们不能仅仅是制作流行的视频或仅仅是为教师和学校打造形象,而应该始终把学生的需求和学习的重要性放在首位。"陆昉特别指出。

第三,复旦大学的慕课计划将主要聚焦于混合式教学模式的革新。陆昉分享了他的看法:"我们追求的是与全球教育平台融合,充分利用全球的慕课资源,以进一步完善和发展我们的慕课体系。我们的核心目标是抓住这一机遇,对传统的教学方法进行革新,并在学校内部融入混合式的教学策略,这样复旦大学的学生就能从全球学生的集体学习中获得更多的益处。"据我们了解,所谓的混合式教学模式中,网络教学视频仅仅是学习过程中的一个环节,真正重要的是线下教师和学生之间的互动和交流。在网络学习的背景下,学生展现出了他们的个体差异和相对的自由度,但实际上,真正的学习过程需要知识的交流和碰撞。因此,在线下的交互性沟通已经变成了决定慕课教学成败的关键要素。

第四,复旦大学的慕课研究主要聚焦于课程背后的大数据教学方法。关于慕课当前的教学成果如何,以及它所产生的影响和变动有多大,我们都需要深入探讨。这些建议的问题仍然是个复杂的难题。陆昉持有这样的看法:我们应当对学生的学习方式进行深入探讨,这会为复旦大学在教学方法和学习策略上的创新打下坚实的基石。在推动慕课发展的过程中,我们不能仅仅局限于在线教学实践。反之,我们应当基于扎实的实践经验和科学研究,探索提高教学质量的科学方法,这样我们才能更有针对性地引导中国高等教育的教学改革方向。

二、大学慕课的推动与发展

在慕课的推广和深化过程中,各个大学在思考模式、驱动力、目标设定和前瞻性思考上可能存在细微的差异。许多高等教育机构都在努力推广慕课,希望能够成为全球最顶尖的大学之一;与此同时,有些高等教育机构更倾向于对其课程设计和教学方法进行深入的创新;依然有多所大学在积极地执行时代所赋予它们的职责和任务。在推进和发展慕课的过程中,大学应该不管其心态、动机、目标或意图如何,都应该积极进行试点工作,并持续吸取经验和教训,以确保慕课在我国能够稳定发展。

在过去的几年里,"大规模开放在线课程"(慕课)作为全球开放教育资源运动(OER)和教育信息化发展趋势的核心组成部分,在全球范围内经历了迅猛的增长。它不只是给高等教育带来了深刻的变革,同时也在学校和社会的教育体系中占据了显著的地位。近期,全球范围内的政府教育决策者、政策制定者、教育研究人员、大学的校长和教授,以及大量慕课的学习者中,有一部分人对慕课的兴起感到非常兴奋,他们将其形容为"象牙塔的倒塌"和"大学的革命"。然而,也存在一些人对慕课持有轻视的看法,他们认为慕课的影响几乎可以忽略不计,甚至认为它对大学的影响微乎其微,而更多的人则感到束手无策。

面对慕课带来的挑战,大学应该怎样才能更有效地推动慕课的进一步发展呢?特别值得我们重视的问题是,如何将慕课与大学的持续进步和合作创新紧密结合,旨在不断提升人才培训的水平,并确保这与大学所承担的社会职责是一致的,对目前的每位大学校长而言,这绝对是一个既关键又不得不面对的研究议题。焦建利教授向校长们提出了七个建议,旨在帮助大学更有效地推动和拓展慕课项目。

(一)紧跟世界高等教育信息化发展趋势

从全球视角来看,普及化、国际化和信息化无疑构成了当前高等教育发展的三大主导趋势。普及教育为更多的人提供了接受高级教育的可能性;国际化不仅仅是简单地吸纳国际留学生、引进外国教师、实施双语教学、增加教师出国的比例等,更重要的是通过国际合作来提高大学的知识创新和人才培养的质量;信息化是指利用信息和通信技术,在从工具、资源到流程等多个系统环节中,对高等教育体系进行全方位的创新。慕课成功地融合了全球高等教育的三大发展趋势,这与全球高等教育正在走向普及、国际化和信息化的趋势是一致的。因此,大学的领导者需要与全球的高等教育趋势保持同步,并在他们所服务的大学中大力推进慕课的进展。[①]

(二)选修一门慕课,体验尝试

有句老话说,如果你想真正体验梨子的味道,你需要亲自去品味。如果大学的校长们想要对慕课在大学教育和教学改革中可能产生的影响有更深入地了解,并想知道大学应该如何应对和推进慕课的发展,他们首先可能需要做的就是选择一门适合的慕课进行学习。即使校长因为时间和精力的束缚而不得不放弃学业,他仍然应该亲自体验和尝试,并选择一门合适的课程。实际上,已经有几位校长开始这样操作了。李晓明,北京大学的校长助理,不只是亲自参与课程体验,他还亲自授课,并领导团队在 Coursera 开设了多门课程;复旦大学的副校长陆昉也亲自参与,努力推进复旦大学慕课的进一步发展。

(三)理性、冷静地看待慕课,既不盲从,也不漠视

事实上,我们需要对大学是否应该实施慕课项目、如何推动慕课的进步,以及为什么要推动慕课的发展进行冷静和理性地思考。当涉及慕课这一议题时,大学的校长们应该保持冷静和理性的态度,既要避免盲目跟随和过度宣传,同时也不能对其视而不见或冷漠。学校的领导者应依据学校的实际状况,采用理性且有组织的方法来推动慕课的进步。

(四)深入研究在线学习、混合学习模式

大学的领导者不仅需要深入体验慕课的吸引力,还需要与全球高等教育的发展趋势保持紧密的联系。尤其在探索大学教学改革的新趋势、新方法和新策略时,他们有必要进一步加深对大学课程和教学改革的理解和广度。当代的高等教育机构不只是要具备国际化的视野,还需持续付出努力,以确保为学生带来更为丰富和个性化的教育选择。因此,高等教育机构需要对在线学习和混合学习模式进行深入研究,并积极尝试将开放教育资源运动、世界知名大学的公开课、中国大学的视频公开课和慕课等多种课程和资源整合到大学课堂教学改革和人才培养的全过程中。为了更有效地促进慕课的进一步发展并扩大其应用范围,高等教育机构首先需要对慕课进行深入的研究和讨论。这不只是当前亟待解决的关键问题,它也是推进慕课向更高水平发展的基石。

(五)制定教学信息化宏观战略与政策

随着高等教育信息化的不断推进和发展,各大学也应依据当前的实际情况和学

[①] 汪双顶,陈外平,蔡颐.计算机网络基础[M].北京:人民邮电出版社,2016.

校的具体状况,进行深度的调查、研究和分析,以便制定出具有实际效果的大学教学信息化的宏观策略和政策。有必要将慕课、微课、信息技术与课程深度整合,确保大学课程的数字化进程与信息技术,以及技术支持下的教师职业成长紧密相连,进行全面的规划,实施系统的改革,步步为营。

(六)立足校内人才培养,深化大学教学改革

在推进和拓展慕课的过程中,大学不应仅仅满足于追求目前的流行趋势。相对于此,大学应该紧紧把握这一有利时机,根据其人才培养的实际情况和学校内部的人才培养现状,持续推进课程改革和教学方法的创新,以履行其社会责任和使命。因此,在推进和扩大慕课的过程中,大学应该将其整合到全面的发展战略中,进行深入的思考。在全方位的规划和设计过程中,慕课应与学校的课程结构、教育改革、教师团队培养、教学方法创新和人才培养质量等"以学校为基础"的各个方面紧密结合,以此作为基础,进一步推进大学教学改革的深化。实际上,在我国的高等教育机构中,已有数所大学开始采纳这种策略。

(七)积极试点,总结经验,稳步推进

在慕课的推广和深化过程中,各个大学在思考模式、动力、目标设定和前瞻性思考上可能存在细微的差异。部分大学非常热衷于推进慕课的执行,而另一些大学则更偏向于进一步深化课程改革,还有的大学更加注重实践大学的核心任务。

三、大学推进慕课的路线图——四阶段八步骤

鉴于慕课对高等教育带来的长远和核心影响,大学应如何有力地推进慕课的进一步发展,以确保它能为大学的教育、研究和社会做出实质性的贡献呢?换句话说,高等教育机构应该怎样才能有效地推进和实施慕课项目呢?

第一步,我们要向大学的管理团队普及与慕课有关的各种知识。这一步骤带来的深远意义和巨大价值是不言而喻的。从我们的观点出发,推进慕课在大学教育中是一个综合性的项目,它象征着全面的改革,而不仅仅是部分的微调。这表明大学的管理团队需要对慕课有一个全方位、有系统且深入地了解。如果不采取这种方式,他们将很难有效地协调大学的各个部门之间的合作,也将难以以高质量和高效率来领导大学的慕课建设项目。

第二步,慕课在推动教师职业成长方面发挥了正面影响。在我们生活的这个时代里,每一个人都充当着教育者和学习者的双重角色。如今,不论是大学的教授、新入学的大学一年级的学生,还是其他所有的人,他们都共同拥有一个身份,那就是终

身学习者。如果大学希望转型为一个以学习为中心的机构,那么不仅仅是管理层需要付诸实践,同样,大学的教育工作者也应该付诸实践。当慕课开始改变大学的教学方式时,大学教师应该是首先受益的。利用慕课和其他在线学习资源进行终身学习,不仅是现代大学教师职业发展的核心路径,也是每个社会成员成长过程中的一个重要环节。为了更有效地促进慕课的进步,大学确实需要一个高质量的教育团队,这无疑是最宝贵的资产。对于高等教育机构来说,慕课应当优先考虑于大学教师团队的培育与发展。因此,在推进慕课的发展过程中,高等教育机构首先需要考虑的是慕课如何能够有效地支持教师的职业发展计划。

第三步,组织教师参与混合式学习的讨论活动。当采用在线学习资源如慕课来进行大学的课程设计和教学改进时,混合学习被看作是其中的关键策略之一。混合学习模式成功地结合了面对面和在线教学的各自优点,这两种教学模式的优势相互补充,对于提高整体人才培训质量具有显著的助益。众多的教育研究都指出,混合学习预计将在未来的一段相对长的时间里,成为包括基础教育、高等教育和职业技术教育在内的主导发展方向。慕课是一种起源于非正规教育体系的教学方式,想要进入大学学习,就必须采用混合学习策略。因此,在教师对于混合学习模式缺乏足够认识的背景下,将慕课这种在线学习资源融合到他们的课堂教学活动中是不现实的。慕课被视为一种创新的教学方法,它所倡导的在线教学策略也体现了一种前沿的教学方式,这是许多前线教师在他们的教育旅程中从未接触过的全新的知识和技巧。实施教师混合学习工作坊有助于教师更深刻地理解和掌握在线学习的各种特性、实施方式和运作机制,这基本上是将在线学习和混合学习的教学方法传授给了一线的教育工作者。

第四步,我们为教师和学生设计了与慕课有关的培训课程。为了将慕课更有效地融入大学的教学流程,并进一步完善大学的人才培养策略,除了大学管理层需要对慕课有一定的了解之外,教师和学生也需要对慕课有深入地认识和理解。在当前的教学实践中,教师所掌握的数字化教学技巧和学生的在线互动学习能力,已逐渐成为大学在全面和系统地推动慕课进程中所面临的核心挑战。

作为教师,深刻理解慕课的核心理念、熟练掌握如何利用慕课进行教学,以及熟练掌握慕课的教学技巧是非常重要的;同理,学生也应当对慕课有深入的了解,熟练掌握在线学习技巧,并对在线参与式学习的多种方法和策略有清晰的认识。仅当教师采用这种方法时,他们才能真正理解如何利用慕课来提高课堂教学的效果,并使学生更好地适应在线学习和慕课这种创新的教学方式。因此,在高等教育机构推动慕课的过程中,将教师和学生的慕课培训视为最优先的战略任务是非常必要的。

第五步,我们正努力进行混合学习的课程革新。在完成了几个初级阶段后,大学的管理团队对慕课有了更加深入地了解,与此同时,大学教师也学会了如何利用慕课来组织教学活动。此外,混合学习模式为大学生提供了多样化的在线参与式学习策略和工具,这无疑为大学在推进慕课发展过程中创造了最有利的条件。因此,当时机成熟时,大学可以思考在其所有或各个学院的系科中,有针对性地开展混合学习的试验项目,并鼓励那些已经做好充分准备的教师在自己的教室中尝试进行从半年到一年的混合学习实验。我们建议大学教师在教学过程中,选择其他大学在线提供的与其同名的慕课,这样可以将传统的面对面教学和慕课学习完美结合,进一步推动课堂教学的创新,从而提高培训人才的效果。在实施了一系列的试验性项目后,我们总结了众多宝贵的经验和教训,这为大学利用慕课等在线教育资源进行教学改革提供了坚实的基础。

第六步,要完成通识公选课的学分认证流程。在众多的大学课程中,通识教育课程和公共选修课程无疑是基于慕课进行教学改革的最优选择,因为这些课程为学生提供了更广泛的学习自主权。在大学的学习旅程中,学生有权在不同的学习阶段选择这些课程,并因此获得相应的学分。慕课所呈现的独特学习模式,与通识教育及公共选修课的学习标准高度契合。因此,高等教育机构被授权让教学指导委员会对国内外知名的慕课平台及其提供的课程进行深度评估,并向学生展示与在线独立学习相关的通识和公共选修课程列表。除此之外,学生还有机会获得官方提供的学分认证,这是为了确保他们在选择这些平台上的课程时,能够获得所在大学的正式认可。在选择课程时,学生可以自主决定是选择大学提供的面对面课程,还是选择来自国内外知名大学的在线慕课;学生享有自主选择开始学习时间或确定哪个学期开始的权利。只要学生成功地获得了他们所需的学分,大学将会对他们所获得的学分给予认可。

第七步,实施一个全球性的课程合作方案。在国内大学的课堂教学中融合国际知名学府的慕课,以及在正规的学习流程中融合非正规的慕课,都被视为至关重要的环节。因此,如果我国的高等教育机构能在推动慕课的进程中融入类似的国际课程合作项目,那么这将对大学教师在职业成长、课程设计、课堂教学以及科研活动方面产生极为关键和长远的影响与价值。

想象一下,当一名年轻的地方大学教师被纳入国际课程合作项目时,这意味着该大学为这名年轻教师免费选择了一名来自世界著名学府的教师作为他的导师。这名年轻的教师在推进慕课教学的旅程中,他的专业发展受到的冲击远大于先前的叙述。这名年轻的教育工作者在全球知名学校的慕课计划和教育机构中起到了非常积极的角色。在他的教学旅程中,他不停地积累了大量的宝贵经验,并成功地将这些源自国际著名学校的慕课资源融合进了自己的教育体系中。对于他所就读的高等教育机构来说,这无疑将对他们的课程结构产生极其重要和深远的影响。如果这所具有地域特色的大学的年轻教师能更频繁地参与类似的国际课程合作项目,那么这所大学在课程设计方面肯定会取得显著的进步。这位年轻的教师由于参与了国际课程合作项目,因此在他的学习过程中也加入了教学活动。他将自己在国际慕课上的教学资源、方法、策略和智慧直接融入他所就读的大学的课程中,这无疑将对提高该大学的课堂教学质量产生深远的影响。更为详细地描述,这名年轻的教师在参与国际课程合作项目时,与全球知名的慕课主讲教师进行了网络互动。他还与遍布全国各地的合作教师进行了深入的交流和讨论。因此,他选择加入一个高质量的教师实践社区,与国内外的教师进行了深入的交流,并进一步开展了基于网络的国内外合作研究项目,这无疑将极大地提高这位教师的科研能力和水平。

从一个独特的角度看,大学选择参与国际课程合作项目无疑是一种具备多种优势的策略决策。它在推动大学教师职业成长、加速大学课程体系的构建、提升课堂教学水平、提升大学科研实力和水平,以及在完成大学社会文化传播任务方面,都起到了至关重要的作用。

第八步,慕课的计划正在全方位地进行中。随着慕课项目逐渐深入,各大学在推进慕课过程中的每一个步骤都已圆满完成,这也意味着大学开始全面实施慕课计划的最佳时机已经降临。高级教育机构不仅具备创建自身在线课程的能力,还能融合国内外知名学府的在线课程资源。进入这个阶段后,高等教育机构可以根据其特有的课程发展战略,从多方面推动课程改革,进一步加深课堂教学的深度,从而提高人才培训的整体质量。

当我们重新审视大学是如何推动慕课发展的,可以清楚地看到,这八个步骤基本上可以分为四个主要阶段:启蒙、准备、试点和实施。

第一个阶段是由大学管理层推动慕课的普及,而第二个阶段则是通过慕课来促进教师的职业发展,这两个阶段共同形成了大学慕课发展路线图的初始阶段,也被称为启蒙时期。

在第一步和第二步的基础上,我们正积极推进第三步的教师混合学习工作坊和第四步的教师与学生的慕课培训活动。这些阶段可以被认为是大学在推进慕课路线图过程中的第二个阶段,也被称为准备阶段,主要目的是提高大学管理层、教育工作者和学生的综合能力和素质。

最初的四个阶段是启蒙教育和初步准备阶段,但到了第五步,混合学习的课程改革试验标志着大学开始推广慕课。我们可以把第五步看作是大学在推动慕课路线图进程中的第三阶段,这个阶段通常被称为试点阶段。

紧接着,第六步涉及通识公选课的学分认证,第七步聚焦于国际合作课程计划,而第八步则是慕课计划的全方位执行。这些步骤构成了大学在推动慕课并将其有效整合到人才培养计划中的核心环节。因此,这三个阶段可以被认为是大学在推进慕课路线图过程中的第四个阶段,也可以称之为执行阶段。

在推进慕课路线图的四个阶段和八个步骤中,从理论的角度来看,为了实现预定的目标,这些步骤是绝对不能被忽视的。为了避免陷入仅仅停留在表面的"一时之风"的混乱,我们必须严格按照预定的流程,增强研究的深度,积极地开展试点项目,并持续稳定地向前发展。

第十二章 SPOC 混合模式下的计算机教育教学

第一节 SPOC 大学混合式教学新模式

一、SPOC 及其特点分析

小规模限制性在线课程（Small Private Online Course，SPOC）这一教学理念最初是由阿曼德·福克斯教授提出并成功实施的。在 MOOC 与实体课堂教学的融合过程中，SPOC 与传统的课堂教学和仍在流行的 MOOC 相比，展示了许多创新的特点。

与传统教室环境相比，SPOC 所使用的 MOOC（massive open online courses，大型开放式网络课程）资源通常是由具有丰富教学经验的专业团队负责构建和管理的。这种方法在确保内容的高品质和知识点的稳定性方面表现出了明显的优势。因此，在大学级别的大型课程设计中，运用这一方法能够有效地解决多名教师在教学技能方面存在的不平等问题。承担 SPOC 教学任务的教师并不必然是 MOOC 视频的中心角色，也无需为每节课做深入的讲座筹备。这种教学策略为教师提供了一个摆脱传统"背课"模式的机会，使他们能够更加专注于课程知识的深度探索和挖掘。为了更有效地满足学生的学习需求，我们整合了线上和实体的教学资源，确保学生在实体课堂上能够轻松参与讨论，解决学习过程中遇到的问题，从而提高教学效果。此外，SPOC 的自动评分系统已经成功地为学生的学习过程提供了持续地追踪和评估功能。这意味着，教师无需不断地重复他们的教学任务，他们可以专注于其他有价值的活动，如与学生深入交流学习问题或解决他们所面临的挑战。

从一个独特的角度观察，SPOC 与 MOOC 的教学策略相对照，为教师和学生创造了一个直接的沟通场所，让他们体验到一种充满"温暖与互动"的学习环境。在传统的教育大纲中，某些学习方法是无法被替代的。福克斯教授持有这样的观点：那些乍一看似乎不太适合作为 MOOC 的学习方法，例如讨论式学习和开放式项目设计，我们应该在 MOOC 中直接省略这些部分，并在课堂教学中继续使用它们。SPOC 强烈推荐教师更加积极地融入学校的日常生活,使他们能够毫无保留地参与到课堂教学中,从而真正地成为课程的主导者。教师不仅有能力组织学生参与小组讨论,还可以随时为他们提供针对性地指导,帮助他们解决遇到的各种问题。另外,SPOC对学生有着更高的约束能力,它从在线点击率和课堂讨论等多个方面促使学生紧密跟随课程,而MOOC的松散学习方式可能会导致自控能力较弱的学生产生懒惰。

当然,SPOC也有其固有的一些不足之处。与传统的课堂教学方法相比,传统的SPOC视频教学方式缺乏灵活性,这使得教师很难根据学生的个性和特点进行教学,但是"翻转课堂"策略可以有效地弥补这个缺点。与MOOC相比,SPOC在为教师和学生提供的交互机会上显得更加受限。MOOC论坛为教师和学生提供了丰富的问题和挑战的反馈,这是SPOC所没有的独特之处。[1]

二、SPOC的实施流程

从教育工作者的视角看,SPOC的教学执行步骤首先要做好初步的前期筹备。首先,我们需要深度分析前端的需求,这包括对教学目标、学习内容和学习环境的全面评估,然后根据这些评估结果,我们需要精心设计课程,确保教学内容具有针对性。紧随其后,我们将深入探讨SPOC学习资源的构建和开发流程,这涉及视频资源的筛选和独立开发,目前这个阶段的初步工作已经顺利完成。最终,这门课程已经进入了具体实施阶段,包括课前预习、在线学习、"翻转课堂"、课后复习和考试这五个核心环节。得益于SPOC整合了自动评分、虚拟讨论区和面对面教学的多重优势,教师能够轻松地采用问题驱动和反馈评价相结合的教学策略。

在课程开始前的预习阶段,教师会制定任务清单并提出具有启示性的问题,以激发学生带着这些问题进行更深入的学习。在教师进行在线学习的过程中,他们有机会最大限度地利用MOOC平台所提供的各种高级功能。除了为每个小节视频后提供MOOC平台的测试题之外,教师还可以在虚拟讨论区鼓励学生提出问题,然后由其他学生或教师提供答案反馈,从而帮助学生逐步理解和内化所学的知识点。MOOC平台具备自动进行大数据分析的功能,能够深入分析学生在MOOC平台上的测试成果和讨论区的问答情况,从而为"翻转课堂"的设计提供有力的数据支持和反馈。在"翻转课堂"这一教学环节里,教师可以安排讲解和问题解答的活动,以解答学生普遍遇到的各种疑惑,或者组织专题研讨会,从而进一步加深学生对知识应用的

---

[1] 王爱平.大学计算机应用基础[M].成都:电子科技大学出版社,2017.

理解。学生们有机会组建小组,进行深度的讨论和辩论,最终在小组之间进行相互的评估和打分。为了加强和深化已经掌握的知识,教师可以依据课堂教学成果,组织更多的课后习题。课程结束后,学生将有机会多次观看在线视频和查阅相关资料,这将帮助他们更深入地理解和掌握各个知识点。除了这些,他们还能在虚拟的讨论环境中进行深入的互动,并通过团队评估来对自己的学术表现给予肯定。通过使用MOOC平台上的测试得分、"翻转课堂"的互评得分和考试成绩的加权计算,我们得出了一个综合性的成绩,这将为SPOC课程的下一轮迭代优化提供重要的数据支持。

第二节 SPOC混合学习模式设计研究

一、SPOC应用于混合学习的优势

阿曼德·福克斯教授指出,SPOC作为MOOC课堂教学的有力补充,能够显著增强教师的指导能力,进而有效提升学生的通过率、掌握能力和参与度。关于SPOC与混合学习的相关研究指出,利用SPOC能够高效地进行混合学习,未来,我们会进一步研究SPOC在混合学习领域所展现出的明显优越性。

(一)课程立足于小规模特定人群,适用于服务大学教学

SPOC通过减少课程规模(从大量的申请者中筛选出少数合适的学生)确保了学生拥有相似的知识背景和学术能力,这有助于为他们提供更具针对性和更大力度的专业支援。

(二)完备的课程模式和平台设计,可有效降低混合学习的难度

SPOC不只是为学习者提供了种类繁多的全媒体学习资源,它还充分利用了已经成熟的社交媒体平台,为学习者提供了学分认证和课程证书,其全面的课程设计也吸引了大量学习者的热情参与。SPOC课程不仅能在MOOC平台上进行,还能对现有MOOC平台的所有功能进行优化。以美国加州大学伯克利分校为例,该校在其软件工程课程中新增了一个平台自动评分功能,这一功能允许学生在学习过程中在线提交编程任务或在云端进行应用程序的配置。这个平台的自动评分系统不仅仅是检查代码的完整性和精度,它还能迅速提供关于代码风格的反馈,并展示详细的评分信息。学生们将有更多的机会来获取更全面的信息反馈。SPOC凭借其全面的课程架构和尖端的教学平台,确保了混合学习方式能够顺畅地执行。

二、基于 SPOC 的混合学习模式设计

事实上,基于 SPOC 的混合学习模式实际上是面对面课堂教学和 SPOC 线上学习两种方法的有机结合和创新。建构主义的学习观点强调,学习不只是被动地吸收信息的激励,更多的是学习者积极地去建立自己的知识结构。在混合学习模式下,学生不只是提出了问题,他们还阐述了自己的看法,并积极地融入其中,这是他们构建知识的一个重要环节。因此,在构建 SPOC 混合学习模式的每一个步骤中,最大限度地激发学生的主观积极性应被视为中心目标。作为知识构建过程中的核心参与者,学习者不仅需要加强自己的主动学习意识,还应该具备独立规划自己的学习路径的能力。

在学习的环境里,学生通常需要集体的努力来解决各种问题,而有效的交流可以极大地帮助学习者加深对知识的理解。因此,在基于 SPOC 的混合学习模式中,学习者需要进行线上和线下的交互性沟通。学习者可以借助 SPOC 所提供的教学资源,通过个人或团队合作来应对复杂的挑战,这也标志着学习者从一个仅仅是被动地吸收知识的角色,逐步演变为学习过程中的核心参与者。

第三节　SPOC 混合教学模式在大学计算机教学中的应用

对刚入学的大学新生而言,计算机文化基础是他们的必修科目,这门课程对于提升学生的信息处理能力具有极其重要的意义。传统的计算机文化基础课程大多依赖于传统的教学方法,这导致了一系列的问题,例如课时太紧张、教学内容过时、评估方法太固定、缺乏实践练习,以及师生之间的互动几乎为零。在大学的计算机文化基础课程中融入 SPOC,是为了解决之前提到的问题的一种策略。

一、计算机文化基础课程分析

计算机文化基础课程的一大亮点是它将理论与实践紧密结合,提供了相对宽泛的知识点,涵盖了数制转换、汉字编码以及计算机的硬件和软件系统等多个方面,这些内容都具有一定的挑战性,使得记忆变得相对困难;鉴于操作知识点的高度复杂性,仅仅依赖教师在课堂上提供的详尽操作指南是不足以让学生全面理解和掌握的。

这一套教材被细分为五大核心章节,它们是:"计算机基础知识""Windows 7 操作系统""Word 2010 的应用""Excel 2010 的应用"和"PowerPoint 2010 的应用"。在"2+3"的课程结构中,计算机文化的基础实践部分显得尤其重要。

在大多数的高等教育机构里,教师在进行教学活动时仍然沿用"填鸭式"的教学模式,将"讲解+操作演示"作为主要的教学内容,这导致了教学内容的更新速度变慢,无法跟上时代的发展步伐。与此同时,评估方法也比较稳定,所有课程都已经实施了无纸化的题库系统。从课程开始到结束,教师始终站在讲台上进行讲解,而学生则坐在座位上聆听。当学生观看教师的演示时,他们可能会忘记所有的步骤和操作的关键点,这可能会导致他们忽略细节,从而在后续的操作中感到困惑和害怕。在教授学生知识和关键操作技能的过程中,教师通常需要投入大量的时间,这导致学生在实际操作中所需的时间有了明显的减少。鉴于学生在教室里经常无法准时完成教师分派的各项任务,因此课后有必要投入额外的时间来完成这些任务。如果学生在练习时碰到难题,而不能及时获得援助,他们的学习热忱可能会受到打击。由于上述多种因素的作用,传统的教学方法使得学生在学习的深度上有所欠缺,绝大部分学生依旧只是模仿他人,缺乏真正的创新意识。

在大学教育的环境中,这种情况已经变得司空见惯。课程的节奏和进度完全是由教师来决定的,这导致了一个以教师为中心的教学模式的形成,这与当前学习方法变得越来越多样化和个性化的时代趋势是冲突的。如果我们继续采用以教师为核心的"填鸭式"教学方法,这可能会使学生感到极度的疲劳,并可能导致他们对学习产生反感。

二、SPOC 应用特征分析

SPOC 的教学结构主要由线上和线下两个部分组成,但在详细的教学设计过程中,它可以进一步被划分为课前、课中和课后这三个不同的学习阶段。无论如何进行分类,SPOC 模式始终致力于对课堂教学任务进行更为细致的划分,并将部分教学内容迁移到课外活动中,目的是构建一个与学生实际需求高度匹配的教学流程,同时确保所有教学内容能够高质量地完成。

首先,为了应对计算机文化基础教育中的课时短缺问题,SPOC 模式对教学流程进行了细致的划分,主要强调学生的独立学习能力,而教师的指导则为此提供了有力的支持;在教室内,教师与学生之间的交流是主要的,而教师的答疑则起到了辅助的作用。通过将教学活动细分,实际上为学生创造了更多的学习机会,同时课外的学习环节也为整体教学活动带来了更深入的补充和推进。

其次,传统的计算机文化入门课程存在着显著的不足,陈旧的教学材料已经不能满足未来学生的职业发展需求。在移动学习和泛在学习的大环境下,传统的教学方式也逐步被边缘化。社会的发展强调了未来人才应当拥有的交往、协作以及问题解决的技能。SPOC模式在设计教学环节时,特别强调了学生的核心地位。该模式从多个专业领域、不同难度的教学内容和不同学习能力的学生的视角出发,特别强调为每个专业班级甚至每个学生提供个性化的定制服务。我们通过团队协作、课后自主学习以及在课堂上进行交流和报告等多样化的教学方法,致力于提升学生在团队合作、思维模式和问题解决方面的能力。

最后,为了解决大学生学习能力不足和自控能力较弱的问题,SPOC模式在教学设计中特别强调了教师的监督和指导作用。在课程开始之前,我们主要鼓励学生进行独立的学习,并通过QQ群平台,教师与学生之间进行了提问和互动交流;在这门课程设计中,学生的报告和展示是核心环节,而教师的主要任务是进行额外的解释和总结点评;在课程完结之后,学生们主要集中在总结与实践上,而在此过程中,教师继续发挥了辅助的角色。很明显,在整个教学过程中,教师始终是学生的陪伴者。

第四节 SPOC混合式教学模式实施问题解决策略

关于SPOC这一理念以及其在教育实践中所展示出的优越性,行业内的专业人士已经积累了丰富的认识和理解。目前我们面对的关键问题是,在进入大规模SPOC应用的过程中,如何能够有效地应对在实际应用中出现的各种挑战。因此,在接下来的部分,我们会深入探讨基于SPOC课程模式的计算机网络课程在真实场景中所面临的挑战以及可能的解决方法。

SPOC课程是由线上和线下(也就是课堂)两个主要部分组成的,这与MOOC和远程教育有着显著的不同。因此,为了确保SPOC课程教学的成功,我们必须得到线上和线下两大教育平台的全方位支持,这两个平台都是至关重要的。

尽管SPOC的在线学习平台主要是基于学习网站,但与传统的学习网站相比,它们之间有着明显的区别。举例来说,该系统需要具备多项功能,包括但不限于支持学生的学习周期、学习主题、问题解决方案、实时测试和问题解答,以及对学习能力进行结果分析和在线综合成绩评估。对一位正在授课的教师来说,实现这些技术功能几乎是不可能的,因此教师的主要精力和注意力也不应该集中在这些方面。一般来说,大学计算机网络课程的在线平台是由专门从事网络教育的软件开发公司负责搭建的。学校和学院有责任规划和安排线下的稳定使用场所,比如多媒体教室等。

这表明,如果想要在 SPOC 教学中取得成功,授课教师必须获得适当的外部支持,否则他们将很难以正确的方式完成 SPOC 的教学任务。外界的援助主要聚焦于几个核心领域。

一、获取学校层面课程教学改革立项资金的支持

为了支持基于 SPOC 模式的计算机网络课程教学的校级课程教学改革项目,大学提供了必要的资金支持。对于那些没有得到项目支持的情况,我们建议教师向 SPOC 课程教学改革提交申请,以便将其作为大学课程改革的项目,并获得相应的资金支持。

二、获得二级学院或系的支持

目前,众多大学已经将与教学改革相关的费用分给了各个学院,这些学院会根据教学改革和课程建设的实际情况来进行资金分配,因此有资格申请学院的资助。

三、获得社会从事教育资源与软件开发公司的支持

在我国大力推进"互联网+教育"的大背景下,许多专注于教育软件开发和在线教育资源建设的机构和公司,都表达了与高等教育机构合作的意愿,共同开发和建设 SPOC 课程的在线平台。为了在教育机构中展示其在线平台的独特功能,一些企业可能会选择不收费或只需投入较少的资金来开发 SPOC 在线平台。

四、租用已有的 SPOC 线上平台

有些企业已经为大学推出了自家的 SPOC 在线服务平台。那些负责实施学校 SPOC 课程的人,可以租借现有的平台,将他们课程的相关资料上传到这个平台,并从中获取相应的在线学习资料。从短期角度看,这样的方法是一个不错的选择,但从长期角度看,也需要支付平台的租赁费用,并且有使用年限的限制。[①]

五、获得线下环境的支持

虽然 SPOC 为我们提供了线下的教学环境,但这并不代表它与线上教育完全没

---

① 王静.计算机应用基础实训指导[M].西安:西北大学出版社,2016.

有联系。在线下教学环境中,教师也会经常性地采用线上教学平台进行教学。因此,在线教学环境(例如教室)除了要满足基础的教学标准外,还应当装备如计算机和互联网这样的尖端信息技术工具。对于那些提供课程的班级来说,确保每节课都在一个相对稳定的环境中进行是非常重要的。通常情况下,学院在下学期开始前,需要在本学期结束时向学校教务处提交 SPOC 课程的具体要求,这样教务处就可以更好地进行整体规划,避免任何冲突,确保课程的正常进行。

参考文献

[1]曹灏柏.新时期计算机教育教学改革与实践[M].北京:北京工业大学出版社,2021.

[2]曾蒸.计算机应用基础[M].重庆:重庆大学出版社,2017.

[3]常国锋.计算机辅助教学理论与实践[M].天津:天津科学技术出版社,2017.

[4]戴艳红.计算机教育教学研究[M].北京:光明日报出版社,2016.

[5]戴宇.计算机应用基础实验指导[M].北京:人民邮电出版社,2016.

[6]董昶.计算机应用基础[M].北京:北京理工大学出版社,2018.

[7]郭夫兵.大学计算机基础项目化教程[M].苏州:苏州大学出版社,2018.

[8]韩素青,尹志军.大学计算机基础实验与上机指导[M].北京:北京邮电大学出版社,2018.

[9]何小平,赵文.计算机网络应用[M].北京:中国铁道出版社,2022.

[10]胡成松,苏佳星.计算机应用实务[M].成都:电子科技大学出版社,2017.

[11]姜书浩,王桂荣,苏晓勤.大学计算机实践教程[M].北京:人民邮电出版社,2017.

[12]金红旭,孙红霞.计算机应用基础[M].北京:北京理工大学出版社,2018.

[13]康华,陈少敏.计算机文化基础实训教程[M].北京:北京理工大学出版社,2018.

[14]李灿辉,李勇,施薇.计算机技术在教育教学中的应用探索[M].长春:吉林出版集团股份有限公司,2023.

[15]李乔凤,陈双双.计算机应用基础[M].北京:北京理工大学出版社,2019.

[16]李莹,吕亚娟,杨春哲.大学计算机教育教学课程信息化研究[M].长春:东北师范大学出版社,2019.

[17]梁松柏.计算机技术与网络教育[M].南昌:江西科学技术出版社,2018.

[18]林强,王虹元.计算机应用基础上机指导[M].北京:北京邮电大学出版社,2016.

[19]刘文宏,尹春宏,王敏主编.计算机基础项目教程[M].天津:天津科学技术出版社,2017.

[20]刘勇,邹广慧.计算机网络基础[M].北京:清华大学出版社,2016.

[21]吕海洋,杨洪军,郭晓晶.计算机应用能力案例教程[M].北京:高等教育出版社,2016.

[22]马晓敏.计算机基础实验指导与测试(第5版)[M].北京:中国铁道出版社,2023.

[23]闵亮,何绯娟.大学信息技术[M].西安:西安交通大学出版社,2023.

[24]倪倩,刘春强.C语言程序设计与实验指导(第3版)[M].北京:北京理工大学出版社,2023.

[25]王伦.计算机教育教学模式与方法研究[M].长春:吉林出版集团股份有限公司,2023.

[26]许社教,史宝全,杜美玲.计算机图形学[M].西安:西安电子科技大学出版社,2023.

[27]张惠涛,刘智国.C语言程序设计[M].西安:西安电子科技大学出版社,2023.

[28]张晓伟,刘颖.计算机信息技术基础(第2版)[M].北京:电子工业出版社,2021.

[29]智洋.计算机应用基础[M].北京:机械工业出版社,2022.

[30]朱守业.计算机网络技术[M].北京:电子工业出版社,2021.